Naturschutz und Biologische Vielfalt
Heft 164

Natura 2000 und Artenschutz in der Agrarlandschaft

Referate und Ergebnisse der gleichnamigen Fachtagung des Bundesamtes für Naturschutz (BfN) vom 07. bis 10. November 2016 an der Internationalen Naturschutzakademie Insel Vilm

Herausgegeben von
Mareike Vischer-Leopold
Götz Ellwanger
Sandra Balzer
Axel Ssymank
Katharina Brandt
Anne Meyer-Rath

Bundesamt für Naturschutz
Bonn - Bad Godesberg 2017

Titelfotos: großes Bild: strukturierte Kulturlandschaft im Drachenfelser Ländchen; kleine Bilder (v.l.n.r.): Maisanbau im NSG, Apfelplantage nach Herbizideinsatz, Rapsanbau bis zum Weg ohne Randstreifen (Fotos: M. Vischer-Leopold).

Adressen der Herausgeberinnen und der Herausgeber:

Mareike Vischer-Leopold Götz Ellwanger Dr. Axel Ssymank	Bundesamt für Naturschutz (BfN), Fachgebiet II 2.2 „FFH-Richtlinie/Natura 2000“
Dr. Sandra Balzer	Bundesamt für Naturschutz (BfN) Fachgebiet II 1.1 „Zoologischer Artenschutz“
Anne Meyer-Rath Katharina Brandt	adelphi research gemeinnützige GmbH Alt-Moabit 91, 10559 Berlin

Die vorliegende Publikation sowie die dieser zugrunde liegende Tagung wurden finanziert durch das Forschungs- und Entwicklungsvorhaben „Tagungsreihe zu verschiedenen Themen der Umsetzung von Natura 2000“ (FKZ: 3515 80 0400), gefördert durch das Bundesamt für Naturschutz mit Mitteln des Bundesministeriums für Umwelt, Naturschutz, Bau und Reaktorsicherheit.

Diese Veröffentlichung wird aufgenommen in die Literaturdatenbank DNL-online (www.dnl-online.de).

Institutioneller Herausgeber: Bundesamt für Naturschutz (BfN)
Konstantinstr. 110, 53179 Bonn
URL: www.bfn.de

Druck: Griebsch & Rochol Druck GmbH, Hamm

Bezug über: BfN-Schriftenvertrieb – Leserservice –
im Landwirtschaftsverlag GmbH
48084 Münster
Tel.: 02501/801-300, Fax: 02501/801-351

oder im Internet:
www.buchweltshop.de/bfn

ISBN 978-3-7843-4064-7

DOI 10.19213/973164

Gedruckt auf „Cirkle Silk Premium White“, hergestellt aus 100 % Recyclingmaterial, FSC® zertifiziert und mit dem EU Ecolabel ausgezeichnet.

MIX
Papier aus verantwortungsvollen Quellen
FSC® C040358
www.fsc.org

Bonn - Bad Godesberg 2017

Erratum

Annett Baasch, Karina Engst, Konstanze May, Karen Runge, Carola Schuboth & Georg Rast (2017): Entwicklung von Grünlandlebensräumen in Auen: Praxisbeispiele aus Sachsen-Anhalt: 205-232. – In: Vischer-Leopold, M., Ellwanger, G., Balzer, S., Ssymank, A., Brandt, K. & Meyer-Rath, A. (Hrsg.): Natura 2000 und Artenschutz in der Agrarlandschaft. – Naturschutz und Biologische Vielfalt 164. – 253 S.

S. 207: In der Abbildung 1 ist ein Fehler enthalten. Die korrekte Abbildung ist:

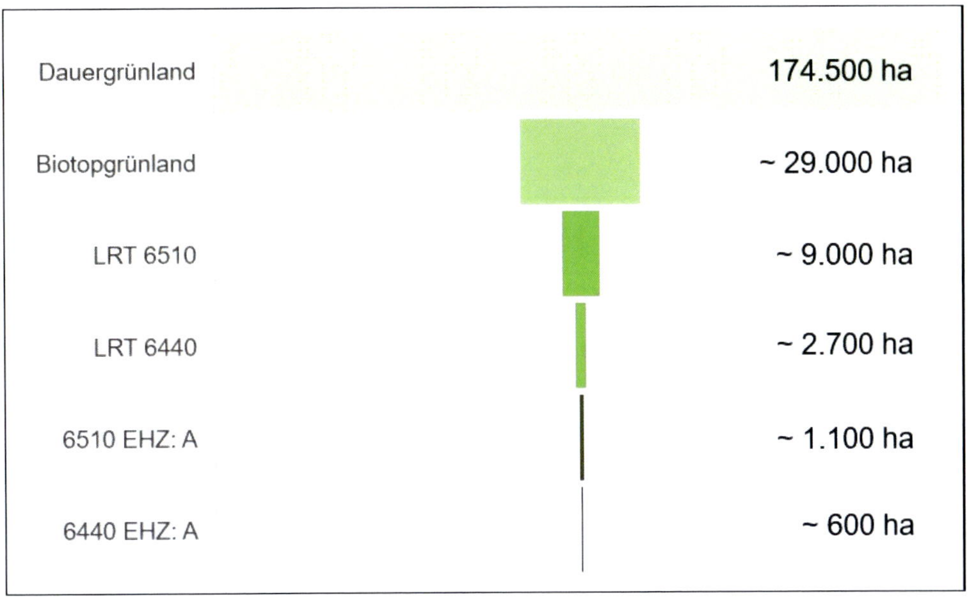

Inhaltsverzeichnis

Vorwort

Das Bild unserer heutigen Kulturlandschaft ist zu einem großen Teil durch landwirtschaftliche Nutzung bestimmt. Sie prägt mehr als 50 % der Fläche Deutschlands und hat folglich einen großen Einfluss auf die biologische Vielfalt und auf die Naturgüter Boden und Wasser sowie das Landschaftsbild. Auch Gebiete, die für den Schutz der Natur ausgewiesen wurden, enthalten landwirtschaftlich genutzte Bereiche. In Natura 2000 Gebieten haben sie beispielsweise einen Anteil von rund 39 %. Landwirtschaft und Naturschutz können in vielerlei Hinsicht voneinander profitieren. So nützt der Landwirtschaft beispielsweise eine hohe Insektendiversität im Hinblick auf die Bestäubung ihrer Kulturen aber auch im Hinblick auf das In-Schach-Halten von Verursachern von Kalamitäten. Der Naturschutz braucht die Landwirtschaft zur Erhaltung der strukturreichen Kulturlandschaft mit ihren typischen Arten und Lebensräumen.

Zahlreiche Studien weisen jedoch darauf hin, dass sich die Situation der biologischen Vielfalt in der Agrarlandschaft deutlich verschlechtert hat. In der Gesamtheit der zumeist regionalen Untersuchungen wird ein alarmierender negativer Trend erkennbar, der auch in anderen Regionen außerhalb Deutschlands nachweisbar ist. FFH-Lebensraumtypen des Grünlandes weisen die höchsten Verluste aller Ökosysteme auf, charakteristische Arten dieser Lebensräume gehen massiv zurück. Es ist ein grundsätzliches und großräumiges Umdenken hin zu einer natur- und umweltverträglichen Landbewirtschaftung erforderlich. Regionale Ansätze, wie z.B. im Biosphärenreservat Schorfheide Chorin in Brandenburg oder lokale Initiativen auf Betriebsebene zur Etablierung besonders nachhaltiger Bewirtschaftung sind Beispiele, dass eine natur- und umweltschonende Landwirtschaft durchaus erstrebenswert und für viele Akteure im ländlichen Raum lohnenswert sein kann.

Die Tagung „Natura 2000 und Artenschutz in der Agrarlandschaft“ hat aus unterschiedlichen Blickwinkeln die Gefährdungsursachen für Wildpflanzen und verschiedene Tiergruppen in Agrarlandschaften beleuchtet, Beispiele für Schutzprogramme und wegweisende Einzelprojekte vorgestellt und die Rahmenbedingungen und mögliche Lösungsansätze in der Agrarpolitik diskutiert. Die Tagungsergebnisse werden mit diesem Band zugänglich gemacht.

Prof. Beate Jessel

Präsidentin des Bundesamts für Naturschutz

Zur Situation der Natura 2000-Schutzgüter und des Artenschutzes in der Agrarlandschaft

Mareike Vischer-Leopold, Götz Ellwanger, Sandra Balzer und Axel Ssymank

Abstract

The German national reports under the EU Birds and Habitats Directives show negative results with regard to the assessment of the conservation status of agricultural landscape species and habitats, especially grassland. These results are also reflected in Red Lists. The impact of agriculture on biodiversity is discussed with a special focus on protected Natura 2000 sites under the mentioned EU Nature Directives. Major causes of biodiversity decline such as agrochemicals, nitrogen input, loss of fallow land, bioenergy crops are analyzed. Recommendations how to improve the situation in agricultural landscapes are given.

1 Einführung

Während in der europäischen und deutschen Politik und Gesetzgebung „Biodiversität" und ihr Schutz eine hohe Bedeutung beigemessen wird (Biodiversitäts-Konvention, EU-Naturschutzrichtlinien, EU-Aktionsplan, Nationale Biodiversitätsstrategie, Naturschutz-Offensive 2020 etc.), sind gleichzeitig Verschlechterungen bisher nie dagewesenen Ausmaßes vor allem in den pflege- und managementabhängigen Kulturlandschaftsbiotopen der Agrarlandschaft im Grünland sowie im Ackerland zu beobachten. Die deutschlandweiten Roten Listen der Tier-, Pflanzen- und Pilzarten und der Biotope bilanzieren und dokumentieren ebenso wie die Berichte gemäß FFH- und Vogelschutzrichtlinie eindrücklich die negative Entwicklung der biologischen Vielfalt in Deutschland in den letzten Jahrzehnten und Jahren (Becker et al. 2013, Binot-Hafke et al. 2013, Finck et al. 2017, Gruttke et al. 2016, Haupt et al. 2009, Ludwig & Matzke-Hajek 2013, Ludwig & Schnittler 1996, Matzke-Hajek et al. 2016). So wurden negative Ergebnisse im Erhaltungszustand und Trend der Schutzgüter der FFH-Richtlinie im nationalen FFH-Bericht 2013 (Ellwanger et al. 2014, Ellwanger et al. 2015 a und b) insbesondere im Grünland und der Agrarlandschaft genauso festgehalten, wie die Rückgänge der Vögel der Agrarlandschaft im Vogelschutz-Bericht (Grüneberg et al. 2017, Sudfeldt et al. 2013, Wahl et al. 2015). Der Artenschutzreport des BfN (2015) stellt zusammenfassend für die Roten Listen der Organismen dar, dass rund ein Drittel der bewerteten Arten in Deutschland gefährdet ist. Alleine bei bestimmten Insektengruppen konnten in den letzten drei Jahrzehnten eine dramatische Abnahme des Gesamtbestandes in weiten Teilen Deutschlands, deren räumliche Ausdehnung und Auswirkung auf verschiedene FFH-Lebensraumtypen erst ansatzweise bekannt ist, festgestellt werden (Sorg 2013, Habel et al. 2015, Hallmann et al. 2017). Diese Entwicklungen sollen nachfolgend unter Bezugnahme auf bestimmte Verursacherkomplexe in der Agrarlandschaft dargestellt und Handlungsempfehlungen abgleitet werden.

Mit der FFH-Richtlinie haben sich die Mitgliedstaaten verpflichtet durch geeignete Maßnahmen die Verschlechterung des Erhaltungszustandes (Art. 6.2 FFH-RL in Verbindung mit § 33 BNatSchG) der europaweit geschützten Lebensraumtypen (LRT) des Anhangs I (u.a. Flachland- und Bergmähwiesen, Borstgrasrasen, Pfeifengraswiesen und Trockenrasen) sowie der Arten des Anhangs II (z.B. Wiesen-Ameisenbläulinge) zu vermeiden. Zum Erhaltungszustand der LRT gehören per Definition auch die typischen und charakteristischen Arten, die in den nationalen und EU-Berichten als Teil der Qualitätsbewertung in den Parameter Struktur und Funktionen eingehen. Darüber hinaus gibt es den strengen Schutzstatus der Arten des Anhang IV der FFH-Richtlinie und der regelmäßig vorkommenden Vogelarten gemäß Vogelschutz-Richtlinie, der in § 44 des BNatSchG umgesetzt ist. Für diese Arten gilt z.B. ein Verbot der Beeinträchtigung oder Zerstörung von Fortpflanzungs- und Ruhestätten. Im Rahmen der guten fachlichen Praxis der landwirtschaftlichen Bodennutzung gelten bestimmte artenschutzrechtliche Verbote (Zugriff-, Besitz- und Vermarktungsverbote) für FFH-Anhang-IV-Arten und Arten der Vogelschutzrichtlinie nicht, soweit sich der Erhaltungszustand der lokalen Population einer Art durch die Bewirtschaftung nicht verschlechtert.

Die Biodiversitätsverluste haben erhebliche negative Auswirkungen auf Funktionszusammenhänge in unseren Ökosystemen und auf essentielle Ökosystemdienstleistungen. Dazu gehören z.B. Bestäubungsleistungen mit direkten Auswirkungen auf unsere Nutz- und Wildpflanzen, die zu 80 % insektenbestäubt sind (Williams 2002, Ssymank et al. 2008). Zum anderen sind z.B. Insekten Nahrungsgrundlage für Fledermäuse, Vögel, Kleinsäuger und viele andere Artengruppen, denen damit ebenfalls ihre Nahrungsgrundlage entzogen wird (z.B. Burn 2000, Stahlschmidt & Brühl 2012).

Die Tagung zu „Natura 2000 und Artenschutz in der Agrarlandschaft“ sollte daher aus unterschiedlichen Blickwinkeln die Gefährdungsursachen für Pflanzen und verschiedener Tiergruppen in der Agrarlandschaft beleuchten und Beispiele für Schutzprogramme und wegweisende Einzelprojekte vorstellen. Der Fokus wurde hier besonders auf Schutzgebiete und Arten der FFH- und Vogelschutz-Richtlinie gelegt. Expertinnen und Experten aus Wissenschaft und Naturschutz diskutierten zudem die Effizienz bisheriger Schutzmaßnahmen sowie die Rahmenbedingungen und mögliche Lösungsansätze in der Agrarpolitik.

Die Tagung zielte auch darauf ab, den Erfahrungs- und Wissensaustausch zwischen Vertreterinnen und Vertretern des Naturschutzes und der Wissenschaft zu fördern. Die Vorträge und Ergebnisse des Erfahrungsaustausches sind im vorliegenden Band zusammengefasst.

2 Gefährdung von Arten und ihren Lebensräumen in Agrarlandschaften

Allgemein wird als Hauptursache für den Rückgang der Biodiversität in der Agrarlandschaft neben direkten Habitatverlusten die Nutzungsintensivierung gesehen (BfN 2017, UBA 2015). Zu letzterem gehören die verstärkte Anwendung von Pflanzenschutzmitteln, das Nährstoffüberangebot, die Einengung der Feldfruchtwahl und der Fruchtfolgen, eine verstärkte Bodenbearbeitung und ein erhöhter maschineller Einsatz, die Homogenisierung und Vergrößerung der Schläge, die Beseitigung von Landschaftselementen wie Hecken oder Kleingewässer, der Grünlandumbruch sowie rückstandsloses Ernten und sofortiger Stoppelumbruch und Neueinsaat etwa bei Getreide. Damit geht eine enorme Strukturverarmung der Landschaft einher, die zunächst Qualitätsverluste (schlechter Erhaltungszustand der Lebensräume, Verlust an Habitaten und Requisiten und damit Rückgang der Arten/Individuen), in der Folge aber auch einen direkten Verlust von Lebensräumen mit ihren Artengemeinschaften bedeutet (z.B. BfN 2015, 2017).

Betrachtet man die Lebensraumtypen (LRT) des Anhang I der FFH-Richtlinie, so findet man 13 LRT aus der Kategorie „Naturnahes, halbnatürliches Grasland und Hochstauden“ sowie zahlreiche charakteristische Arten, die von diesen Landschaftsveränderungen betroffen sind. Des Weiteren haben zahlreiche FFH-Arten der Anhänge II, IV und V sowie viele Vogelarten der Vogelschutzrichtlinie ihre Habitate in Agrarlandschaften. Neben den Arten der beiden europäischen Richtlinien haben viele Rote-Liste-Arten, Arten nationaler Verantwortlichkeit (vgl. Gruttke 2004) sowie streng geschützte Arten ihre Lebensräume in Agrarlandschaften und sind zumeist von einer angepassten Nutzung und/oder Pflege dieser Lebensräume abhängig.

Arten

Die Intensivierung der landwirtschaftlichen Nutzung in den Agrarlandschaften führt zur verstärkten Abnahme von Vorkommen, Individuenzahl und Biomasse zum einen bei den Wildpflanzen (z.B. Krause et al. 2014, Meyer et al. 2014), zum anderen bei den Insekten (z.B. BfN 2017, Habel et al. 2015) und weiteren Arten und Artengruppen (z.B. Vögel der Agrarlandschaft, Wahl et al. 2015) als auch insgesamt der Biodiversität (Artendiversität und genetische Diversität). Messbar werden diese Auswirkungen beispielweise bei der Gefährdungsanalyse im Rahmen der Roten Listen. Von den in Roten Listen (Stand 2017)

7.802 bearbeiteten Insektentaxa sind 358 (4,6 %) ausgestorben oder verschollen (Kategorie 0), 552 (7,1 %) vom Aussterben bedroht (Kategorie 1), 792 (10,2 %) stark gefährdet (Kategorie 2) und 946 (12,1 %) sind gefährdet (Kategorie 3). Zusätzlich sind 311 Taxa (4,0 %) der Kategorie G „Gefährdung unbekannten Ausmaßes" zugeordnet, das heißt, diese Arten sind ebenfalls bestandsgefährdet, doch reichen die Informationen für eine genaue Einstufung in eine der Kategorien 1 bis 3 nicht aus (Binot-Hafke et al. 2011, Gruttke et al. 2016). Die Rote Liste der Wildbienen Deutschlands belegt, dass 40 % der Arten bestandsgefährdet sind, dies v.a. aufgrund intensiver Acker- und Grünlandnutzung in den letzten Jahrzehnten (Westrich et al. 2011). Auch bei den Zikaden ist insbesondere der Qualitätsverlust im Grünland entscheidend für den hohen Anteil bestandsgefährdeter Arten (35,6 %) in der Roten Liste (Nickel et al. 2016), ein negativer Bestandstrend findet sich auch bei den auf Mager- und Trockenrasen vorkommenden Tagfalter-Arten (Reinhardt & Bolz 2011). Auch der bundesweite Indikator „Artenvielfalt und Landschaftsqualität", der am Beispiel repräsentativer Vogelarten die Eignung der Landschaft als Lebensraum indiziert, liegt 2013 nur bei 68 % des Zielwertes und weist einen negativen Trend auf. Der Teilindikator „Agrarland" liegt 2013 lediglich bei 59 % des Zielwertes mit ebenfalls negativem Trend (BfN 2017). Auch die Ergebnisse des Vogelschutzberichts 2013 belegen für 1/3 der betrachteten Brutvogelarten eine Verschlechterung der Bestandssituation, wobei insbesondere die Bestände der Vogelarten der Agrarlandschaft betroffen sind (Grüneberg et al. 2017). Außerdem gibt es besonders starke Bestandsrückgänge bei Vogelarten, die sich während der Brutzeit überwiegend von Kleininsekten und Spinnen ernähren (Wahl et al. 2015).

Insgesamt betrachtet liegt den Bestandsrückgängen von Insektenarten ein Komplex unterschiedlicher Faktoren zugrunde. Dazu zählt u.a. die Fragmentierung der Landschaft, der Verlust an Habitaten, der Verlust an Nahrungsangebot, die Zunahme des Nährstoffeintrags, die Veränderung und der Verlust an Strukturen in der Landschaft wie z.B. Säume, Hecken oder gestufte Waldränder, die Art und Weise der Bewirtschaftung der Landschaft (u.a. der Gewässer, Wiesen, Äcker) oder der Eintrag von Pestiziden sowie Schadstoffen.

Während zumindest regional starke Rückgänge (Biomasse und Artenzahl) der epigäischen, carnivoren und detritophagen Käferarten in Agrarlandschaften bereits in den Achtziger Jahren des vergangenen Jahrhunderts, verbunden mit einem fast vollständigen Ausfall der größeren Arten, festgestellt wurden (z.B. Heydemann 1983), wurden in den letzten Jahren große Verluste flugfähiger Insekten offenbar und wissenschaftlich belegt. So dokumentieren zahlreiche Studien einen Rückgang von Arten- und Individuenzahlen (Abundanzen) in verschiedenen Insektengruppen wie Tagfalter, Nachtfalter oder Wildbienen (vgl. Diskussion bei Hallmann et al. 2017). Dabei zeigt sich, dass nicht nur gefährdete Arten zurückgehen bzw. verschwinden, sondern dass diese Rückgänge mit einer starken Abnahme der Gesamtbiomasse der Insekten verbunden sind (Hallmann et al. 2017, Sorg 2013, Schwenninger & Scheuchl 2016, van Swaay et al. 2013, Vogel 2017; siehe auch Shortall et al. 2009).

Hallmann et al. (2017) belegen einen Rückgang der Biomasse flugfähiger Insekten in 63 Naturschutzgebieten in Deutschland um durchschnittlich 76 % (bis zu 82 % im Hochsommer) in den vergangenen 27 Jahren. Laut der Studie können Klimaveränderungen, Änderungen der Habitateigenschaften und der Landnutzung diesen massiven Rückgang nicht erklären. Der Einfluss der intensiven Landbewirtschaftung sowohl innerhalb als auch in der direkten Umgebung der meist sehr kleinteiligen Schutzgebiete wird dort als einer der Hauptgründe für den Rückgang angenommen.

Lebensräume

Betrachtet man die Rote Liste der Biotoptypen Deutschlands zeigt sich folgendes Bild (Abb. 1): Unter den 75 Grünlandbiotopen, die unterschieden werden können, ist der Anteil der gefährdeten Typen seit 1994 stetig bis auf über 80 % im Jahr 2017 angestiegen. Entsprechend wird der Anteil ungefährdeter Typen immer geringer (Finck et al. 2017).

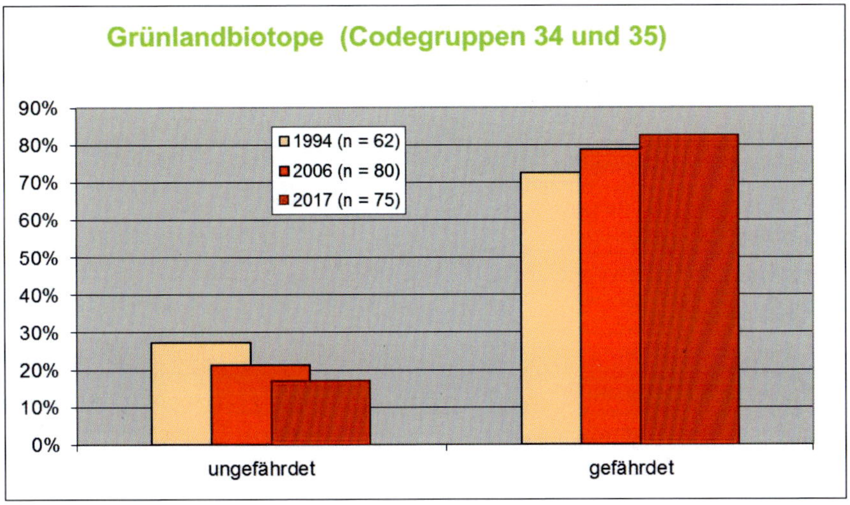

Abb. 1: Anteile der gefährdeten und ungefährdeten Grünlandbiotope (Codegruppen 34 und 35) in den Roten Listen der Jahre 1994, 2006 und 2017 (vgl. Finck et al. 2017).

Im Rahmen der FFH-Richtlinie berichten die EU-Mitgliedstaaten alle 6 Jahre an die Europäische Kommission über den Erhaltungszustand der auf den Anhängen der Richtlinie gelisteten Schutzgüter. Im Bericht 2013 wurden in Deutschland die 13 LRT, die dem naturnahen, halbnatürlichen Grasland und

Hochstauden zugeordnet werden können in den drei biogeografischen Regionen überwiegend in einem ungünstigen Erhaltungszustand (EHZ) bewertet. Die überwiegend ungünstige Situation dieser Lebensraumtypen bezieht sich sowohl auf die Fläche als auch auf die Qualität dieser Lebensräume. Dieser Zustand ist EU-weit zu beobachten und wirkt sich direkt auch auf die Erhaltungszustände der Arten aus, die charakteristisch für die LRT sind bzw. die ihre Habitate auf diesen Flächen haben (EEA 2015 a). Bei den Vögeln der Agrarlandschaft wurden im Zeitraum von 1980 bis 2010 auf europäischer Ebene beispielsweise Bestandsabnahmen von 52 % beim Star und 87 % beim Ortolan ermittelt (Dröschmeister et al. 2012). Es sind starke Bestandsrückgänge sowohl bei ubiquitären als auch bei spezialisierten Vogelarten erkennbar.

Tab. 1: Erhaltungszustand der FFH-Lebensraumtypen (LRT) im Nationalen Bericht 2013 (Ellwanger et al. 2015 a) (rot: ungünstig-schlecht, gelb: ungünstig-unzureichend, grün: günstig, grau: unbekannt; -: sich verschlechternder Gesamttrend, =: stabiler Gesamttrend, +: sich verbessernder Gesamttrend, x: unbekannter Gesamttrend)

Code	Kurzbezeichnung der LRT´s	EHZ atlantisch	EHZ kontinental	EHZ alpin
6110	Basenreiche oder Kalk-Pionierrasen	- (rot)	- (gelb)	
6120	Subkontinentale basenreiche Sandrasen	- (rot)	= (gelb)	
6130	Schwermetallrasen	x (gelb)	- (gelb)	
6150	Boreo-alpines Grasland auf Siliktaböden		= (gelb)	= (gelb)
6170	Alpine und subalpine Kalkrasen			= (gelb)
6210	Kalk-(Halb-)Trockenrasen und ihre Verbuschungsstadien	x (gelb)	- (gelb)	- (gelb)
6230	Artenreiche Borstgrasrasen	- (rot)	- (gelb)	- (gelb)
6240	Steppenrasen	+ (gelb)	- (gelb)	
6410	Pfeifengraswiesen	- (rot)	- (rot)	= (grün)
6430	Feuchte Hochstaudenfluren	- (rot)	x (grau)	= (grün)
6440	Brenndolden-Auenwiesen	x (rot)	= (rot)	
6510	Magere Flachland-Mähwiesen	- (rot)	- (rot)	- (rot)
6520	Berg-Mähwiesen		- (rot)	- (gelb)

Die Bewertung im Rahmen des FFH Berichtes stellt u.a. die Situation von Schutzgütern dar, zu deren Schutz explizit Schutzgebiete eingerichtet wurden. Trotzdem konnte deutschlandweit der ungünstige Erhaltungszustand und der häufig negative Trend bisher nicht verbessert bzw. umgekehrt werden (Tab. 1). Beispielsweise ist der EHZ der LRT 6440 und 6510 in Sachsen-Anhalt trotz der Einrichtung von Schutzgebieten und der Durchführung verschiedener Agrarumweltmaßnahmen (AUM) besorgniserregend, was nicht nur auf möglicherweise ungeeignete AUM, sondern auch auf eine zunehmende Isolation der verbliebenen (Spender-)Flächen zurück zu führen ist (Baasch et al. 2017).

Landwirtschaftliche Nutzung in Schutzgebieten

Verschiedene Studien belegen, dass der Schutz der Natura 2000-Gebiete teilweise noch sehr lückenhaft ist. Beispielsweise fand in 155 Vogelschutzgebieten (VGS) mit dem Schwerpunkt Wiesenvogelschutz von 2000 bis 2006 ein Grünlandverlust von 1,42 % (max. 38 %, in 10 VSG >10 %) statt (Hötker & Leuschner 2014).

Während die pflegeabhängigen LRT in Schutzgebieten häufig einem speziellen Management unterliegen, so werden i.d.R. andere landwirtschaftliche Nutzflächen (u.a. Äcker, Intensivgrünland) unter den gleichen Voraussetzungen wie außerhalb der Schutzgebiete bewirtschaftet. Verschneidet man die Schutzgebietskulisse der FFH- und Vogelschutzgebiete aus dem Jahr 2016 mit Corine Landcover 10 ha aus dem Jahr 2012, so wird der hohe prozentuale Anteil landwirtschaftlich genutzter Flächen innerhalb der Gebiete deutlich (Tab. 2). Im Vergleich zur überwiegend landwirtschaftlich genutzten Gesamtfläche in FFH-Gebieten (30,0 %) nehmen die Grünland-LRT (LRT der Codegruppe 6) maximal 5,2 % der Fläche der FFH-Gebiete ein. Auch wenn darüber hinaus weitere landwirtschaftliche Flächen Habitate der Anhang II-Arten sowie anderer gefährdeter Arten und Biotope umfassen, so wird deutlich, dass die Natura 2000-Gebiete in erheblichem Umfang auch intensiv genutzte landwirtschaftliche Nutzflächen enthalten (z.B. Arrondierungsflächen zwischen LRT-Flächen) und entsprechenden Nutzungseinflüssen unterliegen. Hinzu kommen die Einflüsse der Landwirtschaft, die in der Umgebung der Schutzgebiete stattfindet.

Tab. 2: Prozentualer Anteil verschiedener Landnutzungstypen (nach Corine Landcover 2012) innerhalb der terrestrischen Schutzgebiete der FFH- und Vogelschutzrichtlinie Deutschlands (Datenbestand 2016).

Corine Landcover-Klasse	Innerhalb der FFH-Gebiete [%]	Innerhalb der Vogelschutz-gebiete [%]	Innerhalb der Natura 2000-Gebiete [%]
Nicht bewässertes Ackerland	4,85,1	19,8	16,0
Weinbauflächen	0,1	0,3	0,2
Obst- und Beerenobstbestände	0,4	0,4	0,5
Wiesen und Weiden	18,6	19,7	19,9
Komplexe Parzellenstrukturen	0,1	0,1	0,1
Landwirtschaft und natürliche Bodenbedeckung	0,4	0,3	0,3
Natürliches Grünland	2,8	2,1	1,9
Heiden und Moorheiden	2,3	1,7	1,5
Salzwiesen	0,5	0,4	0,3

3 Ursachen der Biodiversitätsverluste in Agrarlandschaften

Beispielhaft werden nachfolgend einige wesentliche Gefährdungsursachen, die auf Lebensräume und Arten in der Agrarlandschaft wirken und von der landwirtschaftlichen Nutzung verursacht sind, genauer beschrieben (Einsatz von Pflanzenschutzmitteln, Stickstoffeintrag, Verlust von Brachflächen, Energiepflanzenanbau). Darüber hinaus sind in diesem Kontext beispielsweise auch Grünlandumbruch, Verlust von Säumen, restlose Verwertung sowie Maschineneinsatz zu nennen, die im Folgenden aber nicht aufgegriffen werden.

Einsatz von Pflanzenschutzmitteln

Eine intensive landwirtschaftliche Nutzung zeichnet sich u.a. durch eine verstärkte Anwendung von Pflanzenschutzmitteln aus (vgl. Brühl 2017). Dies kann z.B. aus dem Einsatz „effektiverer" d.h. toxischerer Mittel, einer Erhöhung der Dosen, einer Verkürzung der Applikationsintervalle oder durch dauerhaft präventivem Einsatz resultieren. Pestizide haben eine direkte letale oder subletale Wirkung auch auf zahlreiche Nicht-Zielarten, v.a. wirbellose Tiere (inkl. vieler typischer Arten der LRT) und Nagetiere. Indirekte Folge ist zudem eine Verschlechterung der Nahrungsgrundlagen dieser Arten sowie ihrer Prädatoren, wie z.B. insektenfressende Vögel und Fledermäuse sowie nagetierfressende Greifvögel. Während Herbizide unmittelbar die Nahrungsgrundlage für phytophage Insekten vernichten, so wirken manche Fungizide unmittelbar toxisch auf Insekten.

Seit Anfang der 1990er Jahre kommt eine neue Generation von Insektiziden zum Einsatz, die Neonikotinoide, die seither weltweit in großen Mengen angewendet werden (Simon-Delso 2015). Die im Mai 2013 in der EU eingeführten Einschränkungen zur Verwendung der drei meistverwendeten Neonikotinoide (EU KOM 2013) haben bisher zu keiner spürbaren Verringerung der eingesetzten Gesamtmengen von Neonikotinoiden in Deutschland geführt (BVL 2017). Als Beizmittel werden die Neonikotinoide außen auf das Saatgut aufgebracht, wobei allerdings nur ein geringer Anteil von den Kulturpflanzen tatsächlich aufgenommen wird. Dieser Anteil beträgt zwischen 1,6 % und 20 % und hängt u.a. von der Art der Ausbringung des Saatgutes, des Stoffes selber sowie der Kulturpflanzenart ab (Goulson 2013, De Lima e Silva et al. 2017, Sur & Stork 2003). Neonikotinoide sind außergewöhnlich stark giftig (im Vergleich zu dem inzwischen nicht mehr verwendetem DDT sind sie bis zu 7.500mal giftiger (Deutscher Bundestag 2017)), gut wasserlöslich und gleichzeitig schwer abbaubar, so dass sie sich in Böden und Sedimenten anreichern sowie Grund- und Oberflächenwasser belasten. Sie schädigen das Nervensystem der Insekten (neurotoxisch), was zu Verhaltensstörungen und Orientierungsproblemen beispielsweise bei der Honigbiene führt (Fischer et al. 2014, Pisa et al. 2015, Straub et al. 2016). Die bei der Saatgutausbringung entstehenden Stäube können Studien zufolge für Honigbienen tödliche Folgen haben (Marzaro 2011, Pisa et al. 2015). Wie groß die Auswirkung der Neonikotinoide auf die Biodiversität im Vergleich zu anderen Faktoren (auch anderen Pflanzenschutzmitteln) im Einzelnen ist, hängt von den betroffenen Arten und Gebieten ab (Neumann 2017). Einen Zusammenhang zwischen negativen Populationstrends bei insektenfressenden Vogelarten und hohen Konzentrationen von Neonikotinoiden in Oberflächengewässern stellen Hallmann et al. (2014) in den Niederlanden her. Daher ist anzunehmen, dass auch in Deutschland ein indirekter Zusammenhang zwischen dem Verlust bzw. den negativen Bestandstrends insektenfressender Feldvögel und den Konzentrationen von Neonikotinoiden besteht.

Auch die EFSA (European Food Safety Authority) hat 2013 Umweltrisiken dieser Stoffe identifiziert – darunter z.B. ein Expositionsrisiko durch Pollen und Nektar von behandelten Kulturpflanzen und durch die Ausbringung von behandeltem Saatgut (EFSA 2013 a-c). Die University of Sussex hat im Auftrag von Greenpeace einen Review der seit 2013 veröffentlichten wissenschaftlichen Studien über die Auswirkungen neonicotinoid-haltiger Insektizide auf Bestäuber und die Umwelt allgemein erstellt und die Risiken bestätigt sowie weitere Risiken identifiziert (Greenpeace 2017).

Die Gesamtheit der verwendeten Pflanzenschutzmittel (Totalherbizide, Glyphosate, Neonikotinoide usw.), sowie weiterer toxischer Produktionsmittel wie Halmverkürzer erfordert daher eine Veränderung der Zulassungsverfahren (z.B. Auswahl anderer sensiblerer Testorganismen und Langzeit-Freilandtests), die Anpassung der Zulassungstests und die Einführung von besser wirksamen Anwendungsbestimmungen sowie ein generelles Umdenken in der Landwirtschaft, da sie erhebliche negative Auswirkungen auf die biologische Vielfalt haben. Im Jahr 2014 wurden beispielsweise durchschnittlich pro ha Anbaufläche 8,8 kg Pflanzenschutzmittel (PSM) ausgebracht (UBA 2016; Inlandsabsatz von über 100.000 t PSM pro Jahr insgesamt). Die o.g. Pflanzenschutzmittel dürfen i.d.R. auch in Schutzgebieten angewandt werden. Derzeit gibt es aber keine Offenlegung, über die auf einer bestimmten Fläche ausgebrachten Mittel und Mengen, nicht mal in bestehenden Schutzgebieten oder für bestimmte Biotop-/Lebensraumtypen. Zwar führen die Landwirte ein Spritzmitteltagebuch, allerdings ist dieses nicht standardisiert, umfasst keine Saatgutbeizen und kann nicht für öffentliche Aufgaben wie z.B. Verbrauchsstatistiken oder Forschung ausgewertet werden.

Stickstoffeintrag

Der in Deutschland fast flächendeckende Stickstoffüberschuss ist ebenfalls eine Folge intensivierter Nutzung (BMUB 2017). Die Nährstoffanreicherung im Boden führt zur Veränderung von Lebensräumen und auch zu Verschiebungen im C/N-Verhältnis der Pflanzen. Ganz pauschal lässt sich sagen, dass mehr Stickstoffdünger zu proteinreicherem und früher schnittreifem Gras bei gleichzeitigem Verlust v.a. der spät blühenden und fruchtenden Kräuter (z.B. Acker-Witwenblume, Glockenblumen, Skabiosen) führt und damit zu einer starken Artenverarmung mit Verlust von Futterpflanzen für phytophage Insekten und für Blütenbesucher (z.B. Leuschner et al. 2014). Finck et al. (2017) geben Auskunft über die Empfindlichkeit von Biotoptypen und FFH-Lebensraumtypen gegenüber Stickstoffeinträgen (Critical Loads). Bei der Bewirtschaftung solcher sensibler Flächen gilt es darüber hinaus auch das Konzept des Critical Surplus zu beachten und entsprechende Methoden weiter zu entwickeln (FGNB 2017). Eine höhere Sterblichkeitsrate bei Larven und Puppen von Tagfaltern fanden Fischer & Fiedler (2000) bei höheren Stickstoffgehalten in den Nahrungspflanzen, trotz erhöhter Wachstumsraten und kürzeren Entwicklungszeiten der Tagfalter. Weitere Auswirkungen der Stickstoffgehalte in Pflanzen auf pflanzenfressende Insekten werden derzeit näher untersucht (Kurze in prep.). Neben dem direkten N-Eintrag durch Dünger oder Aufbringung von Gülle spielen die hohen atmogenen N-Einträge eine wichtige Rolle, die auch die Konkurrenzverhältnisse zwischen verschiedenen Pflanzenarten deutlich verschieben mit der Folge, dass viele konkurrenzschwache und seltene Arten ausfallen (vgl. UBA 2014).

Die Erarbeitung und auch hinsichtlich des Schutzes der Biodiversität wirksame Umsetzung einer Strategie zur Reduzierung von Stickstoffüberschüssen ist für Deutschland daher unbedingt erforderlich (Dahms et al. 2017, SRU 2015).

Abb. 2: Die Mähwiesen (LRT 6510) der Schwäbischen Alb haben mit der Critical Loads Einstufung „2" eine hohe Empfindlichkeit gegenüber Stickstoff (Finck et al. 2017) (Foto: G. Ellwanger).

Verlust von Brachflächen

Die Intensivierung der Nutzung geht auch mit einem generellen Verlust der Brachflächen in der Landschaft einher. Seit 2003 nimmt die Fläche der Brachen beständig ab, wobei es nach dem Ende der obligatorischen Flächenstilllegung 2007 einen besonders gravierenden Einbruch gab (Abb. 3; vgl. Oppermann et al. 2008, Hötker & Leuschner 2014). Die Abnahme der Brach- und Stilllegungsflächen spiegelt sich beispielsweise direkt in der Entwicklung des Bestands der Grauammer (*Emberiza calandra*) in Deutschland wieder. Diese Art konnte in Brandenburg einen hohen Bestand bei 10-12 % Stilllegungsflächen aufbauen, ist inzwischen aber wieder rückläufig (Flade 2017). Auch in Westdeutschland erlitt die Grauammer starke Bestandseinbrüche bei einem Anteil der Stilllegungsfläche unter 10 % (Oppermann et al. 2008, Hötker & Leuschner 2014). Auch beim Schreiadler führt der Verlust von Brachflächen zu einer deutlichen Qualitätsverschlechterung der Nahrungsflächen in den Brutgebieten Ostdeutschlands (Kinser 2017).

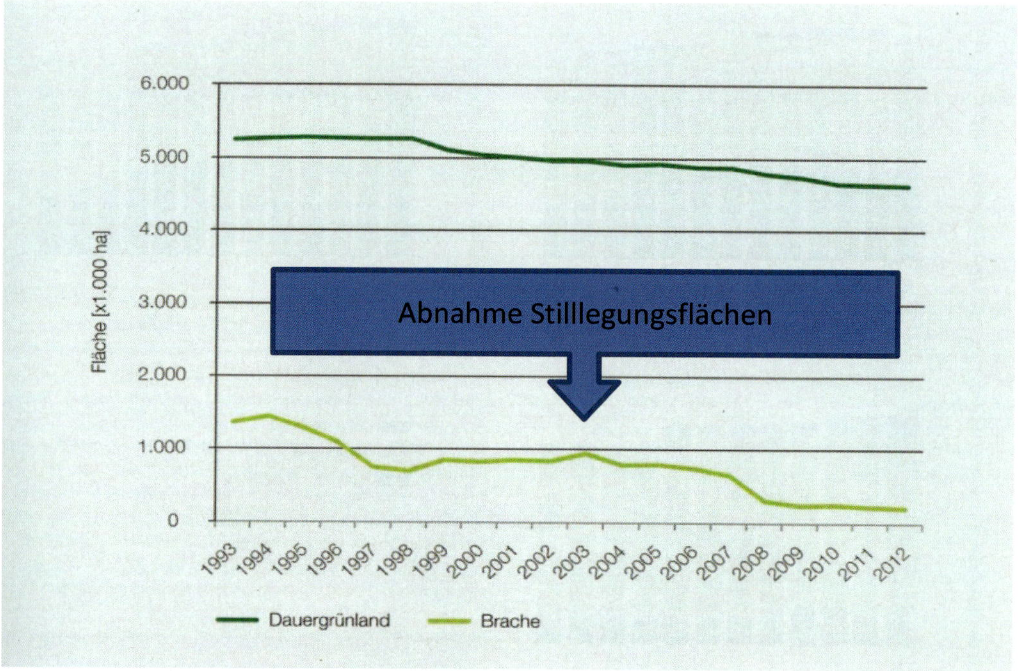

Abb. 3: Veränderung in der Fläche des Dauergrünlandes und der Flächenstilllegung in Deutschland seit 1993 (Quelle: BMELV Statistische Jahrbücher; verändert)

Energiepflanzenanbau

Grund für die Abnahme der Brach- und Stilllegungsflächen ist unter anderem der Anbau von Biomasse zur Gewinnung von Bioenergie. Energiepflanzenanbau findet auf 17,5 % der deutschen Ackerfläche statt, was bedeutet, dass mehr als jeder dritte ha Mais und fast jeder zweite ha Raps der Bioenergieproduktion dienen (BfN 2016). Raps gilt beispielsweise als wichtigster, aus Europa stammender Ausgangsstoff für den deutschen Biokraftstoffmarkt, und nimmt trotz Rückgängen im Vergleich zum Jahr 2015 auch im Jahr 2016 im deutschen Anbau den größten Anteil entsprechender Ausgangsstoffe ein (BLE 2017). Unter anderem dadurch entsteht eine Flächenkonkurrenz um die Nutzung von Brachflächen, die wiederum einen Lebensraumverlust für viele Arten bedeutet. Wie der Biomasseanbau, neben den generellen Bestrebungen zur Reduktion des Energiepflanzenanbaus, „naturverträglicher" gestaltet werden kann beschreiben u.a. Dieterich et al. (2017).

Über den Lebensraumverlust hinaus ist eine direkte Barrierewirkung und Fragmentierungswirkung für den Austausch von Diasporen oder die Wanderung von Arten zu beobachten. Wo beispielsweise früher ein kleines NSG mit einem Halbtrockenrasen mit Orchideen inmitten eines Tals mit extensiv genutztem mageren artenreichen Grünland lag, ist heute oftmals eine scharfe Grenze zwischen NSG und Maisacker oder anderen Intensivkulturen vorhanden – das NSG hat sich in eine isolierte Insel mit starken negativen Randeinwirkungen verwandelt.

Ferner trägt das Ausbringen von Gärresten aus Biogasanlagen als zusätzliche Nährstoffquelle zum Stickstoffüberschuss bei. Diese Stickstoffquelle muss erst seit der jüngsten Novellierung der Düngeverordnung bilanziert werden (Dahms et al. 2017).

4 Schlussfolgerungen und Handlungsmöglichkeiten

In der Agrarlandschaft gibt es Förderprogramme auf unterschiedlichen Verwaltungsebenen, die sich auch positiv auf die biologische Vielfalt auswirken. Dazu zählen z.B. gezielte Ackerrandstreifenprogramme, die die Habitate und damit die Bestände gefährdeter Ackerwildkräuter wie z.B. Kornblume (*Centaurea cyanus*), Acker-Rittersporn (*Delphinium consolida*) und Adonis-Röschen (Gattung *Adonis*) fördern. Auch spezifische Artenhilfsprogramme z.B. für den Scheckenfalter (*Euphydryas aurinia*), den Schreiadler (*Clanga pomarina*) oder den Kiebitz (*Vanellus vanellus*) sind regional erfolgreich (Cimiotti & Hötker 2017, Findeis 2017, Kinser 2017).

Die Mittelausstattung für punktuelle oder regionale Artenschutzprogramme des Naturschutzes reicht jedoch bei weitem nicht aus und die Kulturlandschaftsprogramme werden nicht gezielt für Maßnahmen zum Erhalt der biologischen Vielfalt eingesetzt. Daher ist trotz Agrarumweltmaßnahmen u. ä. ein Rückgang der Biodiversität in Agrarlandschaften zu verzeichnen, der nicht „nur“ Natura-2000-Zielarten/LRT betrifft, sondern die gesamte Biodiversität sowie Funktionsbeziehungen/Ökosystemdienstleistungen maßgeblich negativ verändert (Oppermann et al. 2016).

Der Einfluss der Landwirtschaft auf Schutzgebiete ist groß, da zahlreiche Gebiete landwirtschaftlich genutzte Flächen sowohl beinhalten als auch von ihnen umgeben sind (siehe Tab. 2 oben). Um die Schutzziele der Gebiete erreichen zu können, und um zu gewährleisten, dass sie auch als Quellen der Biodiversität für die umgebende Landschaft dienen können, muss die Art der landwirtschaftlichen Nutzung von Flächen in Schutzgebietsverordnungen, FFH-Managementplänen, und anderen Schutz-Initiativen entsprechend Berücksichtigung finden. Pauschale Freistellungen der „ordnungsgemäßen Landwirtschaft“ von den Einschränkungen und Verboten wie z.B. in den meisten NSG-Verordnungen führen offensichtlich zu einem Unterlaufen der Schutzziele, da schleichende Intensivierungen schlecht nachweisbar sind oder einfach als „selbstverständlicher“ Teil der Bewirtschaftung wahrgenommen werden, auch wenn dadurch erhebliche Biodiversitätsschäden verursacht werden. Aufgrund der negativen Wirkungen auf angrenzende Flächen müssen auch die die Schutzgebiete umgebenden Flächen mit in die Schutzkonzepte und -regelungen einbezogen werden. Dies ist durch das Verschlechterungsverbot Art. 6 Abs. 2 FFH-Richtlinie (§ 33 BNatSchG) klar abgedeckt, wird aber bisher nicht oder kaum beachtet (erhebliche Vollzugsdefizite). Da Deutschland bei der Ausweisung der FFH-Gebiete EU-weit mit 7,4 km² die im Mittel viertkleinsten Gebiete (sehr enge Abgrenzung) gewählt hat (durchschnittliche Größe EU 25,3 km²; EEA 2015 b), ist dies gerade in Deutschland essentiell, um die Gebiete vor Randeinwirkungen dauerhaft schützen zu können. Auch die Umsetzung des Nationalen Aktionsplanes Pflanzenschutz (BMEL 2013, EU KOM 2009), der bis zum Jahr 2018 die Reduzierung der Anwendung von PSM in allen relevanten Schutzgebieten fordert und dabei ein Verbot nicht ausschließt, wäre ein Schritt in die richtige Richtung (vgl. Abb. 4).

Ziel	Ziel-Quote	Zeitpunkt
Erhöhung der landwirtschaftlich genutzten Fläche, auf der im Rahmen unterschiedlicher Förderprogramme (Agrar-Umweltprogramme, Vertragsnaturschutz, produktionsintegrierte Kompensationsmaßnahmen, Schutzäcker etc.) angepasste Bewirtschaftungsmaßnahmen zur Förderung der Biodiversität (einschl. zum Schutz der Wildkrautdiversität im Randbereich) durchgeführt werden	länderspezifisch	länderspezifisch
Schaffung von ökologischen Vorrangflächen ohne Anwendung von Pflanzenschutzmitteln (in Abstimmung mit den Beschlüssen zur GAP-Reform)	offen	fortlaufend
Reduzierung der Anwendung von Pflanzenschutzmitteln sowie von Risiken, die durch die Anwendung von Pflanzenschutzmitteln entstehen, in Schutzgebieten (Nationalparke, Naturmonumente, Biosphärenreservate (Kern- und Pflegezonen), Naturschutzgebiete, Naturdenkmale, Geschützte Landschaftsbestandteile, § 30 BNatSchG-Biotope, FFH-Gebiete, SPA-Gebiete); dies kann auch Anwendungsverbote für Pflanzenschutzmittel umfassen	Alle relevanten Schutzgebiete	2018

Abb. 4: Verabredete Ziele, Ziel-Quoten sowie Zeitplan für den Bereich der biologischen Vielfalt gemäß Nationaler Aktionsplan Pflanzenschutz in Bezug auf die Anwendung von Pflanzenschutzmitteln in Schutzgebieten (BMEL 2013: 47).

Allerdings ist ein erfolgreicher Schutz der Natura 2000-Gebiete mit ihren gefährdeten Lebensräumen und Arten keine vorwiegend rechtlich-administrative Aufgabe. Vielmehr ist eine Kooperation und vertrauensvolle Zusammenarbeit zwischen Naturschutzbehörden und den landwirtschaftlichen Betrieben und Agrargenossenschaften von großer Bedeutung (s.a. Findeis 2017, Kinser 2017, Petermann & Balzer 2014).

Auch die deutliche Erhöhung des Anteils ökologisch bewirtschafteter Flächen kann die Artenvielfalt in der Agrarlandschaft verbessern. Im Rahmen der Nationalen Nachhaltigkeitsstrategie vertritt die Bundesregierung das Ziel, dass der Anteil landwirtschaftlicher Flächen unter ökologischer Bewirtschaftung in Deutschland zukünftig 20 % betragen soll (Die Bundesregierung 2016). Der Ökolandbau ist häufig noch durch die Anpassung der Wirtschaftsweisen zu optimieren (vgl. Gottwald et al. 2017). Das Biosphärenreservat Schorfheide-Chorin in Brandenburg ist ein Beispiel dafür, dass die Biodiversität der Vögel in Gegenden mit großflächig ökologisch ausgerichteter Landwirtschaft deutlich vielfältiger ist als in Gegenden mit überwiegend konventioneller Landwirtschaft (Flade 2016). Weitere Projekte in verschiedenen Regionen Deutschlands, wie z.B. die Greifswalder Agrarinitiative in Mecklenburg-Vorpommern oder die Ökomodell-Regionen in Bayern beweisen, dass natur- und umweltschonende Landwirtschaft profitabel arbeiten kann und ein Umdenken durchaus auch für die Bevölkerung vor Ort lohnenswert ist.

Von den Expertinnen und Experten der Tagung wurden folgende Kernforderungen für Natura 2000-Schutzgüter und den Artenschutz in der Agrarlandschaft diskutiert:

- Konsequente Einhaltung des Verschlechterungsverbots nach Art. 6.2 FFH-Richtlinie inklusive des bisher weitgehend nicht beachteten Umgebungsschutzes gegen negative Einwirkungen von außen.
- Zeitnahe Umsetzung der im Nationalen Aktionsplan Pflanzenschutz geforderten Ziele (s. Abb. 4) insbesondere Minimierung bzw. Verbot der Anwendung von PSM in Schutzgebieten.
- Öffentlich zugängliches, flächenscharfes Register chemischer Produktionsmittelanwendungen, mindestens für alle Schutzgebiete (insbesondere NSG und Natura 2000-Gebiete).
- Lückenlose Einbeziehung landwirtschaftlich genutzter Flächen in Natura 2000-Gebieten und in deren unmittelbarer Umgebung in die Managementplanung und in die Schutzgebietsverordnungen.
- Überprüfung, der Kriterien für eine ordnungsgemäße Landwirtschaft u.a. im Hinblick auf die Anwendung von Pflanzenschutzmitteln (z.B. Neonikotinoide). Dies gilt insbesondere in Natura 2000-Gebieten und anderen Schutzgebieten.
- Verbot des Einsatzes des rein präventiven Pflanzenschutzes und von Saatgutbeizen, insbesondere von hochtoxischen Substanzen, die nicht innerhalb einer Vegetationsperiode biologisch abbaubar sind (Akkumulation), insbesondere für Natura 2000-Gebiete, Naturschutzgebiete, Nationalparke und Kernzonen Biosphärenreservate.

- Verbot von Saatgutbeizen in Kombination mit Aussaatmethoden, bei denen nur ca. 5 % der toxischen Substanzen am Samenkorn wirken und rund 95 % Luft, Boden und Wasser belasten.
- Schaffung von ausreichend großen Pufferflächen ohne Pestizideinsatz und Saatgutbeizen um Schutzgebiete. Klare Definition von Pufferflächen im BNatSchG ähnlich wie die der Gewässerrandstreifen.
- Erweiterung des „umweltsensiblen Dauergrünlands“ (vgl. BfN 2017) verbindlich auf die naturschutzfachlich tatsächlich sensiblen Grünlandtypen, z.B. Einschluss des gesamten extensiven Feuchtgrünlands (fehlt als LRT im Anhang I der FFH-Richtlinie größtenteils) sowie aller Typen der besonders geschützten Biotope des Grünlands. Diese Typen sollten den FFH-Grünlandtypen hinsichtlich der Schutzregelungen national gleich gestellt werden.
- Prüfung des Greenings: Aufgrund der schlechten Wirksamkeit muss entweder eine Abschaffung dieser Bestimmungen gefordert werden oder alternativ klar benannt werden was wirkungslos und daher nicht anrechnungsfähig sein darf (z.B. keine Anrechnung des Zwischenfruchtanbaus oder von für den Biodiversitätsschutz wirkungslosen Herbstansaaten; keine Anwendung von Pestiziden, Bioziden sowie Dünger etc. auf ökologischen Vorrangflächen).
- Erhebliche personelle Verbesserung der Ausstattung der Naturschutzbehörden und größere Regelungs-/Durchführungskompetenz dieser Behörden, um Umsetzungsdefizite zeitnah angehen zu können.
- Starke Reduktion des Luftstickstoffeintrags insbesondere auch aus der Landwirtschaft: Reduktion oder hohe Besteuerung von Ammoniumdüngern, Gülleausbringung auf ohnehin schon überdüngte Flächen oder sensible oligotrophe Standorte generell verbieten, Aufgabe der Nutzung veralteter Techniken (z.B. Gülleinjektion, statt oberflächliches Ausbringen).
- Der Anbau von Biomasse zur Gewinnung von Bioenergie sollte, wie im Erneuerbare Energien Gesetz 2017 vereinbart, deutlich reduziert werden (vorrangige Verwertung von Reststoffen). Findet dieser Anbau dennoch statt, sollte er in jedem Fall nachprüfbar naturverträglich sein.
- Aufstellung und Umsetzung überregionaler Artenschutzprogramme, u.a. um die sensiblen Arten außerhalb von Schutzgbieten schützen zu können.
- Ausweitung der Fördermöglichkeiten für Naturschutzmaßnahmen z.B. über investive Maßnahmen und Agrarumweltmaßnahmen im Rahmen der Länderprogrammierung sowie der EU-Agrarpolitik bzw. der GAK.

5 Literaturverzeichnis

Baasch, A., Engst, K., May, K., Runge, K., Schuboth, C. & Rast, G. (2017): Entwicklung von Grünlandlebensräumen in Auen: Praxisbeispiele aus Sachsen-Anhalt. – Naturschutz und Biologische Vielfalt 164: 205-232 (in diesem Band).

Becker, N., Haupt, H., Hofbauer, N., Ludwig, G. & Nehring, S. (Red.) (2013): Rote Liste gefährdeter Tiere, Pflanzen und Pilze Deutschlands: Meeresorganismen. – Naturschutz und Biologische Vielfalt 70 (2): 236 S.

BfN/Bundesamt für Naturschutz (2015): Artenschutz-Report 2015. Tiere und Pflanzen in Deutschland. – Bonn: 61 S. – URL: http://www.bfn.de/fileadmin /BfN/presse/2015/Dokumente/Artenschutz report_Download.pdf (gesehen am: 13.11.2017).

BfN/Bundesamt für Naturschutz (2016): Daten zur Natur 2016. Anbaufläche nachwachsender Rohstoffe für verschiedene Verwendungszwecke. – URL: http://www.bfn.de/24266.html (gesehen am: 25.10.2017).

BfN/Bundesamt für Naturschutz (2017): Agrar-Report 2017, Biologische Vielfalt in der Agrarlandschaft. – Bonn (Bundesamt für Naturschutz): 62 S. – URL: http://www.bfn.de/fileadmin/BfN/landwirtschaft/Dokumente/BfN-Agrar-Report_2017.pdf (gesehen am: 25.10.2017).

Binot-Hafke, M., Balzer, S., Becker, N., Gruttke, H., Haupt, H., Hofbauer, N., Ludwig, G., Matzke-Hajek, G. & Strauch, M. (Red.) (2013): Rote Liste gefährdeter Tiere, Pflanzen und Pilze Deutschlands: Wirbellose Tiere (Teil 1). – Naturschutz und Biologische Vielfalt 70 (3): 716 S.

BLE/Bundesanstalt für Landwirtschaft und Ernährung (2017): Evaluations- und Erfahrungsbericht für das Jahr 2016. – Bonn (BLE): 94 S. – URL: http://www.ble.de/SharedDocs/Downloads/DE/Klima-Energie/Nachhaltige-Biomasseherstellung/Evaluationsbericht_2016.pdf;jsessionid=4D0782CEC 38312E47888B908FAFBBD15.2_cid335?__blob=publicationFile&v=3 (gesehen am: 27.10.2017).

BMEL/Bundesministerium für Ernährung und Landwirtschaft (Hrsg.) (2013): Nationaler Aktionsplan zur nachhaltigen Anwendung von Pflanzenschutzmitteln. – Bonn: 98 S. – URL: https://www.nap-pflanzenschutz.de// fileadmin/user_upload/_imported/fileadmin/SITE_MAST ER/content/Doku mente/Service/NAP_2013-1.pdf (gesehen am: 25.10.2017).

BMUB/Bundesministerium für Umwelt, Naturschutz, Bau und Reaktorsicherheit (Hrsg.) (2017): Stickstoffeintrag in die Biosphäre; erster Stickstoff-Bericht der Bundesregierung. – URL: https://www.bmub.bund.de/fileadmin/Daten_BMU/Pools/Broschueren/stickstoffbericht_2017_bf.pdf (gesehen am: 24.11.2017).

Brühl, C.A. (2017): Pestizide und ihre Auswirkung auf die terrestrische Fauna und Flora. – Naturschutz und Biologische Vielfalt 164: 31-42 (in diesem Band).

Burn, A.J. (2000): Pesticides and their effects on lowland farmland birds. – In: Aebischer, H.J., Evan, A.D., Grice, P.V. & Vickery, J.A. (Eds.): Ecology and conservation of Lowland Farmland Birds. – Tring (British Ornithologists' Union): 89-105.

BVL/Bundesamt für Verbraucherschutz und Lebensmittelsicherheit (2017): Inlandsabsatz und Export von Pflanzenschutzmitteln. – URL: http://www.bvl.bund.de/DE/04_Pflanzenschutzmittel/01_Aufgaben/02_ZulassungPSM/03_PSMInlandsabsatzExport/psm_PSMInlandsabsatzExport_node.html (gesehen am: 25.10.2017).

Cimiotti, D. & Hötker, H. (2017): Das Projekt „Sympathieträger Kiebitz" im Bundesprogramm Biologische Vielfalt. – Naturschutz und Biologische Vielfalt 164: 141-162 (in diesem Band).

Dahms, H., Volkens, A., Schmid, E. & Salomon, M. (2017): Nationale Stickstoffstrategie: Anforderungen und Lösungsmöglichkeiten insbesondere in der Landwirtschaft. – Naturschutz und Biologische Vielfalt 164: 63-82 (in diesem Band).

Deutscher Bundestag (2017): Bienengifte Insektizide vollständig verbieten – Bestäuber, andere Tiere und Umwelt wirksam schützen. – Drucksache 18/12384: 6 S. – URL: http://dip21.bundestag.de/dip21/btd/18/123/1812384.pdf (gesehen am: 25.10.2017).

Die Bundesregierung (Hrsg.) (2016): Deutsche Nachhaltigkeitsstrategie. Neuauflage 2016. – Berlin (Die Bundesregierung): 256 S. – URL: https://www.bundesregierung.de/Content/DE/_Anlagen/Nachhaltigkeit-wiederhergestellt/2017-01-11-nachhaltigkeitsstrategie.pdf;jsessionid=C95BB1D5187953E11B4E01A1FECD691A.s1t2?__blob=publicationFile&v=20 (gesehen am: 24.10.2017)

Dieterich, M., Moog, D. & Hausberg, M. (2017): Biomassekulturen der Zukunft aus Naturschutzsicht. – Naturschutz und Biologische Vielfalt 164: 43-62 (in diesem Band).

Dröschmeister, R., Sudfeldt, C. & Trautmann, S. (2012): Zahl der Vögel halbiert: Landwirtschaftspolitik der EU muss umweltfreundlicher werden. – Der Falke 59: 316-317.

EEA/European Environment Agency (2015 a): The state of nature in the EU. Results from reporting under the nature directives 2007-2012. – EEA Technical report 2/2015: 173 S. – URL: https://www.eea.europa.eu/publications/state-of-nature-in-the-eu (gesehen am: 15.10.2017).

EEA/European Environment Agency (2015 b): Natura 2000 barometer statistics. 2015 SPA and SCI. – URL: https://www.eea.europa.eu/themes/biodiversity/document-library/natura-2000/natura-2000-network-statistics/natura-2000-barometer-statistics/statistics/barometer-statistics (gesehen am: 26.10.2017)EFSA/European Food Safety Authority (2013a): Conclusion on the peer review of the pesticide risk assessment for bees for the active substance clothianidin. – EFSA Journal 2013, 11 (1): 3066 58 S.

EFSA/European Food Safety Authority (2013b): Conclusion on the peer review of the pesticide risk assessment for bees for the active substance imidacloprid. – EFSA Journal 2013, 11 (1): 3068: 55 S.

EFSA/European Food Safety Authority (2013c): Conclusion on the peer review of the pesticide risk assessment for bees for the active substance thiamethoxam. – EFSA Journal 2013, 11(1): 3067: 68 S.

Ellwanger, G., Raths, U., Benz, A., Glaser, F. & Runge, S. (Hrsg.) (2015 a): Der nationale Bericht 2013 zur FFH-Richtlinie – Ergebnisse und Bewertung der Erhaltungszustände. Teil 1: Die Lebensraumtypen des Anhangs I und allgemeine Berichtsangaben. – BfN-Skripten 421/1: 215 S.

Ellwanger, G., Raths, U., Benz, A., Glaser, F. & Runge, S. (Hrsg.) (2015 b): Der nationale Bericht 2013 zur FFH-Richtlinie – Ergebnisse und Bewertung der Erhaltungszustände. Teil 2: Die Arten der Anhänge II, IV und V. – BfN-Skripten 421 (2): 417 S.

Ellwanger, G., Ssymank, S., Buschmann, A., Ersfeld, M., Frederking, W., Lehrke, S., Neukirchen, M., Raths, U., Sukopp, U. & Vischer-Leopold, M. (2014): Der nationale Bericht 2013 zu Lebensraumtypen und Arten der FFH-Richtlinie – ein Überblick über die Ergebnisse. – Natur und Landschaft 89 (5): 185-192.

EU KOM/Europäische Kommission (2009): Richtlinie 2009/128/EG des Europäischen Parlaments und des Rates vom 21. Oktober 2009 über einen Aktionsrahmen der Gemeinschaft für die nachhaltige Verwendung von Pestiziden. – Amtsblatt der Europäischen Union L 309 : 71ff., berichtigt durch L 161: 11ff. – URL : http://eur-lex.europa.eu/legal-content/DE/TXT/PDF/?uri=CELEX:02009L0128-20091125&from=EN (gesehen am: 27.10.2017).

EU KOM/Europäische Kommission (2013): Durchführungsverordnung (EU) Nr. 485/2013 der Kommission vom 24. Mai 2013 zur Änderung der Durchführungsverordnung (EU) Nr. 540/2011 hinsichtlich der Bedingungen für die Genehmigung der Wirkstoffe Clothianidin, Thiamethoxam und Imidacloprid sowie des Verbots der Anwendung und des Verkaufs von Saatgut, das mit diese Wirkstoffe enthaltenden Pflanzenschutzmitteln behandelt wurde. – Amtsblatt der Europäischen Union L 139: 12-26.

FGNB/Bund-Länder-Fachgespräch Stickstoffbilanz (2017): Klärung der Anforderungen an die Stickstoffbilanzierung – Grundlagen und Methodik der Critical Levels, Critical Loads und Critical Surplus zur flächendeckenden Bewertung des Stickstoffhaushalts (CS-Bericht 2017). – Ministerium für Umwelt, Klima und Energiewirtschaft Baden-Württemberg (Hrsg.). – Fachdokumentendienst Umweltbeobachtung ID U26-S7-N17, 32 S.

Finck, P., Heinze, S., Raths, U., Riecken, U. & Ssymank, A. (2017): Rote Liste der gefährdeten Biotoptypen Deutschlands, dritte fortgeschriebene Fassung 2017. – Naturschutz und Biologische Vielfalt 156: 460 S.

Findeis, T. (2017): Das Scheckenfalter-Projekt des Bundesprogramms Biologische Vielfalt im Vogtlandkreis. – Naturschutz und Biologische Vielfalt 164: 113-132 (in diesem Band).

Fischer, K. & Fiedler, K. (2000): Response of the copper butterfly *Lycaena tityrus* to increased leaf nitrogen in natural food plants: evidence against the nitrogen limitation hypothesis. – Oecologia 124: 235-241.

Fischer, J., Müller, T., Spatz, A.-K., Greggers, U., Grünewald, B. & Menzel, R. (2014): Neonicotinoids Interfere with Specific Components of Navigation in Honeybees. – PLoS ONE 9 (3): e91364. – URL: https://doi.org/10.1371/journal.pone.0091364 (gesehen am: 03.11.2017).

Flade, M. (2016): Der Einfluss von großflächigem Ökolandbau und naturschutzorientierter Forstwirtschaft auf die Bestandsentwicklung von Brutvögeln: Ergebnisse 20-jährigen Brutvogelmonitorings im Biosphärenreservat Schorfheide-Chorin. – Vogelwarte 54: 330-332.

Flade, M. (1017): Bestandsentwicklung von Brutvögeln in der Agrarlandschaft Deutschlands. – Naturschutz und Biologische Vielfalt 164: 133-140 (in diesem Band).

Gottwald, F., Peil, J., Stein-Bachinger, K., Flade, M. & Meyer, S. (2017): Wege im Ackerwildkrautschutz: Schutzäcker, Schonstreifen und ökologische Landwirtschaft – Erfahrungen und Perspektiven in Nordostdeutschland. – Naturschutz und Biologische Vielfalt 164: 233-253 (in diesem Band).

Goulson, D. (2013): An overview of the environmental risks posed by neonicotinoid insecticides. – Journal of Applied Ecology 50: 977-987.

Greenpeace (2017): Umweltrisiken durch Neonicotinoide; eine Überprüfung der wissenschaftlichen Datenlage seit 2013, Zusammenfassung. – URL: https://www.greenpeace.de/sites/www.greenpeace.de/files/publications/neonicotinoid_pesticides_de.pdf (gesehen am: 25.10.2017).

Grüneberg, C., Dröschmeister, R., Fuchs, D., Frederking, W., Gerlach, B., Hauswirth, M., Karthäuser, J., Schuster, B., Sudfeldt, C., Trautmann, S. & Wahl, J. (2017): Vogelschutzbericht 2013: Methoden, Organisation und Ergebnisse. – Naturschutz und Biologische Vielfalt 157: 230 S.

Gruttke, H. (Bearb.) (2004): Ermittlung der Verantwortlichkeit für die Erhaltung mitteleuropäischer Arten. – Naturschutz und Biologische Vielfalt 8: 280 S.

Gruttke, H., Binot-Hafke, M., Balzer, S., Haupt, H., Hofbauer, N., Ludwig, G., Matzke-Hajek, G. & Ries, M. (Red.) (2016): Rote Liste gefährdeter Tiere, Pflanzen und Pilze Deutschlands: Wirbellose Tiere (Teil 2). – Naturschutz und Biologische Vielfalt 70 (4): 598 S.

Habel, J.C., Segerer, A., Ulrich, W., Torchyk, O., Weisser, W.W. & Schmitt, T. (2016): Butterfly community shifts over 2 centuries. – Conservation Biology 30 (4): 754-762.

Hallmann, C.A., Foppen, R.P.B., van Turnhout, C.A.M., de Kroon, H. & Jongejans, E. (2014): Declines in insectivorous birds are associated with high neonicotinoid concentrations. – Nature 511: 341-352.

Hallmann, C.A., Sorg, M., Jongejans, E., Siepel, H., Hofland, N., Schwan, H., Stenmans, W., Müller, A., Sumser, H., Hörren, T., Goulson, D. & de Kroon, H. (2017): More than 75 percent decline over 27 years in total flying insect biomass in protected areas. – PLoS ONE 12 (10): e0185809. – URL: https://doi.org/10.1371/journal.pone.0185809 (gesehen am: 26.10.2017).

Haupt, H., Ludwig, G., Gruttke, H., Binot-Hafke, M., Otto, C. & Pauly, A. (Red.) (2009): Rote Liste gefährdeter Tiere, Pflanzen und Pilze Deutschlands: Wirbeltiere. – Naturschutz und Biologische Vielfalt 70 (1): 386 S.

Heydemann, B. (1983): Die Beurteilung von Zielkonflikten zwischen Landwirtschaft, Landschaftspflege und Naturschutz aus der Sicht der Landespflege und des Naturschutzes. – Schriftenreihe für ländliche Sozialfragen 88: 51-78.

Hötker, H. & Leuschner, C. (2014): Naturschutz in der Agrarlandschaft am Scheideweg Misserfolge, Erfolge, neue Wege. – Hamburg (Gutachten im Auftrag der Michael-Otto-Stiftung für Umweltschutz): 36 S. – URL: http://www.michaelottostiftung.de/de/presse/left-area/04/text_files/file/mos015_Studie_RZ_140618_lowres%202.pdf (gesehen am: 27.10.2017).

Kinser, A. (2017): Sicherung und Optimierung von Schreiadler-Lebensräumen: Herausforderungen für den Vertragsnaturschutz. – Naturschutz und Biologische Vielfalt 164: 163-182 (in diesem Band).

Krause, B., Wesche, C., Culmsee, H. & Leuschner, C. (2014): Diversitätsverluste und floristischer Wandel im Grünland seit 1950. – Natur und Landschaft 89 (9/10): 399-404.

Leuschner, C., Krause, B., Meyer, S. & Bartels, M. (2014): Strukturwandel im Acker- und Grünland Niedersachsens und Schleswig-Holsteins seit 1950. – Natur und Landschaft 89 (9/10): 386-391.

Ludwig, G. & Matzke-Hajek, G. (Red.) (2013): Rote Liste gefährdeter Tiere, Pflanzen und Pilze Deutschlands: Pilze (Teil 2) – Flechten und Myxomyzeten. – Naturschutz und Biologische Vielfalt 70 (6): 240 S.

Ludwig, G. & Schnittler, M. (Bearb.) (1996): Rote Liste gefährdeter Pflanzen Deutschlands. – Schriftenreihe für Vegetationskunde 28: 744 S.

Meyer, S., Wesche, C., Krause, B., Brütting, C., Hensen, I. & Leuschner, C. (2014): Diversitätsverluste und floristischer Wandel im Ackerland seit 1950. – Natur und Landschaft 89 (9/10): 392-398.

Marzaro, M., Vivan, L., Targa, A., Mazzon, L., Mori, N., Greatti, M., Petrucco Toffolo, E., di Bernardo, A., Giorio, C., Marton, D., Tapparo, A. & Girolami, V. (2011): Lethal aerial powdering of honey bees with neonicotinoids from fragments of maize seed coat. – Bulletin of Insectology 64 (1): 119-126.

Matzke-Hajek, G., Hofbauer, N. & Ludwig, G. (Red.) (2016): Rote Liste gefährdeter Tiere, Pflanzen und Pilze Deutschlands: Pilze (Teil 1) – Großpilze. – Naturschutz und Biologische Vielfalt 70 (8): 440 S.

Neumann, P. (2017): Hauptverdächtige Neonicotinoide – Welche Rolle spielen sie beim Insektensterben? – Berlin (Vortrag von Neumann (Institut für Bienengesundheit der Universität Bern) beim Öffentlichen Fachgespräch „Stummer Frühling ante portas – Was tun gegen das dramatische Insektensterben?“ Bündnis 90 Die Grünen am 6.3.2017 in Berlin).

Nickel, H., Achtziger, R., Biedermann, R., Bückle, C., Deutschmann, U., Niedringhaus, R., Remane, R., Walter, S. & Witsack, W. (2016): Rote Liste und Gesamtartenliste der Zikaden (Hemiptera: Auchenorrhyncha) Deutschlands. – Naturschutz und Biologische Vielfalt 70 (4): 247-298.

Oppermann, R., Neumann, A. & Huber, S. (2008): Die Bedeutung der obligatorischen Flächenstilllegung für die biologische Vielfalt. – Naturschutzbund Deutschland. – URL: https://www.nabu.de/imperia/md/content/nabude/landwirtschaft/24.pdf (gesehen am: 25.10.2017).

Oppermann, R., Fried, A., Lepp, N., Lepp, T. & Lakner, S. (2016): Fit, fair und nachhaltig: Vorschläge für eine neue EU-Agrarpolitik. – Göttingen (IFAB & INA im Auftrag NABU-Bundesverband): 76 S. – URL: https://www.nabu.de/imperia/md/content/nabude/landwirtschaft/agrarreform/161104-studie-neueeuagrarpolitik-langfassung.pdf (gesehen am: 27.10.2017).

Petermann, R. & Balzer, S. (2014): Feldhamsterschutz in Deutschland. Editorial. – Natur und Landschaft 89 (8): 337.

Pisa, L.W., Amaral-Rogers, V., Belzunces, L.P. et al. (2015): Effects of neonicotinoids and fipronil on non-target invertebrates. – Environmental Science and Pollution Research 22 (1): 68-102. – URL: https://doi.org/10.1007/s11356-014-3471-x.

Reinhardt, R. & Bolz, R. (2011): Rote Liste und Gesamtartenliste der Tagfalter (Rhopalocera) (Lepidoptera: Papilionoidea et Hesperioidea) Deutschlands. – Naturschutz und Biologische Vielfalt 70 (3): 167-194.

Schwenninger, H.J. & Scheuchl, E. (2016): Rückgang von Wildbienen, mögliche Ursachen und Gegenmaßnahmen (Hymenoptera, Anthophila). – Mitteilungen Entomologischer Verein Stuttgart 51 (1): 21-23.

Shortall, C.R., Moore, A., Smith, E., Hall, M.J., Woiwod, I.P. & Harrington, R. (2009): Long-term changes in the abundance of flying insects. – Insect Conservation and Diversity 2009 (2): 251-260. – doi: 10.1111/j.1752-4598.2009.00062.x.

De Lima e Silva, C., Brennan, N., Brouwer, J.M., Commandeur, D., Verweij, R.A. & van Gestel, C.A.M. (2017): Comparative toxicity of imidacloprid and thiacloprid to different species of soil invertebrates. – Ecotoxicology (2017) 26: 555-564; doi: 10.1007/s10646-017-1790-7.

Simon-Delso, N., Amaral-Rogers, V., Belzunces, L.P. et al. (2015): Systemic insecticides (neonicotinoids and fipronil): trends, uses, mode of action and metabolites. – Environmental Science and Pollution Research 22 (1): 5-34.

Sorg, M. (2013): Ermittlung der Biomassen flugaktiver Insekten im Naturschutzgebiet Orbroicher Bruch mit Malaise Fallen in den Jahren 1989 und 2013. – Mitteilungen aus dem Entomologischen Verein Krefeld 1: 1-5.

Sorg, M. (2017): Bestandsrückgänge von Fluginsekten in Offenlandbiotopen der Kulturlandschaft – Naturschutz und Biologische Vielfalt 164: 101-112 (in diesem Band).

SRU/Sachverständigenrat für Umweltfragen (2015): Stickstoff: Lösungsstrategien für ein drängendes Umweltproblem. Sondergutachten. – Berlin (Erich Schmidt): 560 S. – URL: http://www.umweltrat.de /SharedDocs/Downloads/DE/02_Sondergutachten/2012_2016/2015_01_S G_Stickstoff_HD.pdf ?__blob=publicationFile (gesehen am: 27.10.2017).

Stahlschmidt, P. & Brühl, C. (2012): Bats at Risk? Bat activity and insecticide residue analysis of food items in an apple orchard. – Environmental Toxicology and Chemistry 31 (7): 1556-1563.

Straub, L., Villamar-Bouza, L., Bruckner, S., Chantawannakul, P., Gauthiers, L., Khongphinitbunjong, K., Retschnig, G., Troxler, A., Vidondo, B., Neumann, P. & Williams, G.R. (2016): Neonicotinoid insecticides can serve as inadvertent insect contraceptives. – Proceedings of the Royal Society. B 283: 20160506. – URL: http://dx.doi.org/10.1098/rspb.2016.0506 (gesehen am: 01.09.2017).

Sudfeldt, C., Dröschmeister, R., Frederking, W., Gedeon, K., Gerlach, B., Grüneberg, C., Karthäuser, J., Langgemach, T., Schuster, B., Trautmann, S. & Wahl, J. (2013): Vögel in Deutschland 2013. – Münster (DDA, BfN, LAG VSW): 60 S.

Sur, R. & Stork, A. (2003): Uptake, translocation and metabolism of imidacloprid in plants. – Bulletin of Insectology 56 (1): 35-40.

Ssymank, A., Kearns, C.A., Pape, T. & Thompson, F.C. (2008): Pollinating flies (Diptera): A major contribution to plant diversity and agricultural production. – Tropical Conservation 9: 86-89.

van Swaay, C., van Strien, A., Harpke, A., Fontaine, B., Stefanescu, C., Roy, D. et al. (2013): The European grassland butterfly indicator: 1990-2011. – EEA Technical Reports 2013 (11): 34 S.

Vogel, G. (2017): Where have all the insects gone? – Science 356 (6338): 576-580. – URL: http://science.sciencemag.org/content/356/6338/576 (gesehen am: 14.11.2017).

UBA/Umweltbundesamt (2014): Reaktiver Stickstoff in Deutschland – Ursachen, Wirkungen, Maßnahmen. – Dessau (UBA): 53 S. – URL: http://www.umweltbundesamt.de/sites/default/files/medien/378/publikationen/reaktiver_stickstoff_in_deutschland_0.pdf (gesehen am: 27.10.2017).

UBA/Umweltbundesamt (2015): 30 Jahre SRU-Sondergutachten „Umweltprobleme der Landwirtschaft" – eine Bilanz. – UBA Texte 28/2015. – URL: http://www.umweltbundesamt.de/publikationen/umweltprobleme-der-landwirtschaft-30-jahre-sru (gesehen am: 24.10.2017).

UBA/Umweltbundesamt (Hrsg.) (2016): 5-Punkte-Programm für einen nachhaltigen Pflanzenschutz. – Dessau (UBA-Position): 34 S. – URL: http://www.umweltbundesamt.de/sites/default/files/medien/377/publikationen/uba-positionspapier_5-punkte-programm_nachhaltigkeit_pflanzenschutz_web.pdf (gesehen am: 25.10.2017).

Wahl, J., Dröschmeister, R., Gerlach, B., Grüneberg, C., Langgemach, T., Trautmann, S. & Sudfeldt, C. (2015): Vögel in Deutschland 2014. – Münster (Dachverband Deutscher Avifaunisten, BfN, LAG VSW): 71 S. – URL: https://www.bfn.de/fileadmin/BfN/monitoring/Dokumente/ViD2014_Internet_barrierefr.pdf (gesehen am: 12.04.2017).

Westrich, P., Frommer, U., Mandery, K., Riemann H., Ruhnke H., Saure, C. & Voith, J. (2011): Rote Liste und Gesamtartenliste der Bienen (Hymenoptera, Apidae) Deutschlands. – Naturschutz und Biologische Vielfalt 70 (3): 373-416.

Williams, I.H. (2002): Insect Pollination and Crop Production: A European Perspective. – In: Kevan, P. & Imperatriz Fonseca, V.L. (Eds.): – Pollinating Bees – The conservation Link Between Agriculture and Nature. – Ministry of Environment/Brasilia: 59-65.

Adresse der Autorinnen und der Autoren

Mareike Vischer-Leopold, Götz Ellwanger,
Sandra Balzer und Axel Ssymank
Bundesamt für Naturschutz
Konstantinstraße 110, 53179 Bonn
E-Mail: Mareike.Vischer-Leopold@bfn.de

Pestizide und ihre Auswirkung auf die terrestrische Fauna und Flora

Carsten A. Brühl

Abstract

Biodiversity is declining on a global scale and this threat was recognized by 196 parties signing the convention of Rio with the aim to protect and restore biodiversity.

However since conservation areas are not sufficient to protect biodiversity it is necessary to maintain a high diversity of species and habitats in the managed agricultural landscape. This anthropogenic landscape is recognized as the largest terrestrial biome and with its agricultural management receives pesticide inputs of globally almost 2.5m t/year. Pesticides are also used in around 150,000 ha of protected areas in Germany. These biologically active chemicals can have many effects on fauna and flora.

To understand the potential risk of pesticide exposure the presence of organisms in the agricultural landscape and the co-occurrence with pesticide use needs to be established. Two examples are presented from amphibians and bats where in both cases it is not known in detail which species use the agricultural landscape and its matrix of cropped land and semi-natural structures as habitat.

Direct acute pesticide effects resulting in mortality are also not well established for example for terrestrial life stages of frogs that showed a high sensitivity to applied rates of registered pesticides. Effects also translate from species to communities and after 3 years of exposure at field relevant herbicide and fertilizer inputs the plant community of a simulated field margin was completely changed. Indirect effects from herbicides on plants also affect insects feeding on plant material by loss of the food source or changes in food quality. Pesticides are therefore affecting biodiversity and it would be imperative to implement the EU goal of a reduction or stop of pesticide use in protected areas that represent only roughly 1 % of the total landscape used for agricultural crops in Germany.

1 Einleitung

Die Abnahme der Biodiversität führte zur Unterzeichnung der Konvention von Rio die den Schutz und die Wiederherstellung der Biodiversität zum Ziel hat. Schutzgebiete können nur einen Teil der Biodiversität erhalten (Laurance et al. 2012), es muss daher auch möglich sein, in bewirtschafteten Gebieten die Natur zu erhalten.

Ein großer Teil der terrestrischen Landfläche wird heute von den Menschen landwirtschaftlich genutzt. Global werden Werte über 40 % angegeben (ohne die Antarktis, (Foley et al. 2005), für Europa liegt die genutzte Landfläche um 45 % (2012, (EUROSTAT 2016) und in Deutschland wird ungefähr die Hälfte der Landesfläche, 16,7 Millionen Ha, für die Produktion von Agrargütern genutzt (Statistisches Bundesamt 2014). Diese Fläche umfasst die Anbaufläche von Feldfrüchten und die Grasflächen für Nutztiere. In der EU 27 liegt der Anteil der Anbaufläche an der Agrarfläche bei 25 %, in Deutschland bei mehr als 70 % (12,1 Mio. ha).

2 Pestizideinsatz

Global werden jährlich über 2,3 Millionen Tonnen Pestizide (Aktivstoff) eingesetzt. In Deutschland liegt der Wert über die letzten 10 Jahre relativ stabil bei ca. 100.000 t Pestizidprodukte oder 35.000 t aktive Inhaltstoffe (a.i.) pro Jahr (BVL 2016). Die durchschnittliche Pestizidmenge pro ha (gemittelt über alle Kulturen) liegt damit bei 8,8 kg Produkten oder 2,8 kg aktiver Inhaltsstoffe. In Deutschland sind über 600 aktive Substanzen zugelassen, die in mehr als 1.400 Formulierungen für Landwirte erhältlich sind. Die Intensität des Pestizideinsatzes lässt sich auch an den Anwendungen in den verschiedenen Kulturen zeigen, so wurden durchschnittlich 4 Pestizidapplikationen in Weizen, 13 in Kartoffel, 20 im Weinbau und 34 in der Apfelproduktion im Jahr 2014 verzeichnet (JKI 2016). Pestizide beeinflussen grundlegende biologische Prozesse wie Nervenleitung, Photosynthese, Proteinsynthese und die Atmungskette nicht nur spezifisch in den so genannten Zielorganismen, den „Schädlingen“ und „Unkräutern“, sondern auch in anderen Organismen, die von Pestiziden erreicht werden und damit exponiert sind.

3 Landwirtschaft in Schutzgebieten

Die terrestrische Gesamtfläche der Fauna-Flora-Habitat (FFH) Gebiete in Deutschland beträgt etwas mehr als 2,8 Mio. ha. In über 125.000 ha davon werden verschiedene Feldkulturen angebaut (ohne Grasland), in fast 16.000 ha der FFH-Gebiete finden sich permanente Kulturen des Obst- und Weinbaus (siehe Abb. 1). Die meisten Kulturen in den FFH Gebieten werden konventionell bewirtschaftet, d.h. hier werden auch Pestizide eingesetzt. Im Nationalen Aktionsplan (NAP) zur nachhaltigen Anwendung von Pflanzenschutzmitteln (BMEL 2013) findet sich eine Umsetzung des Pflanzenschutzgesetzes von 2012 (§ 22) und der Richtlinie 2009/128/EG des Europäischen Parlaments und des Rates (Artikel 12), wonach ein bis 2018 umzusetzendes Ziel die „Reduzierung der Anwendung von Pflanzenschutzmitteln sowie von Risiken, die durch die Anwendung von Pflanzenschutzmitteln entstehen, in Schutzgebieten (Nationalparke, Naturmonumente, Biosphärenreservate (Kern-

und Pflegezonen), Naturschutzgebiete, Naturdenkmale, Geschützte Landschaftsbestandteile, § 30 BNatSchG-Biotope, FFH-Gebiete, SPA-Gebiete)“ ist, „dies kann auch Anwendungsverbote für Pflanzenschutzmittel umfassen“. Wie aus dem Text im NAP ersichtlich, geht es hier nicht nur um FFH-Gebiete sondern auch um andere Schutzgebiete, deren landwirtschaftlich genutzte Anteile nicht einfach zu ermitteln sind.

Abb. 1: Naturschutzgebiet in den Weinbaulagen des Haardtrandes bei Schweigen (Pfalz) mit erkennbarem Einsatz von Herbizid im Frühjahr (Foto: C. Brühl).

4 Pestizideffekte

Pestizide werden als ein Hauptfaktor für den beobachteten Rückgang der Vögel der Agrarlandschaft aber auch der Insekten verantwortlich gemacht (EBBC 2016, Vogel 2017). In einer pan-Europäischen Studie konnten Pestizide als statistisch signifikanter Faktor für eine negative Veränderung der Anzahl von Pflanzenarten und bodenlebenden Insekten als auch Vögeln innerhalb von Weizenfeldern identifiziert werden (Geiger et al. 2010). Kein anderer der aufgenommenen Faktoren (z.B. Nähe zu semi-natürlichen Strukturen und deren Größe, Düngereinsatz,...) wies einen so deutlich negativen Einfluss auf.

Pestizide können sowohl direkte als auch indirekte Effekte auf Organismen haben (Abb. 2). Ein Herbizid hat einen **direkten Effekt** auf eine Pflanze, ein Insektizid auf Insekten, oder je nach Wirkungsweise auch auf Wirbeltiere, worauf deren Populationsdichten in der Umwelt durch akute oder chronische

Auswirkungen reduziert werden. Die durch ein Herbizid hervorgerufene Reduktion von Pflanzen in der Umwelt kann aber **indirekte Effekte** auf z.B. Insekten haben, die diese Pflanzen als Nahrungsquellen nutzen. Auch die durch Insektizide bedingte Reduktion von Insekten hat über das Nahrungsnetz Auswirkungen auf höhere Trophieebenen, die sich von Insekten ernähren. Im derzeitigen Zulassungsverfahren von Pestiziden werden ausschließlich direkte Effekte bewertet, was zu einer Unterschätzung ihrer Effekte auf die Umwelt führen kann.

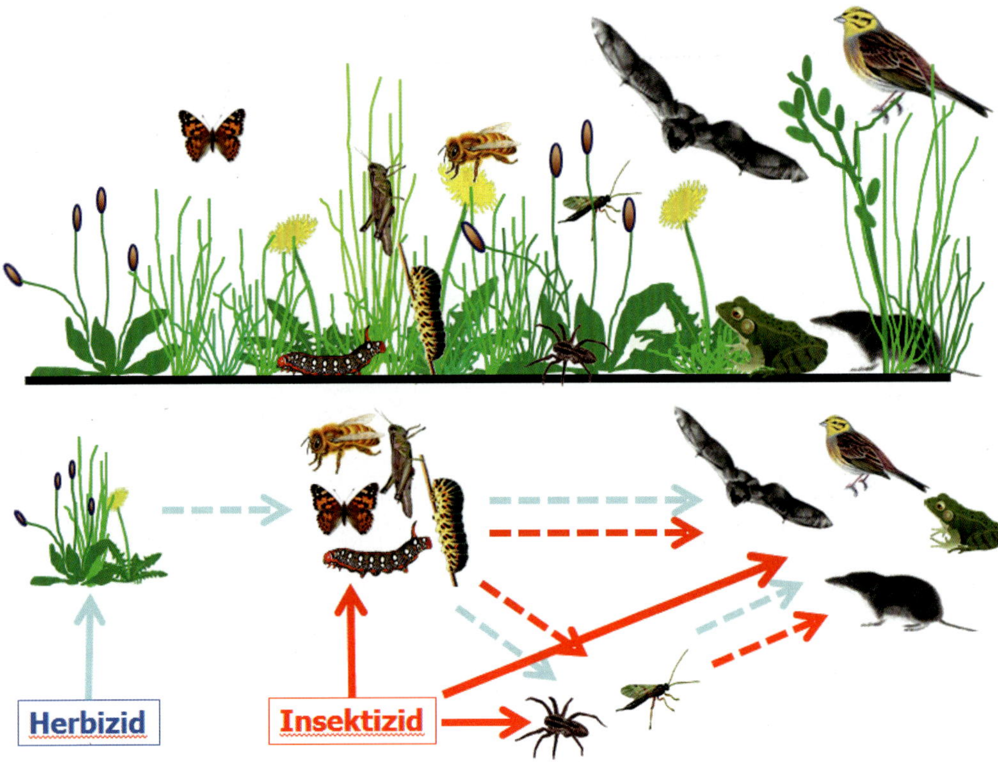

Abb. 2: Mögliche direkte (gefüllte) und indirekte (gestrichelt) Effekte eines Herbizids (blau) und Insektizids (rot) auf die in der Agrarlandschaft vorkommende Fauna und Flora (oben) (C. Brühl).

5 Vorkommen in der Agrarlandschaft und Pestizidexposition

In einem ersten Schritt zur Abschätzung des Risikos gegenüber Pestiziden muss das Vorkommen einer Organismengruppe in der Agrarlandschaft und deren Expositionspotential erfasst werden. Als Beispiel sollen hier Fledermäuse und Amphibien betrachtete werden.

Fledermäuse stellen mit 42 Arten die größte Gruppe der Säugetiere in Europa dar (ein Fünftel aller Säugerarten) und alle sind unter Schutz gestellt. Obwohl es ein spezifisches Risikobewertungsverfahren von Säugetieren im Rahmen der Pestizidzulassung gibt, sind Fledermäuse bisher hier nicht explizit aufgenommen. Als Tiergruppe mit besonderen ökologischen Charakteristika wie z.B. Winterruhe, reine insektivore Lebensweise und geringe Reproduktion (1 Jungtier/Jahr) stellen sie eine ökologisch besonders sensible Gruppe dar (De Lange et al. 2009). Über das Vorkommen in der Agrarlandschaft lagen bisher nur wenige Untersuchungen vor. In einer standardisierten, quantitativen Studie in Rheinland-Pfalz wurden 14 Arten, darunter die geschützte Nordfledermaus (*Eptesicus nilssonii*) und die Mopsfledermaus (*Barbastella barbastellus*) über Feldern, Wein und Obstbaukulturen erfasst. Eine besonders hohe Aktivität fand sich über Feldern in der Nähe von Waldgebieten. Die Fledermausaktivitäten in Obstplantagen können ähnlich hoch wie in Waldlagen sein wodurch sich eine hohe Wahrscheinlichkeit der Exposition ergibt. Eine Anschlussuntersuchung in einer Apfelplantage, in der die Rückstände von Pestiziden auf der Nahrung (Insekten) analysiert wurden, zeigte, dass für Arten, die auch Insekten von den Blättern absammeln, wie z.B. die Zwergfledermaus *(Pipistrellus pipistrellus)*, ein Risiko eines chronischen, oralen Effekts besteht (Stahl-Schmidt & Brühl 2012). Pestizide werden oft abends ausgebracht um eine Schädigung von Bienen, die dann im Stock sind, zu vermeiden.

Gegenläufig zum Bild des im See rufenden Froschs, verbringen Amphibien den Großteil ihres Lebens an Land. In Brutgewässern in der Agrarlandschaft von Brandenburg (Getreide) und Rheinland-Pfalz (Weinbau) konnten 15 der 21 in Deutschland vorkommenden Amphibienarten nachgewiesen werden. Die adulten Tiere wandern dabei im Frühjahr an die Brutgewässer an, verlassen diese zumeist auch bald darauf während sich die Kaulquappen dort zu juvenilen Fröschen, Molchen, Unken oder Kröten entwickeln, die zu einem späteren Zeitpunkt ebenfalls an Land gehen. In einer zwei jährigen Untersuchung in Brandenburg wurde gezeigt, dass sich die Anwanderung der adulten Amphibien mit der Ausbringung von Pestiziden überschneidet, und über 70 % einer Population von solchen Applikationsereignissen betroffen sein können (Lenhardt et al. 2015). Mehr als 20 % der erfassten Amphibien traten im Durchschnitt während der Pestizidapplikationen in Wintergetreide (20,7 %) und Winterraps (22,8 %) auf. Unter günstigen klimatischen Bedingungen fällt das Auftreten der Adulten von Arten die früh anwandern wie Moorfrosch *(Rana arvalis)* oder Kammolch *(Triturus cristatus)*, nicht mit Pestizidausbringungen zusammen. Arten die später im Jahr aktiv sind wie Knoblauchkröte *(Pelobates fuscus)* oder Rotbauchunke *(Bombina bombina)* sind eher von Pestizidanwendungen betroffen. Auch beim Abwandern der Adulten und auch der Juvenilen vom Gewässer besteht die Möglichkeit einer zeitlich-räumlichen Koinzidenz mit Pestizidapplikationen, besonders für juvenile Stadien liegen hier aber nur wenige Daten vor, auch weil deren quantitative Erfassung, auf Grund der geringen Größe, methodisch sehr anspruchsvoll ist.

6 Direkte Pestizideffekte

Pestizide sollen auf Schadorganismen direkte Wirkung haben, können aber auf Grund ihrer hohen biologischen Aktivität auch andere Organismen direkt betreffen. Amphibien sind eindeutige Nichtzielorganismen aber ihre Präsenz in Anbaukulturen während der Applikation von Pestiziden (s.o.) könnte zu negativen direkten Effekten führen. Um ein Risiko zu bestimmen müssen Daten zur Empfindlichkeit gegenüber Pestiziden vorliegen. In einer Literatursuche wurde deutlich, dass für die terrestrischen Lebensstadien von Amphibien bisher nur wenige Daten vorliegen, die sich meist auf alte Organochlorverbindungen (z.B. DDT) beschränkten (Brühl et al. 2011). Die Vermutung lag allerdings nahe, dass terrestrische Stadien von Amphibien, auf Grund ihrer durchlässigen Haut, besonders von Pestizideffekten betroffen sein könnten. In einer anschließenden akuten Laborstudie mit dem Grasfrosch *(Rana temporaria),* wurden juvenile Frösche mit sechs verschiedenen, zum Zeitpunkt der Untersuchung zugelassenen Pestiziden übersprüht, in dem der Spritzverlauf einer Traktorapplikation simuliert wurde. Bei der empfohlenen Feldrate bewirkten die Fungizidprodukte Headline und Captan 100 % Mortalität, aber auch die Herbizide Curol und Dicomil und das Insektizid Roxion führten zu 40-60 % Mortalität der Versuchstiere während einer sieben tägigen Expositionsphase (Brühl et al. 2013). Bei Captan, Dicomil und Roxion bewirkte auch ein Zehntel der Aufwandmenge 40 % Mortalität. Diese Laborergebnisse, in Kombination mit der Anwesenheit von Amphibien in Feldkulturen, zeigen eine Lücke in der aktuellen Zulassung auf die mit Hilfe von weiterführenden Untersuchungen möglichst schnell geschlossen werden muss. Zu diesem Schluss kommt ebenfalls eine Expertengruppe der European Food Safety Agency in einem aktuellen Positionspapier (EFSA 2017).

Pflanzen stellen die Grundlage der Nahrungskette in Ökosystemen dar und daher sollten sie besonders kritisch hinsichtlich möglicher Pestizideffekte betrachtet werden. Der Einfluss von Herbizid, Insektizid und Dünger auf die Pflanzengemeinschaft eines Feldsaums wurde in einem randomisierten Experiment in einer Glatthaferwiese bei Landau über 3 Jahre untersucht. Hierbei wurden 30 % der Feldrate eingesetzt um die Einträge in schmale Feldsäume zu simulieren. Direkte Herbizideffekte zeigten sich schon nach einem Jahr beim Zottigen Klappertopf *(Rhinanthus alectorolophus),* einem Hemiparasiten von Gräsern, wobei das mittlere Vorkommen über 90 % reduziert wurde (Schmitz et al 2014). Das heißt, ein einmaliger Eintrag des verwendeten Herbizids (ATLANTIS®, Bayer) würde zum fast vollständigen verschwinden des Klappertopfes führen. Die Art ist eine besonders stark von Hummeln genutzte Nektarquelle und stellt ebenso eine Schlüsselart in Nahrungsnetzen von Wiesen dar (Hartley et al. 2015). Da einzelne Arten verschieden stark vom Herbizid betroffen waren, verschob sich im Lauf der Jahre die Zusammensetzung der Pflanzengemeinschaft, was durch eine Verschiebung der Konkurrenzverhältnisse durch Beschattung und Veränderung der Ressourcenausnutzung zu erklären ist. Nach nur 3 Jahren wurde die Gemeinschaft der mit Dünger und Herbizid behandelten Flächen von Gräsern dominiert, und nur wenige blühende Pflanzen waren noch anzutreffen (Abb. 3). Da die Pflanzen der Feldsäume durch verschiedene Herbizide exponiert sind, ist anzunehmen, dass die Gemeinschaften durch den Einsatz von Herbiziden in den letzten Jahrzehnten stark verarmt sind.

Abb. 3: Blühaspekt in der Parzelle einer Kontrolle (vorne) und einer Behandlung mit für Feldsäume relevanten Mengen von Herbizid, Dünger und Insektizid nach drei Jahren (Foto: C. Brühl).

7 Indirekte Pestizideffekte

Im selben Feldversuch wurden negative Effekte auf die Ausbildung der Blüten beobachtet, die besonders beim Scharfen Hahnenfuß (*Ranunculus acris)* zu einer messbaren starken Reduktion führte. Die Blütendichte dieser Art war im ersten Jahr um 70 % reduziert und verminderte sich bis zu 100 % im dritten Untersuchungsjahr (Schmitz, Schäfer & Brühl 2013). Diese verringerte Reproduktion führt über die Jahre zum Verschwinden des Scharfen Hahnenfußes im Feldsaum aber auch zu einer reduzierten Nahrungsverfügbarkeit für blütenbesuchende Insekten. Auf *R. acris* wurden 117 blütenbesuchende Insekten aufgenommen, darunter auch Nahrungsspezialisten wie die Hahnenfuß-Scherenbiene *Chelostoma florisomnis* (Weiner et al. 2011). Damit führt die Reduktion der Blüten zu einem indirekten Effekt auf viele blütenbesuchende Insekten.

Herbivore Insekten, die sich von Pflanzen ernähren, sind aber nicht nur durch die Reduktion ihrer Nahrungspflanzen indirekt vom Herbizideinsatz betroffen. Herbizide können auch eine chemische Kettenreaktion in der Pflanze auslösen und damit die Verdaulichkeit der Pflanze herabsetzen. Diese Abwehr gegenüber herbivoren Insekten hat sich im Laufe der Evolution herausgebildet und viele der chemischen Stoffe die hierbei in Pflanzen synthetisiert werden (z.B. Pyrethrum, Nikotin), werden als organische Insektizidverbindungen vom Menschen nachgeahmt (Pyrethroide, Neonikotinoide). In einem Laborversuch wurde zur Untersuchung der Nahrungsqualitätsreduktion jungen Pflanzen des Scharfen Hahnenfußes eine subletale Menge eines Herbizids appliziert (10 % der Feldrate, Atlantis). An der Pflanze waren nach der Behandlung lediglich für einige Tage gelbe Flecken sichtbar. Die Pflanzen wuchsen gesund weiter und wurden dann frisch geschlüpften Raupen der Kohleule *(Marmesta brassicae)* angeboten. Die Raupen zeigten ein signifikant reduziertes Gewicht nach 3 Wochen (ca. ein Drittel des Kontrollgewichts), benötigten ungefähr ein Drittel länger bis zur Verpuppung und insgesamt 6 Tage mehr zur Entwicklung im Vergleich zu Raupen, die ungespritzte Pflanzen fraßen (Hahn et al. 2014; Abb. 4).

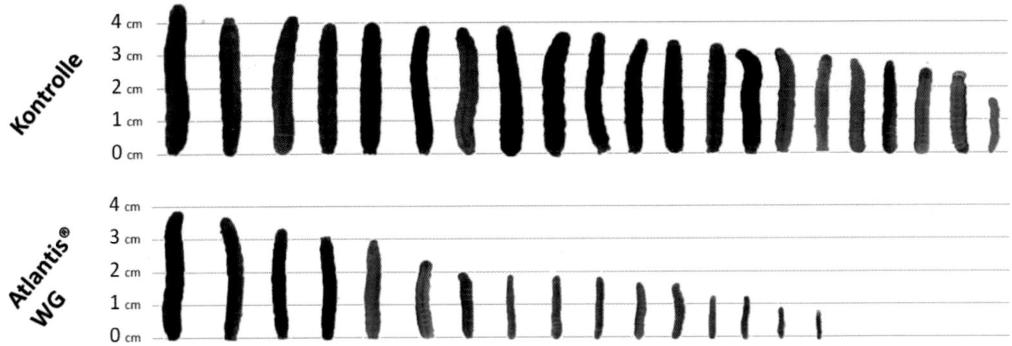

Abb. 4: Größenverteilung von Raupen der Kohleule nach dem Fraß von behandeltem Scharfen Hahnenfuß (10 % der Feldrate des Herbizids ATLANTIS ®).

8 Zusammenfassung

Immer noch ist in Deutschland ein hoher, gleich bleibender Einsatz von biologisch aktiven Pestiziden in der Landwirtschaft zu verzeichnen. In der Zulassung werden einige Organismengruppen im terrestrischen Bereich bisher nicht oder nur sehr ungenügend berücksichtigt. Dies sind z.B. Fledermäuse aber auch Amphibien und Reptilien. Zudem werden indirekte Effekte der Pestizide die entlang der Nahrungskette wirken bisher überhaupt nicht adressiert, was eine starke Vernachlässigung darstellt, die den Erhalt der Biodiversität in Agrarlandschaften gefährdet. In Naturschutzgebieten wird in großem Umfang konventionelle Landwirtschaft betrieben, dies betrifft z.B. über 140 000 ha Äcker sowie Wein- und Obstbaukulturen in FFH-Gebieten. Laut den Zielen des NAP, die auf einer EU Richtlinie und der Novelle des Pflanzenschutzgesetzes fußen, soll der Einsatz von Pestiziden in Schutzgebieten reduziert oder ganz verboten werden. Die Entscheidung hierbei liegt auf Länderebene, allerdings ist die Umsetzungsfrist mit 2018 datiert. Für den Erhalt der Biodiversität in Agrarlandschaften wäre die zeitige Implementierung dieses von der EU vorgegebenen Ziels von größter Wichtigkeit, da damit zumindest ein kleiner (etwa 1 %!) und besonders wertvoller Teil der Biodiversität der landwirtschaftlichen Anbaufläche von Pestizideffekten verschont bliebe.

9 Literaturverzeichnis

BMEL/Bundesministerium für Ernährung und Landwirtschaft (2013): Nationaler Aktionsplan zur nachhaltigen Anwendung von Pflanzenschutzmitteln (NAP). – URL: https://www.nap-pflanzenschutz.de (gesehen am: 30.06.2017).

Brühl, C.A., Pieper, S. & Weber, B. (2011): Amphibians at risk? Susceptibility of terrestrial amphibian life stages to pesticides. – Environmental Toxicology and Chemistry 30: 2465-2472.

Brühl, C.A., Schmidt, T., Pieper, S. & Alscher, A. (2013): Terrestrial pesticide exposure of amphibians: An underestimated cause of global decline? – Scientific Reports 3: 1135.

BVL/Bundesamt für Verbraucherschutz und Lebensmittelsicherheit (2016): Verzeichnis zugelassener Pflanzenschutzmittel. – URL: http://www.bvl.bund.de/DE/04_Pflanzenschutzmittel/01_Aufgaben/02_ZulassungPSM/01_ZugelPSM/psm_ZugelPSM_node.html (gesehen am: 30.06.2017).

De Lange, H.J., Lahr, J., Van der Pol, J.J., Wessels, Y. & Faber, J.H. (2009): Ecological vulnerability in wildlife: An expert judgement and multicriteria analysis tool using ecological traits to assess relative impact of pollutants. – Environmental Toxicology and Chemistry 28: 2233-2240.

EBBC/European Bird Census Council (2016): Database. – URL: http://www.ebcc.info (gesehen am: 30.06.2017).

EFSA/European Food Safety Authority (2017): Public consultation on the Draft Scientific Opinion on the state of the science of pesticide risk assessment for amphibians and reptiles. – URL: https://www.efsa.europa.eu/sites/default/files/consultation/170410.pdf (gesehen am: 23.08.2017).

EUROSTAT (2016): Land use data for Europe. – URL: http://ec.europa.eu/eurostat/de (gesehen am: 30.06.2017).

Foley, J.A., DeFries, R., Asner, G.P, Barford, C., Bonan, G., Carpenter, S.R., Chapin, F.S., Coe, M.T., Daily, G.C., Gibbs, H.K., Helkowski, J.H., Holloway, T., Howard, E.A., Kucharik, C.J., Monfreda, C., Patz, J.A., Prentice, I.C., Ramankutty, N. & Snyder, P.K. (2005): Global consequences of land use. – Science 309: 570-574.

Geiger, F., Bengtsson, J., Berendse, F., Weisser, W.W. et al. (2010): Persistent negative effects of pesticides on biodiversity and biological control potential on European farmland. – Basic and Applied Ecology 11: 97-105.

Hahn, M., Geisthardt, M. & Brühl, C.A. (2014): Effects of herbicide-treated host plants on the development of *Marmestra brassicae* L. caterpillars. – Environmental Toxicology and Chemistry 33: 2633-2638.

Hartley, S.E., Green, J.P., Massey, F.P., Press, M.C.P., Stewart, A.J.A. & John, E.A. (2015): Hemiparasitic plant impacts animal and plant communities across four trophic levels. – Ecology 96: 2408-2416.

JKI/Julius-Kühn-Institut (2016): PAPA Datenbank – Panel Pflanzenschutzmittel-Anwendungen. – Kleinmachnow (Julius-Kühn-Institut). – URL: http://papa.julius-kuehn.de/?menuid=1&getlang=de (gesehen am: 23.08.2017).

Laurence, W.F., Useche, D.C., Rendeiro, J., Kalka, M., Bradshaw, C.J., Smith, T.B. et al. (2012): Averting biodiversity collapse in tropical forest protected areas. – Nature 489: 290-294.

Lenhardt, P.P., Brühl, C.A. & Berger, G. (2015): Temporal coincidence of adult amphibians and pesticide applications on arable fields during spring migration. – Basic and Applied Ecology 16 (1): 54-63.

Schmitz, J., Schäfer, K. & Brühl, C.A. (2013): Agrochemicals in field margins – Assessing the impacts of herbicides and fertilizer on the common buttercup *Ranunculus acris*. – Environmental Toxicology and Chemistry 32 (5): 1124-1131.

Schmitz, J., Hahn, M. & Brühl, C.A. (2014): Agrochemicals in field margins – An experimental field study to assess the impacts of herbicides, insecticides, and fertilizer on the plant community. – Agriculture, Ecosystems and Environment 193: 60-69.

Stahlschmidt, P. & Brühl, C.A. (2012): Bats at risk? – Bat activity and residue analysis of food items following insecticide applications in an apple orchard. – Environmental Toxicology and Chemistry 31 (7): 1556-1563.

Statistisches Bundesamt (2014): Statista – Das Statistik-Portal. – URL: http://de.statista.com (gesehen am: 30.06.2017).

Vogel, G. (2017): Where have all the insects gone? – Science: 576-579.

Weiner, C.N. et al. (2011): Land use intensity in grasslands: Changes in biodiversity, species composition and specialisation in flower visitor networks. – Basic and Applied Ecology 12: 292-299.

Adresse des Autors:

Dr. Carsten A. Brühl
Institut für Umweltwissenschaften, Universität Koblenz-Landau
Fortstraße 7, 76829 Landau
E-Mail: Bruehl@uni-landau.de
www.uni-landau.de/umwelt/bruehl.html

Biomassekulturen der Zukunft aus Naturschutzsicht

Martin Dieterich, Daniel Moog und Milena Hausberg

Abstract

A range of energy crops was tested for biodiversity effects in North-Rhine Westfalia (poorly structured landscape) and Baden-Württemberg (more highly structured landscape). Crops include maize (biogas), flower mix (biogas), whole plant silage (biogas), rape (oil), sugar beet (ethanol) and *Miscanthus* (solid fuel). Different indicator groups covering all relevant ecological functions were surveyed. Indicator groups include arable weeds (primary producers), leaf beetles (primary consumers), bees (primary consumers, pollinators), spiders (predators in the vegetation and on the soil surface), ground beetles (predators on the soil surface) and earthworms (detritivores). Indicator groups were sampled using standardized low-tech procedures. Maize was considered as a reference for unfavourable conservation conditions, flower mix as a reference for favourable conservation conditions. Assessments were conducted relative to reference cultures and as pair wise or whole scale comparison of all cultures (species numbers, community similarity). Using reference cultures is considered a basic precondition for generalization, broad scale comparisons and transfer of results. For ground beetles a more detailed assessment of conservation value based on relevant species traits was conducted. Such traits include red listing, habitat specificity, regional specificity, tolerance to land use intensity (resilience to disturbance), overall range and rareness. Overall, approximately 200 species were collected in each of the study areas from the range of crops assessed. Highest species numbers were recorded from the flower mix. There was not much difference between the other crops, except that species richness in economically managed *Miscanthus* in Baden-Württemberg was considerably less as compared to all other crops included in the analysis. Overall, very few red listed or otherwise conservation relevant species were collected. Rather, communities were dominated by generalists. Ranking according to community similarity and relative to the favourable reference culture (flower mix) differed with rape > whole plant silage > *Miscanthus* > sugar beet > maize in Northrhine-Westfalia and rape > sugar beet > maize > whole plant silage > *Miscanthus* in Baden-Württemberg. The differences can be explained from specific management practices. The conservation assessment based on relevant and species specific properties yielded little differentiation between crops at a generally low conservation value. This confirms the finding that communities in crops are dominated by wide spread generalists.

1 Einleitung

Deutschland hat zur Versorgung der eigenen Bevölkerung mit Nahrungsmitteln im Jahr 2010 eine Anbaufläche von 5,5 Mio. ha im Ausland belegt, davon fast 2 Mio. ha für Soja in Brasilien (Statistisches Bundesamt 2013). Die Fläche für die Produktion von Agrar- und Forstprodukten ist begrenzt und gerät durch die wachsende Nachfrage nach erneuerbaren Ressourcen immer stärker unter Druck (UBA 2013). Dazu kommt in der jüngsten Vergangenheit die vor allem auch zuwanderungsbedingte Nachfrage nach Wohnraum, Gewerbeflächen und Infrastruktur.

Der Anbau von Biomasse für die energetische Nutzung beansprucht im Verhältnis zum Energieertrag unverhältnismäßig viel Ackerfläche (UBA 2013). Mit der gesamten landwirtschaftlichen Fläche der Bundesrepublik könnte nur etwas mehr als 10 % des derzeitigen Primärenergiebedarfs über die dort zu erzeugende Biomasse gedeckt werden (Heissenhuber 2008). Im Jahr 2014 wurden auf einer Fläche von über 2,1 Mio. ha Energiepflanzen angebaut (FNR 2017a). Das entspricht einem Anteil von 12,6 % der in Deutschland landwirtschaftlich genutzten Fläche (17,5 % der Ackerfläche). Der größte Anteil entfiel dabei auf Pflanzen zur Erzeugung von Biogas (1.157.000 ha) gefolgt von Rapsöl zur Produktion von Biodiesel und Pflanzenöl (746.500 ha).

Mit dem Anbau von Energiepflanzen verbindet sich oft auch heute noch die Hoffnung auf Anbaudiversifizierung kombiniert mit weniger Einträgen von Behandlungsmittel und damit einer insgesamt umwelt- und naturschutzgerechteren Bewirtschaftung (FNR 2017b). Bisher wurden diese Hoffnungen nicht oder nur sehr begrenzt erfüllt. Vielmehr hat der Bioenergieboom direkt oder indirekt wesentlich zur Intensivierung der Bewirtschaftung von Grünland (BfN 2014) und zur sogenannten „Vermaisung" der Landschaft mit den bekannten negativen Folgewirkungen beigetragen.

Im Rahmen des Projektes „Biomassekulturen der Zukunft aus Naturschutzsicht“ wurden anhand ausgewählter Indikatorgruppen verschiedene Energiekulturen in Bezug auf ihre Wirkungen auf die Artenvielfalt erfasst und bewertet. Die Indikatorengruppen für die Artenvielfalt decken die verschiedenen ökologischen Funktionen in landwirtschaftlichen Systemen ab. Der Fokus auf funktionelle Gruppen erlaubt dabei eine erste Annäherung an die Abschätzung des Beitrags bestimmter Gruppen zu den Ökosystemdienstleistungen in solchen Systemen und damit auch Unterschieden in systemspezifischen Potentialen für Ökosystemdienstleistungen.

Die naturschutzfachliche Bewertung der Artengemeinschaften in den untersuchten Energiekulturen erfolgt mit Bezug zu den Referenzkulturen mehrjährige Blühmischung (angenommene Gunstkultur für Biodiversität) und Mais (angenommene Ungunstkultur für Biodiversität). Der Projektansatz mit Bewertungen naturschutzfachlicher Effekte in Bezug zu Referenzkulturen soll eine Übertragbarkeit und Vergleichbarkeit von Ergebnissen auch über verschieden gestaltete Landschaftsräume und Rahmenbedingungen sichern. Zur Sicherung von Vergleichbarkeit trägt auch das standardisierte Untersuchungsdesign bei, das auf gebräuchlichen und mit vergleichsweise geringem Aufwand reproduzierbaren Feldmethoden basiert (Vegetationsaufnahmen, Bodenfallen, Transekterfassungen, Zeiterfassungen). Erfasst und soweit als möglich koordiniert wurden auch Zeitpunkt und Umfang von Bewirtschaftungsabläufen einschließlich Pflanzenschutzmaßnahmen. Standardisiertes Untersuchungsdesign und der Bezug zu Referenzkulturen sollen mit der Vergleichbarkeit von Ergebnissen auch die Tauglichkeit des Ansatzes für Meta-Analysen sichern. Ziel ist eine vergleichende Abschätzung der Biodiversitätswirkungen verschiedener Kulturen auf einer breiten Basis verschiedener Studien, Indikatorgruppen, Kulturen und Landschaftsräume.

Im Projekt selbst wird die Artenausstattung von Energiekulturen in einer weniger strukturierten Bördelandschaft in Nordrhein-Westfalen mit einer reicher strukturierten Landschaft in Oberschwaben verglichen. Übersetzt auf die angenommenen Rahmenbedingungen für die Biodiversität in landwirtschaftlichen Kulturen bedeutet dies den Vergleich einer Landschaft mit eher hohem Biodiversitätspotential und einer Landschaft mit eher niedrigem Biodiversitätspotential. Es wird angenommen, dass sich die Biodiversitätspotentiale in der Besiedlung der landwirtschaftlichen Kulturen durch Vertreter der betrachteten Indikatorgruppen widerspiegeln. Insbesondere wird bei hohen Besiedlungspotentialen eine stärkere Differenzierung in Bezug auf die Floren- und Faunenausstattung zwischen Gunstkultur und Ungunstkultur erwartet.

Die Ergebnisse der Forschungsarbeiten im Rahmen des Projektes „Biomassekulturen der Zukunft“ werden nachfolgend nur in Auszügen und mit Fokus auf das Gesamtartenspektrum dargestellt. Ein möglicher Ansatz für eine differenzierte naturschutzfachliche Bewertung ist darüber hinaus in Grundzügen am Beispiel der Laufkäfer dargestellt. Die detaillierten und auch auf Einzelgruppen bezogenen Ergebnisse finden sich im Abschlussbericht (Dieterich et al., 2016).

2 Methoden

2.1 Untersuchungsräume und Kulturen

Für die Umsetzung des Projektes „Biomassekulturen der Zukunft“ wurden die Warburger Börde im Kreis Höxter (Nordrhein-Westfalen) und das Alpenvorland (voralpine Moränenlandschaft) bei Ostrach-Hahnennest im Landkreis Sigmaringen (Baden-Württemberg) ausgewählt (Abb. 1). Die Auswahl der Untersuchungsräume orientierte sich an der räumlichen Nähe zu den beteiligten Forschungseinrichtungen und der Verfügbarkeit geeigneter landwirtschaftlicher

Betriebe für die Umsetzung des Projektes. Bei der Warburger Börde handelt es sich um eine großstrukturierte Agrarlandschaft mit vergleichsweise großen Feldblöcken. Dem steht eine deutlich strukturreichere Landschaft im Kreis Sigmaringen mit tendenziell kleineren Feldblöcken gegenüber.

Zwischen den Untersuchungsräumen ergeben sich geringfügige Unterschiede in Bezug auf die klimatischen Bedingungen. Die durchschnittlichen Jahresniederschläge liegen in beiden Untersuchungsräumen bei etwa 800 mm. Dabei ist bei etwa gleich langer Vegetationsperiode das Sommermaximum der Niederschläge in Süddeutschland etwas deutlicher ausgeprägt, als in der Warburger Börde. Die mittlere Jahrestemperatur liegt im UR Süd (Ostrach-Hahnennest) um etwa 1,5°C unter den für den UR Nord ermittelten Werten. Die untersuchten Kulturen sind in beiden Untersuchungsräumen identisch (Blühmischung, Mais, Ganzpflanzensilage (GPS), *Miscanthus*, Raps und Zuckerrübe). In Süddeutschland sind mit Ausnahme von *Miscanthus* und Raps im zweiten Untersuchungsjahr die Kulturen und damit die Untersuchungsflächen auf einen Betrieb konzentriert und liegen in einem Umkreis von maximal 3 km zueinander. Nur die *Miscanthus*-Kultur liegt mit 30 km Abstand deutlich weiter entfernt. In der Warburger Börde sind die Kulturen auf mehrere Betriebe verteilt und deshalb weniger kompakt in ihrer Anordnung. Der maximale Abstand zwischen den Kulturen liegt aber bei weniger als 15 km.

Drei der in die Untersuchungen einbezogenen Kulturen sind für den gesamten Untersuchungszeitraum (2 Jahre) am selben Standort angelegt (Mais, Blühmischung, *Miscanthus*). Weitere drei Kulturen sind in Fruchtfolgen eingebunden (GPS, Raps, Zuckerrübe) und wurden daher in den zwei Untersuchungsjahren im engen räumlichen Kontext (ähnliche Standortbedingungen), aber nicht am selben Standort untersucht.

Tab. 1: Im Rahmen des Projektes „Biomassenkulturen der Zukunft" untersuchte Energiepflanzen und deren Nutzungspfade.

Kultur	**Nutzung**
Blühmischung (Referenz Gunstkultur)	Biogas
Mais (Referenz Ungunstkultur)	Biogas
Ganzpflanzensilage (GPS)	Biogas
Miscanthus	Feststoff
Raps	Öl
Zuckerrübe	Ethanol

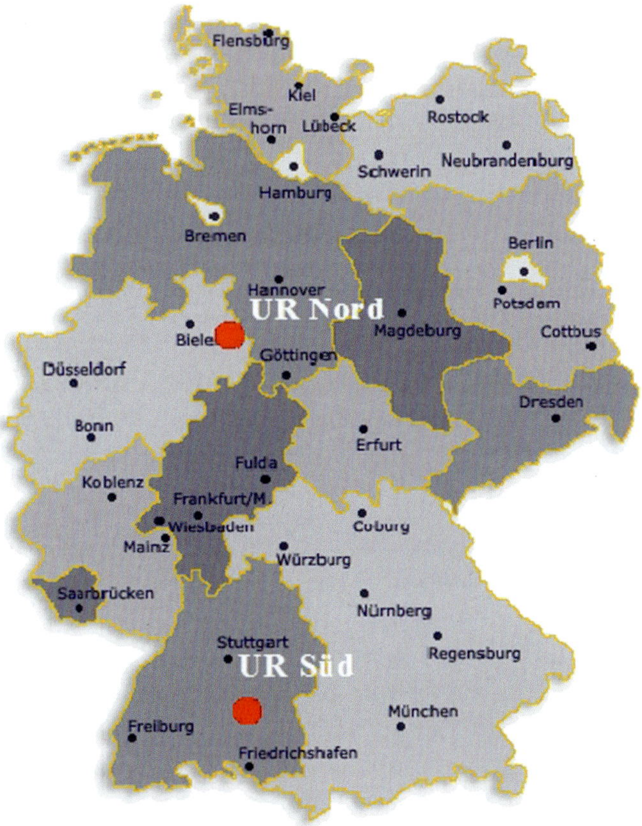

Abb. 1: Deutschlandkarte mit den beiden Untersuchungsräumen (Dieterich et al. 2016).

2.2 Erfassungen (Fauna und Flora)

Die Erhebungen wurden in beiden Untersuchungsräumen zeitlich abgestimmt im Mai, Juni, Juli und September/Oktober durchgeführt (einheitlicher Untersuchungszeitraum). Wegen vorzeitigen Umbruchs musste im Untersuchungsraum Nord die Herbstbeprobung der Blühmischung im Jahr 2013 entfallen. In jeder der zu untersuchenden Kulturflächen wurden Probestreifen jeweils im Zentrum (> 30 m vom Feldrand entfernt) und im Randbereich (< 6 m vom Feldrand entfernt) angelegt. Die Lage des äußeren Probestreifens orientiert sich an der ersten Saatreihe als Außengrenze (Meyer et al. 2010).

Die Erfassung der verschiedenen Gruppen erfolgte standardisiert mit gebräuchlichen Methoden der Freilandökologie (flächige Aufnahme, Transekte, Kescherung im Transekt, Fallen, Auslese). Transekte sind jeweils als Diagonale durch die Aufnahmefenster angelegt. Die untersuchten Artengruppen mit zugehörigen Erfassungsmethoden sind in Tabelle 2 aufgeführt.

Tab. 2: Erfassungsmethoden für die untersuchten Indikatorgruppen.

Gruppe	Funktion	Methode
Begleitflora	Primärproduzenten	Braun-Blanquet, Transekt
Blattkäfer	Primärkonsumenten	Kescherung, Bodenfallen
Spinnen	Prädatoren (Vegetation)	Bodenfallen, Kescherung
Laufkäfer	Prädatoren (am Boden)	Bodenfallen
Bienen	Bestäuber	Gezeitete Erfassung im Transekt, Kescherung
Regenwürmer	Detritivore	Austreibung, Handauslese

Die pflanzensoziologische Hauptuntersuchung erfolgte im Juni zum Zeitpunkt der optimalen Entwicklung der Segetalflora. In jedem Probestreifen wurden auf einer Fläche von 2 m * 50 m jeweils eine Vegetationsaufnahme nach der klassischen Methode der Pflanzensoziologie von Braun-Blanquet durchgeführt (vgl. Wilmanns 2002). Darüber hinaus wurden die Gesamtdeckung des Wildkrautbestandes sowie Höhe und Deckung der Ackerkultur erfasst.

Die Blattkäfer wurden zusammen mit der funktionellen Gruppe „Prädatoren in der Vegetation" (Webspinnen) erfasst. Die gezielte Erfassung dieser Gruppen erfolgte mittels standardisierten Kescherfangs entlang der die Probestreifen durchschneidenden Diagonalen (Transekterfassung). Der Transekt wird für die Beprobung ausgehend vom Eckpunkt in fünf Teilstrecken von jeweils 10 m Länge unterteilt. Der als Ausgangspunkt für die Erfassung dienende Eckpunkt und der Startpunkt für die erste Kescherung entlang der Diagonalen werden zufällig festgelegt. Gekeschert wird jeweils über eine Strecke von 5 m (12 Schläge im oberen Bereich der Vegetation), dann 5 m ohne Keschereinsatz. Die übrigen Startpunkte der Kescherung verschieben sich entlang des Transektes um jeweils 10 m vom zufällig festgelegten Startpunkt der ersten Kescherung. Der Kescherinhalt wird über einer mit Ethanol gefüllten Wanne ausgeschlagen, der Gesamtfang dann in ein Fanggefäß überführt und konserviert. Neben der gezielten Erfassung wurden Blattkäfer auch in den Bodenfallen gefangen, aussortiert und zusammen mit den Kescherfängen ausgewertet.

Die Aufnahmen der Wildbienen erfolgten entlang der für die Herbivoren-Erfassung genutzten Diagonalen (Transekterfassung). Die zu beprobenden Transekte wurden zufällig bestimmt, ebenso der erste Aufnahmepunkt. An insgesamt fünf Aufnahmepunkten in jeweils 10 m Abstand entlang des Transekts wurden über einen konstanten Zeitraum von jeweils 5 Minuten alle im Abstand von 2 m zum Aufnahmepunkt fliegenden bzw. sitzenden Wild- und Honigbienen visuell erfasst und sofort registriert (gezeitete Erfassung). Bei Bedarf wurden Bienen zur Artbestimmung gefangen bzw. falls erforderlich auch abgetötet (Genitalpräparation, mikroskopische Untersuchung, Belegsammlung).

Spinnen in der Vegetation wurden zusammen mit den Blattkäfern erfasst (Kescherfang entlang der Diagonalen). Dazu kommen Fänge in Bodenfallen (s.u.). Mit den Bodenfallen werden primär Prädatoren der Bodenoberfläche (Laufspinnen), aber auch Männchen von Webnetzspinnen auf der Suche nach paarungsbereiten Weibchen erfasst. Daher gehen bei den Spinnen sowohl der Kescherfang als auch die Aufsammlungen in Bodenfallen in die Auswertung ein.

Die Erfassung der Laufkäfer erfolgte mit Bodenfallen (Barber-Fallen). In jedem Probestreifen wurden sechs Bodenfallen ausgebracht. Die Bodenfallen bestanden aus einem bündig mit der Oberfläche in den Boden versenkten Außenrohr (Durchmesser 7 cm) und einem als Fanggefäß in das Außenrohr versenkten Plastikbecher (Volumen 200 ml). Der Abstand der Fallen zur Längsseite der Probestreifen betrug 0,5, 1,5, 2,5, 3,5, 4,5 und 5,5 m. Die exakte Positionierung der Fallen und der Abstand zur Längsseite des Probestreifens wurden zufällig bestimmt. Die Fanggefäße wurden jeweils mit 100 ml Ethylenglykol befüllt. Ein etwa 10 cm über der Falle angebrachtes Dach verhinderte übermäßigen Wassereintrag bei Niederschlag. Im Mai, Juni, Juli und September/Oktober wurden die Bodenfallen für jeweils zehn Tage exponiert.

Für die Erfassung der Regenwürmer kam eine Kombination aus Handauslese (Ehrmann & Babel 1991) und Austreiben mittels Senflösung (DIN ISO 11268-2, 2000) zur Anwendung. Es wurden in jedem Probestreifen zwei zufällig bestimmte Probestellen eingerichtet und an jeder Probestelle immer beide Methoden zur Anwendung gebracht. Für die Handauslese wurden mit einem Spaten jeweils Bodenblöcke von 33 cm x 33 cm x 25 cm (entsprechend 1/9 m²) entnommen (zwei Spatenbreiten und eine Spatentiefe). Das Probematerial wurde zunächst in Wannen bzw. Eimern gesammelt. Die Regenwürmer aus den mit dem Spaten abgestochenen Bodenproben wurden dann von Hand ausgelesen. Zur Erfassung anözischer Arten in tieferen Bodenschichten wurden 100 g handelsüblicher, scharfer Senf mit 500 ml Wasser gut vermengt und dann mit 2,5 l Wasser verdünnt (3 % Senflösung). Es wurden 1,5 l der Senflösung gleichmäßig im entstandenen Loch verteilt und die Prozedur nach versickern der Lösung wiederholt. Die ausgetriebenen Regenwürmer wurden abgesammelt, mit klarem Wasser abgewaschen und für den Transport ins Labor vorbereitet. Dazu wurden die Tiere in Weithalsflaschen bzw. in Plastikbeutel mit Löchern verbracht, die zur Befeuchtung mit nassen Küchentüchern (Weithalsflaschen) ausgestattet oder mit feuchter Erde (Plastikbeutel) befüllt waren. Im Labor wurden die Tiere im Kühlschrank bei 8°C aufbewahrt und zeitnah bestimmt und gewogen.

2.3 Auswertung

Die Auswertung der erfassten Daten erfolgt beschreibend. Dargestellt werden Artenzahlen sowie Ähnlichkeiten zwischen Standorten (Kulturen) auf der Basis der Dominantenidentität. Die Auswertung wird ergänzt durch die Berechnung naturschutzfachlicher Indices unter Einbeziehung wertbestimmender Eigenschaften (Naturschutzwert) der erfassten Arten.

Die Dominantenidentität wird bisweilen auch als relativer Sörensen-Index bezeichnet (Mc Cune & Grace 2002) und ist ein Maß für die Übereinstimmung von Artengemeinschaften zweier Standorte. Die Dominantenidentität errechnet sich als Summe der Anteile der an beiden Standorten gemeinsam vorkommenden Arten. Die Dominantenidentität ist die Messgröße der Wahl für die Darstellung der Ähnlichkeit von Artengemeinschaften bei Standorten mit Arten-Matrices mit vielen Nullstellen. Nullstellen (Nicht-Vorkommen) gehen bei der Dominantenidentität im Gegensatz zu anderen Verfahren (z.B. Ähnlichkeit auf Grundlage der Euklidischen Distanz) in die Berechnung nicht als Ähnlichkeit zwischen Standorten ein. Die Ähnlichkeitsindices dienen als Maß für den Abstand zu den jeweiligen Referenzkulturen. Die Referenzkulturen repräsentieren dabei den gewünschten Zielzustand unter dem Gesichtspunkt „Schutz der Biodiversität“. Danach sinkt mit zunehmendem Abstand der Zusammensetzung der Artengemeinschaften von der Gunstkultur deren Bedeutung für den Schutz der Biodiversität. Die Orientierung an Referenzkulturen folgt dem Kernansatz bei Zustandsbewertungen zu Fließgewässern nach der Wasserrahmenrichtlinie. Als Referenz dient dort die Ausprägung der Artengemeinschaften in Systemen, die einem vom Menschen nicht direkt beeinflussten Zustand möglichst nahe kommen (quasi natürlicher Zustand). Offenkundig versagt dieser Ansatz bei durch menschliche Nutzung überprägten Systemen der Kulturlandschaft. Gerade die Ackernutzung schafft von natürlichen und damit vergleichsweise objektiv begründbaren Zielzuständen besonders weit entfernte Lebensraumtypen. Die menschliche Überprägung schließt eine Definition von naturschutzfachlichen Zielzuständen als Grundlage für Bewertungen nicht aus, löst diese Zustände aber von scheinbar objektiven weil natürlichen Endstadien. Die natürlichen Referenzsysteme werden daher für die Bewertung von Ackerzönosen durch basiert auf Fachwissen definierte Referenzsysteme ersetzt (Expertenkonvention).

Zur Ermittlung des Naturschutzwertes einer bestimmten Kultur können auch wertgebende Faktoren der dort angetroffenen Arten wie Gefährdungsgrad, Seltenheit, Resilienz im Sinne von Empfindlichkeit gegenüber Störungen, Spezifität in Bezug auf Habitatnutzung (Stenökie) oder naturräumliche Spezifität (Stichwort Verantwortungsarten) herangezogen werden. Aus wissenschaftlicher Sicht ist die offenkundige Subjektivität von Bewertungen problematisch, weil sie den Grundprinzipien der „objektiven“ Naturwissenschaft zuwider läuft.

Subjektivität kommt dabei in der Auswahl von Bewertungsgrößen und bei der Skalierung von Bewertungen zum Tragen. Ein entsprechender Bewertungsansatz wird am Beispiel der Laufkäfer vorgestellt. Die Grundlagen für die entsprechenden und zum Ansatz gekommenen Bewertungen finden sich in Tabelle 3.

Der Naturschutzwert einer Einzelart (W_n) ist die Summe der Werte der Einzelkriterien (K_i)/Zahl der Einzelkriterien (n_k):

$$W_n = \sum K_{i/} n_k$$

Der Naturschutzwert einer Kultur (W_K) ergibt sich als Summe der durchschnittlichen Naturschutzwerte der dort gefundenen Einzelarten:

$$W_K = \sum W_n$$

Auf eine Gewichtung in Abhängigkeit von Abundanzen wird im vorliegenden Fall verzichtet.

Tab. 3: Matrix für die artbasierte naturschutzfachliche Bewertung von Laufkäfergemeinschaften in Energiekulturen. Für jedes Kriterium werden den jeweiligen Arten die entsprechenden Werte zugeordnet. Angaben zur naturräumliche Spezifität, Seltenheit, Verträglichkeit gegenüber intensiver Nutzung und Habitatspezifität aus GAC, 2009. Abkürzungen im Zusammenhang mit der Beschreibung des Flugvermögens: M – macropter (flugfähig), D – sowohl macroptere als auch brachyptere Individuen, B – brachypter (nicht flugfähig). Übrige Status der Roten Listen werden nicht bewertet.

Kriterium	**Grundlage**	**Werte**				
		1	**2**	**3**	**4**	**5**
Gefährdungsstatus	Rote Listen	*	V	3	2	1
Naturräumliche Spezifität	Anzahl besiedelter Naturräume	7-8	5-6	3-4	2	1
Seltenheit (Verbreitung und räumliche Dichte)	Durchschnitt beider Werte	< 2	< 3	< 4	< 5	5
Nutzungsintensität (Besiedlungsvermögen und Störungsempfindlichkeit)	bei Laufkäfern hier Flugvermögen (*) und Körpergröße als Indikatoren	M < 10	D ≤ 15	D ≤17,5	D ≤ 20	B
Habitatspezifität	Anzahl besiedelter Habitattypen	e/> 9	6-9	4-5	2-3	1

3 Ergebnisse

Unter Berücksichtigung nur der Innenräume (keine Randeffekte) wurden im Untersuchungsraum Nord 198 Arten und im Untersuchungsraum Süd 193 Arten in den verschiedenen Kulturen nachgewiesen (Ansaatarten und Honigbiene nicht berücksichtigt) (Tab. 4). Die deutlich höchsten Gesamtartenzahlen wurden in beiden Untersuchungsräumen in den Blühmischungen dokumentiert. In der Blühmischung erreichen in beiden Untersuchungsräumen die Segetalvegetation, die Blattkäfer und die Wildbienen, im Untersuchungsraum Süd auch die Laufkäfer und Regenwürmer die höchsten Artenzahlen. Nur bei den Spinnen ergeben sich in beiden Untersuchungsräumen höhere Artenzahlen außerhalb der Blühmischungen (Tab. 4). Mit Ausnahme von *Miscanthus* und Mais wurden in beiden Untersuchungsräumen in den verschiedenen Kulturen ähnlich viele Arten nachgewiesen. Bei Mais deutlich mehr Arten im Untersuchungsraum Süd, bei *Miscanthus* kehrt sich dies um – deutlich mehr Arten im Untersuchungsraum Nord (Tab. 5).

In Bezug auf die Zahl der angetroffenen gefährdeten Arten schenken sich Untersuchungsräume und Kulturen wenig (Tab. 4). In der Regel handelt es sich bei den nachgewiesenen Rote Liste Arten um Einzelfunde (1-2 Individuen). Nur der in NRW als stark gefährdet geltende Laufkäfer *Pterostichus macer* war im Untersuchungsraum Nord mit insgesamt 6 Individuen im Mais vertreten.

Tab. 4: Artenzahlen und Rote-Liste-Arten für alle untersuchten Gruppen. Nur innerer Probestreifen berücksichtigt für Vegetation, Blattkäfer, Bienen, Spinnen und Laufkäfer; bei Regenwürmern Probestreifen innen und außen zusammengefasst. Kulturen BM (Blühmischung), Ma (Mais), GPS (Ganzpflanzensilage), Mi (*Miscanthus*), Ra (Raps), ZR (Zuckerrübe).

	UR	BM		Ma		GPS		Mi		Ra		ZR		**Gesamt**	
		Arten	RL	Arten	RL	Arten	RL	Arten	RL	Arten	RL	Arten	RL	Arten	RL
Vegetation	**N**	42	–	7	–	9	–	35	–	10	–	7	–	**74**	**–**
	S	36	*1*	26	–	20	–	3	–	21	–	8	–	**64**	***1***
Blattkäfer	**N**	11	*1*	5	–	-	–	1	*1*	2	–	3	–	**14**	***2***
	S	9	*2*	8	–	3	*1*	3	–	5	–	9	–	**23**	***3***
Bienen	**N**	9	–	–	–	1	–	5	–	7	–	-	–	**14**	**–**
	S	5	–	–	–	1	–	-	–	2	–	2	–	**5**	**–**
Spinnen	**N**	21	–	23	–	25	*1*	28	–	24	–	25	–	**51**	***1***
	S	23	–	25	–	28	*1*	23	*v*	18	–	25	–	**53**	***1***

	UR	BM		Ma		GPS		Mi		Ra		ZR		Gesamt	
		Arten	RL	Arten	RL	Arten	RL	Arten	RL	Arten	RL	Arten	RL	Arten	RL
Laufkäfer	**N**	13	*1*	11	*1*	18	*2*	19	–	25	*1*	27	–	**37**	***3***
	S	23	–	18	–	21	*1*	12	–	20	–	15	*1*	**38**	***2***
Regenwürmer	**N**	5	–	3	–	5	–	5	–	5	–	5	–	**8**	–
	S	7	–	4	–	6	–	6	–	7	–	7	–	**10**	–
GESAMT	**N**	101	*2*	49	*1*	58	*3*	93	*1*	73	*1*	67	*0*	**198**	***6***
	S	103	*3*	81	*0*	79	*3*	45	*0*	73	*0*	66	*1*	**193**	***7***

Auch in der zusammenfassenden Analyse (Dominantenidentität) unter Einbeziehung aller Indikatorgruppen sind nur die Innenräume und die „Wildarten" berücksichtigt. Die Indikatorgruppen sind in der Analyse unabhängig von der gefundenen Individuenzahl gleich gewichtet (Daten für jede Indikatorgruppe getrennt relativiert).

Für die angetroffenen Artengemeinschaften ergeben sich in der Regel im Vergleich der untersuchten Kulturen Ähnlichkeiten von 20-30 %. In beiden Untersuchungsräumen, insbesondere aber im Untersuchungsraum Süd, bestätigt sich in Bezug auf die Ähnlichkeit der Artengemeinschaften die Sonderstellung der *Miscanthus*-Kultur. Aber auch die GPS ist durch vergleichsweise niedrige Dominantenidentitäten im Vergleich zu den übrigen Kulturen gekennzeichnet (Tab. 5). Besonders gering ist die Ähnlichkeit zwischen GPS und *Miscanthus* im Untersuchungsraum Süd (10 %). Vergleichsweise hohe Ähnlichkeiten ergeben sich für Zuckerrübe und Raps in beiden Untersuchungsräumen. Im UR Nord liegt die Ähnlichkeit der Artengemeinschaften nur für diese Kulturen über dem Wert von 50 % (Tab. 5).

Aus den Ähnlichkeitsmatrices ergeben sich unterschiedliche Reihungen in Bezug zur angenommenen Gunstkultur. Der Reihung Raps > GPS > *Miscanthus* > Zuckerrübe > Mais in der Warburger Börde steht im Untersuchungsraum Süd die Reihung Raps > Zuckerrübe > Mais > GPS > *Miscanthus* gegenüber. In beiden Untersuchungsräumen zeigt somit der Raps die höchste Übereinstimmung mit der Gunstkultur Blühmischung. Ansonsten divergieren die entsprechenden Reihungen auf einem vergleichsweise niedrigen Ähnlichkeitsniveau von ≤ 32 % (Tab. 5).

Tab. 5: Ähnlichkeitsmatrix (Dominantenidentität) für beide Untersuchungsjahre, alle Artengruppen kombiniert, Daten für jede Indikatorgruppe getrennt relativiert (keine Gewichtung zwischen Indikatorgruppen in Abhängigkeit von Individuenzahlen). Gepflanzte Arten und Honigbiene nicht berücksichtigt. Es sind nur Fänge der Innenräume berücksichtigt (Probestreifen innen).

UR Nord

	BM	Ma	GPS	Mi	Ra	ZR
BM	1					
Ma	0,24	1				
GPS	0,32	0,17	1			
Mi	0,29	0,16	0,22	1		
Ra	0,37	0,33	0,37	0,26	1	
ZR	0,26	0,36	0,29	0,23	0,52	1

UR Süd

	BM	Ma	GPS	Mi	Ra	ZR
BM	1					
Ma	0,27	1				
GPS	0,22	0,18	1			
Mi	0,11	0,16	0,10	1		
Ra	0,35	0,34	0,27	0,21	1	
ZR	0,31	0,32	0,39	0,16	0,37	1

Die durchschnittlichen Naturschutzwerte der Laufkäferarten reflektieren die Prägung der Ackerlebensräume durch Ubiquisten, erreichen auf einer Skala von 1 („sehr gering") bis 5 („sehr hoch") maximal den Wert von 1,6 und bewegen sich zwischen 1,4 und 1,6. Die entsprechenden Werte sind aufgrund des geringen Schwankungsgrades für eine Differenzierung zwischen den Kulturen wenig geeignet.

Die für die Laufkäfer ermittelten Naturschutzwerte der verschiedenen Kulturen schwanken zwischen dem Maximum von 58 auf der Rapsfläche Nord und dem Minimum von 30 auf der Blühmischungsfläche Nord (Tab. 6). Bei letzterem Wert ist die dort ausgefallene Beprobung im Herbst 2013 mit der Folge einer systematischen Unterbewertung zu berücksichtigen (vorzeitiger Umbruch). In beiden Untersuchungsräumen erreicht der Raps für die Laufkäfer die höchsten Naturschutzwerte, der Mais jeweils niedrige Werte (Tab. 6). Die für die verschiedenen Kulturen errechneten Naturschutzwerte spiegeln bei nahezu gleichen durchschnittlichen Naturschutzwerten der Einzelarten in erster Linie den in den entsprechenden Kulturen dokumentierten Artenreichtum.

Tab. 6: Naturschutzfachliche Bewertung der Laufkäferzönosen im Vergleich der Untersuchungsräume. Nur Probestreifen innen berücksichtigt. Naturschutzwert der Kultur (W_K) (Summe der Artwerte) und durchschnittlicher Artwert der in den jeweiligen Kulturen angetroffenen Laufkäferarten (W_D).

	UR Nord		**UR Süd**	
Kultur	**WK**	**WD**	**WK**	**WD**
BM	30	1,5	44	1,5
Ma	32	1,6	33	1,4
GPS	39	1,5	43	1,6
Mi	36	1,5	31	1,6
Ra	58	1,5	47	1,6
ZR	45	1,6	41	1,5

4 Diskussion

Die nachgewiesenen Artenzahlen entsprechen im Vergleich zwischen Blühmischungen und anderen Kulturen den Erwartungen. Insgesamt die meisten Arten wurden in beiden Untersuchungsräumen in den Blühmischungen nachgewiesen. Allerdings gibt es zwischen den Untersuchungsräumen interessante Diskrepanzen bei Mais und *Miscanthus*, die auf jeweilige Spezifika der Bewirtschaftung zurückgeführt werden können. Der Mais im Untersuchungsraum Süd ist im ersten Jahr wegen Trockenheit sehr spät aufgelaufen und wurde dann nicht mit Herbiziden behandelt. Folge war eine sehr gut ausgeprägte Segetalvegetation in dieser Kultur mit unmittelbaren Effekten auch auf den Artenreichtum in Gruppen wie Blattkäfern oder Wildbienen. Dies illustriert Potentiale für die Förderung von Biodiversität im Mais (z.B. Untersaaten), die dann auch ohne erkennbare Ertragseinbußen realisiert werden können (Dieterich 2016a).

Der *Miscanthus* im Untersuchungsraum Nord ist extensiv geführt und insgesamt extrem licht. Dies bietet dort Raum für eine ausgeprägte und artenreiche Staudenvegetation auch mit entsprechenden Rückwirkungen auf Artengruppen wie den Wildbienen. Der wirtschaftlich geführte, dichtwüchsige und damit für eine Energiekultur typische *Miscanthus* im Voralpenland steht dagegen insbesondere in Bezug auf die Artenzahl bei der Segetalvegetation deutlich zurück. Der Unterwuchs wird hier von dichten Beständen aus Kletten-Labkraut (*Galium aparine*) und Brennnessel (*Urtica dioica*) dominiert. Vor allem lichten und damit untypischen *Miscanthus* Jungbeständen sind die in der Literatur immer wieder angeführten hohen Artenzahlen im Chinaschilf zuzuordnen (vgl. Semere & Slater 2007a, b). Andere Autoren vermuten, dass die starke Beschattung in etablierten Flächen zu einer Unterdrückung der Beikrautvegetation führen muss (Land Use Consultants 2007, Turley et al. 2004), was durch die im Untersuchungsraum Süd dokumentierten, niedrigen Artenzahlen bestätigt wird.

Insgesamt wenig überraschend ist die deutliche Differenzierung des *Miscanthus* gegenüber anderen Kulturen. Dies beruht nicht nur auf der angepflanzten Art, sondern auch auf der Bewirtschaftung ohne Bodenbearbeitung (Dauerkultur). Allerdings leistet der *Miscanthus* aufgrund des Totalausfalls der meisten Artengruppen auch keinen nennenswerten Beitrag im Sinne einer Erhöhung der β-Diversität im Landschaftsraum.

In beiden Untersuchungsräumen wurden nur wenige Arten der Roten Liste und dann jeweils nur in Einzelfängen dokumentiert (Zufallsfunde). Die Zahl der Individuen mit Rote Liste Status bezogen auf den Gesamtfang liegt deutlich unter 0,1 %. Unabhängig von Unterschieden in Standorten oder Bewirtschaftung fehlen seltene oder bedrohte Arten und damit naturschutzrelevante Arten in den entsprechenden konventionell bewirtschafteten oder erst vor kurzem aus der konventionellen Bewirtschaftung genommenen Kulturen (Blühmischung). Die Artengemeinschaften werden vielmehr von Ubiquisten dominiert, die mit den für den Lebensraum Acker typischen Störungen zurechtkommen. Nur im *Miscanthus* zeigen sich bei den Laufkäfern auch erste gegen Störungen anfälligere Waldarten. Die Kultur fällt aber für auf Vegetation als Nahrung angewiesene Arten weitgehend aus und ist damit tendenziell extrem verarmt.

Eine interessante Gruppe sind die Spinnen, die in Bezug auf die untersuchten Kulturen kein Verteilungsmuster zeigen. Die Gruppe wird von Räubern der Bodenoberfläche dominiert, die nur eine geringe Bindung an die jeweilige Vegetation haben und damit mehr bewirtschaftungs- als vegetationsspezifisch reagieren (Bodenbearbeitung!). Die Dominanz von Ubiquisten in der Gruppe der Spinnen kommt auch darin zum Ausdruck, dass bei einem Gesamtfang von deutlich mehr als 20.000 Tieren nur 2 Individuen mit Rote Liste Status angetroffen werden konnten. Bei den ebenfalls die Bodenoberfläche bewohnenden und vielfach räuberischen Laufkäfern kommen in den Gattungen *Amara* und *Harpalus* auch samenfressende Arten hinzu (Moog 2016). Dies führt in Bezug auf Artenzahlen zu Differenzierungseffekten.

Die Prägung der Kulturen durch Ubiquisten und die wenig spezifischen Artenspektren und Zusammensetzungen der Artengemeinschaften führen im Vergleich der Untersuchungsräume zu einer uneinheitlichen Differenzierung und damit auch Bewertung auf der Basis von Artengemeinschaften mit Bezug zur Referenzkultur Blühmischung. Wenig überraschend ist der durch einen Blühhorizont und eine krautige Kulturart gekennzeichnete Raps der Blühmischung in Bezug auf die angetroffenen Artengemeinschaften am ähnlichsten. Bei einem insgesamt geringen Ähnlichkeitsniveau, scheinen beim Vergleich mit den anderen Kulturen in der vorliegenden Studie die unvermeidlichen Zufallseffekte eine systematische Reihung zu verhindern.

Eine stärkere Differenzierung in Bezug auf die Floren- und Faunenausstattung zwischen Gunstkultur und Ungunstkultur ist im Untersuchungsraum Süd nicht erkennbar. Möglicherweise spielen hier auch die Unterschiede in der Ausdehnung der Untersuchungsräume und damit die zunehmende Wirkung von Standortunterschieden für die Differenzierung von Artengemeinschaften eine Rolle. Wünschenswert aber sicherlich nur schwer erreichbar wären in diesem Zusammenhang in Bezug auf die räumliche Ausdehnung der Untersuchungsräume besser standardisierte Untersuchungen.

Die Bewertung auf der Basis von den Naturschutzwert einer Art bestimmenden Faktoren führt im vorliegenden Fall nur zu einer geringen Differenzierung zwischen den untersuchten Kulturen. Besonders gering ist die Differenzierung in Bezug auf den durchschnittlichen Naturschutzwert der angetroffenen Arten. Die Systeme werden von Ubiquisten dominiert, Spezialisten fehlen fast völlig. Inwiefern dies einen inzwischen erkannten Trend in mitteleuropäischen Kulturlandschaften reflektiert (Habel et al. 2016) muss offen bleiben. Hier wären weiterführende Vergleiche mit älteren Studien sicherlich zielführend.

Wichtig bleibt, dass naturschutzfachliche Bewertungen über den ausschließlichen Blick auf Artenzahlen oder die Präsenz gefährdeter Arten hinausreichen müssen. Trautner (2003) dokumentiert im Vergleich von Ackerlebensräumen und Waldlebensräumen (Altholzbestände) für Laufkäfer die Probleme mit einer ausschließlich auf Artenzahlen begründeten Bewertung, bei der im Regelfall gestörte und durch eine Vielfalt an Ubiquisten geprägte Lebensräume höhere Werte erzielen, als störungsempfindliche und dann vielfach artenärmere Zönosen. Die um naturschutzfachliche Faktoren erweiterte Bewertung im Rahmen dieser Studie zeigt aber auch die Probleme entsprechender Verfahren auf. Ziel ist daher in Zukunft vielleicht weniger eine durch verschiedene Gewichtungsfaktoren stark geprägte einzelne Zahl, als eine Gesamtschau basierend auf der Zuordnung naturschutzrelevanter biologischer und ökologischer Faktoren zu den jeweiligen Arten einer Zönose. Die Gesellschaft für angewandte Carabidologie ist mit ihrem wissensbasierten Katalog zu den Lebensraumpräferenzen von Laufkäfern diesbezüglich wegweisend (GAC 2009). Entsprechende Matrices fehlen für andere Gruppen oder sind bestenfalls im Aufbau und dann ohne übergreifende und zielgerichtete Koordination der zu erfassenden Merkmale (z.B. Wildbienenkataster Baden-Württemberg).

Verschiedene Artengruppen unterschieden sich im Differenzierungsgrad und auch den grundsätzlichen Aussagen in Bezug auf den Naturschutzwert bestimmter Kulturen. Insbesondere die Spinnen erlauben im vorliegenden Fall keine Differenzierung in Bezug auf den Naturschutzwert. Besser geeignet sind im Lebensraum Acker die Blütenbesucher und vor allem auch die Segetalvegetation. Es wäre zu prüfen, inwiefern andere und insbesondere herbivore Gruppen der Fauna (z.B. Rüsselkäfer) sich für entsprechende Differenzierungen zum Naturschutzwert von Ackerstandorten besser eignen. In jedem Fall weisen die unterschiedlichen Resonanzspektren von Artengruppen auf Probleme bei solchen naturschutzfachlichen Bewertungen, die ihre Empfehlungen aus Ergebnissen für wenige oder nur eine Indikatorgruppe ableiten.

Aus den Ergebnissen der vorliegenden Untersuchung ist zu schließen, dass die Potentiale intensiv genutzter Kulturen für den Erhalt naturschutzfachlich besonders relevanter Arten eher gering sind. Daraus ergibt sich unmittelbar die Notwendigkeit der Erhaltung extensiver Nutzungsformen und ungenutzter Flächen im Kontext von Agrarlandschaften. Der Erhalt der biologischen Vielfalt ist ausschließlich als Anhängsel intensiver Nutzungen nicht erreichbar. Übersetzt bedeutet dies einen notwendigen Flächenanspruch für die Realisierung von Naturschutzzielen. Ein Flächenanspruch der vor dem Hintergrund des Mangels an landwirtschaftlichen Flächen in Deutschland immer in einem erhöhten Druck zur Einfuhr agrarischer Rohstoffe münden muss. Damit stellt sich in einem dicht besiedelten Land wie Deutschland unmittelbar die Frage nach der Tragekapazität des Umweltraumes. Bevölkerungsabnahme kann kein Tabuthema sein, Bevölkerungszunahme muss aus der Ökologie heraus problematisiert werden!

Das Thema der Studie „Biomassekulturen der Zukunft aus Naturschutzsicht", die Vereinbarung von Landnutzung und Erhaltung der Biodiversität hat nichts an Aktualität verloren. Die Diskussion um den Beitrag von Biomasse zur Deckung des künftigen Bedarfs an Energie und Material ist unter dem Schlagwort Bioökonomie in vollem Gange, die Wertschöpfung im ländlichen Raum bleibt ein zentrales Anliegen der Gemeinsamen Agrarpolitik der EU und die Verluste an Biodiversität in Kulturlandschaften schreiten nicht zuletzt als Folge zunehmender Intensivierung der landwirtschaftlichen Produktion fort (Pe'er et al. 2014).

Nachhaltigkeit fordert inter- und transdiziplinäre Betrachtungen. Die Versorgung mit erneuerbaren Rohstoffen (Energien und stoffliche Ressourcen) ist ein zentrales Anliegen von auf Nachhaltigkeit zielenden Politiken. Dem ist die Biodiversität im politischen und gesellschaftlichen Umfeld derzeit klar nachgeordnet. Dies kommt insbesondere auch in der entsprechenden Ausstattung von Finanzierungsinstrumenten zum Ausdruck. Die eher bescheidene Ausstattung von Projekten und Programmen zur Erhaltung von Biodiversität wird deren Bedeutung im Nachhaltigkeitskontext nicht gerecht. Biodiversität ist der Träger von Leistungs- und vor allem langfristiger Anpassungsfähigkeit biologischer und ökologischer Systeme (Dieterich 2016b). Die Produktion erneuerbarer Ressourcen und damit die Nachhaltigkeitsfähigkeit von Gesellschaften beruht auf der derzeitigen und künftigen Leistungsfähigkeit eben dieser Systeme und damit zu einem nicht geringen Anteil auf biologischer Vielfalt. Die Erhaltung der biologischen Vielfalt ist somit eine notwendige Schlüsselkomponente nachhaltiger Entwicklung!

5 Literaturverzeichnis

BfN/Bundesamt für Naturschutz (2014): BfN Grünland-Report: Alles im grünen Bereich? – Bonn (Bundesamt für Naturschutz): 34 S.

Dieterich, M. (2016a): Mais bietet Chancen für mehr biologische Vielfalt. – Mais 42: 182-185.

Dieterich, M. (2016b): Vom Wert der Natur – weshalb biologische Vielfalt erhalten. – Oberschwaben Naturnah, Jahresheft 2016: 6-10.

Dieterich, M., Heintschel, S., Hausberg, M., Mück, J., Bauer, T., Berger, J., Dorsch, H., Zürcher, A., Nerlich, K., Mastel, K., Riedl, U., Fiebig I. & Lohr, M. (2016): Biomassekulturen der Zukunft aus Naturschutzsicht. – BfN-Skripten 442: 328 S.

DIN ISO 11268-2:2012 (2015): Bodenbeschaffenheit – Wirkung von Schadstoffen auf Regenwürmer– Teil 2: Bestimmung der Wirkung auf die Reproduktionsleistung von *Eisenia fetida/Eisenia andrei*. – Deutsche Fassung: 2015-11.

Ehrmann, O. & Babel, U. (1991): Quantitative Regenwurmerfassung – ein Methodenvergleich. – Mitteilungen der Deutschen Bodenkundlichen Gesellschaft, 66: 475-478.

FNR/Fachagentur nachwachsende Rohstoffe (2017a): Energiepflanzen. – URL: https://energiepflanzen.fnr.de/energiepflanzen/ (gesehen am: 30.04.2017).

FNR/Fachagentur für nachwachsende Rohstoffe (2017b): Energiepflanzen. – URL: https://bioenergie.fnr.de/bioenergie/energiepflanzen/ (gesehen am: 30.04.2017).

GAC/Gesellschaft für angewandte Carabidologie (Hrsg.) (2009): Lebensraumpräferenzen der Laufkäfer Deutschlands – Wissensbasierter Katalog. – Angewandte Carabidologie, Supplement V: 45 S.

Habel J. C., Segerer, A., Ulrich, W., Torchyk, O., Weisser, W.W. & Schmitt T. (2016): Butterfly community shifts over two centuries. – Conservation Biology 30: 754-762.

Heissenhuber, A. (2008). Zur Nutzungskonkurrenz zwischen nachwachsenden Rohstoffen und Lebensmitteln. – URL: http://www.wz-straubing.de/wissenschaftszentrum/download/Heissenhuber_Vortrag.pdf (gesehen am: 15.05.2017).

Land Use Consultants (2007): Bioenergy: Environmental impact and best practice – final report. – URL: http://www.wcl.org.uk/docs/Bioenergy_Final_Report_01Jan07.pdf (gesehen am: 15.05.2017).

Mc Cune, B. & Grace, J.B. (2002): Analysis of Ecological communities. – Glenedon Beach, OR (MJM Software Design): 300 S.

Meyer, S., Van Elsen, T., Gottwald, F., Hotze, C. & Wehke, S. (2010): Monitring-Konzept für die Entwicklung der Vegetation von Schutzäckern. – URL: www.schutzaecker.de/files/files/?837&de (gesehen am: 15.05.2017).

Moog, D. (2016): Auswirkungen der Bewirtschaftungsintensität auf die Real- und Aktivitätsdichte von Laufkäfern (*Carabidae*) in Ackerflächen. – Hohenheim (Uni Hohenheim, Masterarbeit): 85 S.

Pe'er, G., Dicks, L.V., Visconti, P., Arlettaz, R., Baldi, A., Benton, T., Dieterich, M., Gregory, R., Hartig, F., Henle, K., Hobson, P.R., Ibisch, P.L., Kleijn, D., Neumann, R., Robeijns, T., Schmidt, J., Schwartz, A., Sutherland, W., Turbe, A., Wulf, F. & Scott, A.V. (2014): EU agricultural reform fails on biodiversity. – Science 344: 1090-1092.

Semere, T. & Slater, F.M. (2007a): Ground flora, small mammal and bird species diversity in *Miscanthus* (*Miscanthus×giganteus*) and reed canary-grass (*Phalaris arundinacea*) fields. – Biomass and Bioenergy 31 (1): 20-29.

Semere, T. & Slater, F.M. (2007b): Invertebrate populations in *Miscanthus* (*Miscanthus×giganteus*) and reed canary-grass (*Phalaris arundinacea*) fields. – Biomass and Bioenergy 31 (1): 30-39.

Statistisches Bundesamt (2013): Flächenbelegung von Ernährungsgütern. – Wiesbaden (Statistisches Bundesamt): 24 S. – URL: https://www.destatis.de/DE/Publikationen/Thematisch/UmweltoekonomischeGesamtrechnungen/FachberichtFlaechenbelegung5385101109004.pdf?__blob=publicationFile (gesehen am: 15.05.2017).

Trautner, J. (2003): Biodiversitätsaspekte in der UVP mit Schwerpunkt auf der Komponente „Artenvielfalt". – UVP-Report 17 (3+4): 155-163.

Turley, D.B., McKay, H. & Boatman, N. (2004): Environmental impacts of cereal and oilseed rape cropping in the UK and assessment of the potential impact arising from cultivation for liquid biofuel production. – URL: http://www.hgca.com/publications/documents/cropresearch/RR54_Abstract_Revised_July_08.pdf (gesehen am: 15.05.2017).

UBA/Umweltbundesamt (2013): Globale Landflächen und Biomasse nachhaltig und ressourcenschonend nutzen. – Dessau (Umweltbundesamt): 106 S. – URL: http://www.umweltbundesamt.de/sites/default/files/medien/479/publikationen/globale_landflaechen_biomasse_bf_klein.pdf (gesehen am: 18.08.2014).

Wilmanns, O. (2002): Ökologische Pflanzensoziologie. Eine Einführung in die Vegetation Mitteleuropas. 6. Aufl. – Stuttgart (Ulmer Verlag): 405 S.

Adresse der Autorin und der Autoren:

Prof. Martin Dieterich, Daniel Moog und Milena Hausberg
Universität Hohenheim
Institut für Landschafts- und Pflanzenökologie (320 a)
August-von-Hartmann-Straße 3, 70599 Stuttgart
E-Mail: martin.dieterich@uni-hohenheim.de

Nationale Stickstoffstrategie: Anforderungen und Lösungsmöglichkeiten insbesondere in der Landwirtschaft

Henriette Dahms, Annette Volkens, Elisabeth Schmid
und Markus Salomon

Abstract

The release of reactive nitrogen compounds into the atmosphere, soil and water is still one of the biggest environmental challenges in Germany. Consequences are the loss of biodiversity due to eutrophication and acidification of terrestrial and aquatic ecosystems, impaired groundwater quality and impacts on human health. A number of European environmental targets and objectives in the context of nitrogen are clearly being missed. It is urgently necessary to increase the efforts to reduce nitrogen emissions in order to protect biodiversity and human health.

Responsible for the emissions of reactive nitrogen compounds are primarily agricultural activities and combustion processes (energy and transport). The German Advisory Council on the Environment (SRU) has analysed these sectors and has given a number of recommendations with regard to reduction measures in these areas. However, if the nitrogen problem is only viewed in terms of individual sectors or specific resources, there is a risk that impacts will simply be shifted elsewhere.

The SRU recommends therefore, that a national nitrogen strategy with an integrated approach is developed in order to identify unintended consequences at an early stage. By bringing together existing targets and ordinances, the strategy will help to overcome the current fragmented approach. Furthermore, a national nitrogen strategy helps to ensure that the nitrogen problem in Germany receives the appropriate and necessary attention from policy-makers, administrators and the public realm. The nitrogen strategy should be jointly elaborated by the federal government and Germany's regional-state governments. To avoid piling up strategies which have little or no influence on political decision making processes, the nitrogen strategy should be developed in the context of other strategy processes at the European and national level, e.g. along the lines of the structures of the recently reissued National Strategy for Sustainable Development and the National Strategy on Biodiversity.

1 Einleitung: Stickstoff – Ein drängendes Umweltproblem

Die nach wie vor hohen Einträge von Stickstoffverbindungen sind eines der großen ungelösten Umweltprobleme unserer Zeit. Stickstoffverbindungen wie beispielsweise Stickstoffoxide und Ammoniak belasten Umwelt und Gesundheit auf vielfältige und komplexe Weise:

- Stickstoffeinträge tragen durch Eutrophierung und Versauerung zum Verlust von Biodiversität bei.
- Stickstoffoxide in der Luft schädigen direkt die menschliche Gesundheit, bilden gemeinsam mit Ammoniak gesundheitsschädlichen Feinstaub und fördern die Bildung von bodennahem Ozon.
- Nitrat im Trinkwasser und in Nahrungsmitteln belastet die menschliche Gesundheit, bei Nitrosaminen besteht der Verdacht auf kanzerogene Wirkungen.
- Lachgas schädigt die Ozonschicht und trägt zum Klimawandel bei.

Stickstoff ist am Aufbau jeglichen Lebens beteiligt und somit ein zentrales Element im Luft, Wasser und Boden umspannenden Kreislauf. 99 % des Stickstoffs liegen als relativ reaktionsträger Luftstickstoff vor, doch kann ein Teil durch natürliche Prozesse zu chemisch und biologisch wirksamen (reaktiven) Verbindungen umgewandelt werden. Zu den wichtigsten reaktiven Stickstoffverbindungen gehören Ammoniak (NH_3), Ammonium (NH_4^+), Stickstoffoxide (NO und NO_2), Nitrat (NO_3^-), Nitrit (NO_2^-), Lachgas (N_2O) sowie organische Verbindungen.

Der Mensch greift durch die Verbrennung fossiler Energieträger und landwirtschaftliche Prozesse drastisch in den natürlichen Stickstoffkreislauf ein. Im Zeitraum von 1860 bis 2000 verzehnfachte sich die Menge des durch anthropogene Aktivitäten freigesetzten reaktiven Stickstoffs von 15 Mio. t pro Jahr auf 165 Mio. t pro Jahr (Galloway et al. 2003). Diese gehen auf Verbrennungsprozesse, die Tierhaltung und die Verwendung von Düngemitteln zurück. Vor allem das vor etwa einhundert Jahren entwickelte Verfahren zur industriellen Herstellung von Düngemitteln, bei dem nicht-reaktiver Luftstickstoff in reaktive Stickstoffverbindungen umwandelt wird, leistet hierzu einen hohen Beitrag: Erst durch die industrielle Herstellung von Dünger konnte die landwirtschaftliche Erzeugung stark ausgeweitet werden. Die räumliche Konzentration landwirtschaftlicher Produktionszweige, insbesondere die Tierhaltung, führt zu lokal hoch belasteten Gebieten.

Die Umweltbelastungen durch reaktive Stickstoffverbindungen spielen sich auf verschiedenen räumlichen Ebenen ab und interagieren teilweise miteinander. Beispielsweise sind Belastungen der Oberflächengewässer und des Grundwassers primär lokal zu beobachten. Diese Hot Spots liegen oft in Gebieten mit intensiver Tierhaltung (DAFA 2012, SRU 2015). Die Eutrophierung der Meere wird vorrangig durch weiter entfernte Belastungsquellen verursacht, insbesondere über Einträge aus Flüssen. Die Schädigung der Ozonschicht und der Klimawandel sind globale Phänomene. Zur Lösung des Stickstoffproblems ist daher ein abgestimmtes Handeln auf allen politischen Ebenen erforderlich.

Die Stickstoffbelastung der Biosphäre zählt darüber hinaus zu einem der Umweltbereiche, in dem die globalen Grenzen der ökologischen Tragfähigkeit überschritten werden (Rockström et al. 2009). Dies birgt große Risiken für die langfristige Stabilität von Ökosystemen, die Belastung durch Stickstoff ist somit auch ein Treiber der weiterhin abnehmenden Biodiversität (McClean et al. 2011, Sutton et al. 2011, Sala et al. 2000). Um kritische Belastungsgrenzen einhalten zu können, schätzen de Vries et al. (2013), dass es nötig ist, global die anthropogene Umwandlung von Luftstickstoff in reaktiven Stickstoff von derzeit etwa 120 Mio. t auf circa 60 Mio. t pro Jahr zurückzuführen.

2 Stickstoffbelastung in Deutschland

In Deutschland führt der Gehalt an reaktivem Stickstoff in Wasser, Boden und Luft in vielen Bereichen zu erheblichen Belastungen. Im Jahr 2009 waren etwa 48 % der natürlichen und naturnahen terrestrischen Ökosysteme von Eutrophierung betroffen, 8 % von Versauerung (Schaap et al. 2014). Nord- und Ostsee sind ebenfalls in erheblichem Maße eutrophiert. 27 % aller Grundwasserkörper in Deutschland sind nach Definition der Wasserrahmenrichtlinie 2000/60/EG aufgrund zu hoher Nitratgehalte in einem schlechten chemischen Zustand (BMUB 2016). Dies hat Auswirkungen auf die Trinkwassergewinnung: In einigen Regionen kann der Trinkwassergrenzwert für Nitrat von 50 mg/l teilweise nur noch durch aufwändige und auch kostenintensive Maßnahmen eingehalten werden (Oelmann et al. 2017). In Ballungsräumen belasten Stickstoffoxide und stickstoffhaltige Feinstäube die menschliche Gesundheit. An knapp 60 % der verkehrsnahen Messstationen in Deutschland wird weiterhin der NO_2-Langzeitgrenzwert aus der Luftqualitätsrichtlinie überschritten (UBA 2017).

Aufgrund der hohen Belastungen verfehlt Deutschland bestehende und zum Teil rechtlich verbindliche Ziele der Luftreinhaltung, des Gewässerschutzes und des Naturschutzes. Zu konstatieren ist darüber hinaus ein grundlegendes Umsetzungs- und Vollzugsdefizit. Aus diesem Grund hat die Europäische Kommission im Oktober 2013 den ersten Schritt eines Vertragsverletzungsverfahrens gegen Deutschland wegen unzureichender Umsetzung der EU-Nitratrichtlinie eingeleitet und im April 2016 schließlich Klage wegen der anhaltenden Verunreinigung der deutschen Gewässer durch Nitrat vor dem Gerichtshof der EU eingereicht („Wasser: Kommission verklagt Deutschland vor dem Gerichtshof der EU wegen Gewässerverunreinigung durch Nitrat“, Pressemitteilung der Europäischen Kommission vom 28. April 2016[1]). Die Kommission ist der Ansicht, dass die in Deutschland ergriffenen Maßnahmen nicht ausreichen, um die Verunreinigung von Gewässern durch Nitrate zu vermindern und die europäischen Ziele zu erreichen.

Die beschriebenen hohen Stickstoffbelastungen gehen auf Einträge reaktiver Stickstoffverbindungen in Luft, Wasser und Boden zurück. Dabei ist in Deutschland die Landwirtschaft der wichtigste Verursacher: Ihr werden 64 % der Einträge in die Luft und 79 % der Einträge in Oberflächengewässer zugerechnet (Abb. 1). Für die Emissionen in die Luft sind darüber hinaus die Energiewirtschaft (19 %) und der Verkehr (18 %) von Bedeutung. Die zweitgrößte Emissionsquelle der Stickstoffeinträge in Oberflächengewässer sind die kommunalen Abwasserbehandlungsanlagen mit 14 %.

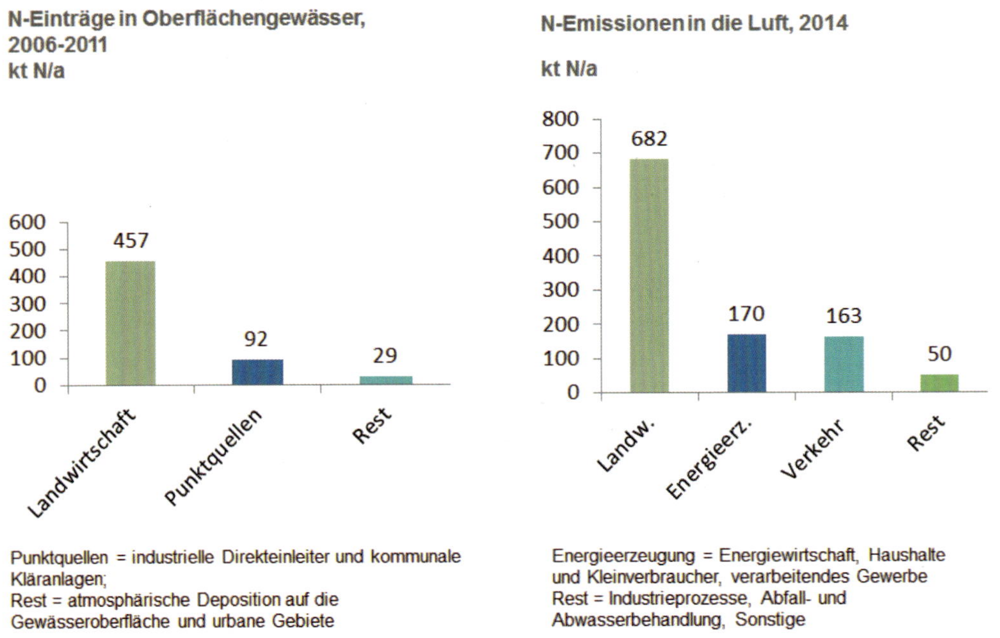

Abb. 1: Die wichtigsten Verursacher der Einträge reaktiven Stickstoffs in Oberflächengewässer und Luft in Deutschland (SRU 2015; Abb. 4-1, aktualisiert nach UBA 2016).

---

[1] URL: http://europa.eu/rapid/press-release_IP-16-1453_de.htm (gesehen am: 06.06.2017).

Den zeitlichen Verlauf wichtiger Stickstoffemissionen zeigt Abbildung 2. Es wird deutlich, dass insbesondere in der Landwirtschaft die Ammoniakemissionen seit Jahren nicht zurückgehen.

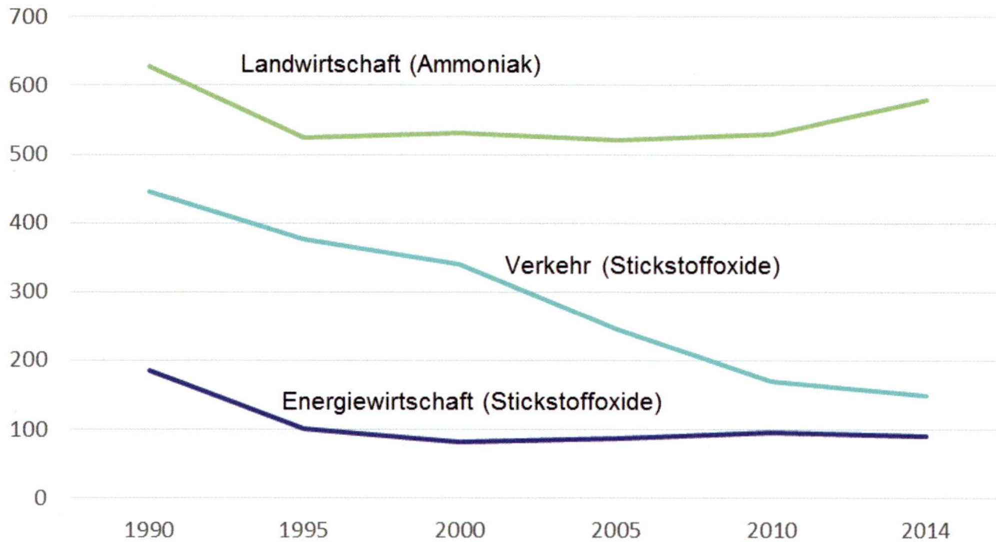

Abb. 2: Zeitlicher Verlauf wichtiger Stickstoff-Emissionen in Deutschland (SRU 2015; Abb. 3-3, aktualisiert nach UBA 2016).

Um auf dieses bedeutende, nach wie vor ungelöste Umweltproblem des 21. Jahrhunderts aufmerksam zu machen, hat der Sachverständigenrat für Umweltfragen (SRU) 2015 ein Sondergutachten mit dem Titel „Stickstoff: Lösungsstrategien für ein drängendes Umweltproblem" veröffentlicht (SRU 2015). Dieser Beitrag basiert auf Auszügen aus diesem Gutachten, das eine Vielzahl weiterer Literaturangaben enthält.

3 Bestehende Stickstoffpolitiken

3.1 Synergiepotenziale

Verschiedene Politiken haben Einfluss auf das bestehende Stickstoffproblem. Jedoch nehmen die Politiken und ihre Ausgestaltung zu wenig Bezug zueinander, etwa weil sie auf europäischer wie nationaler Ebene von unterschiedlichen Ressorts verantwortet werden. Insgesamt sind die Politiken, die Wirkungen auf die Stickstoffbelastung haben, vielschichtig:

Einige Politiken führen zur Zunahme der Stickstoffbelastung. National zählt hierzu etwa die Bioenergiepolitik. So wurde in der Vergangenheit über das Erneuerbare-Energien-Gesetz (EEG) der Einsatz von Biomasse zur Stromerzeugung durch die Gestaltung der EEG-Umlage forciert. Zur Stromerzeugung werden Biogasanlagen genutzt, in denen vor allem Gülle und Mais als Substrat eingesetzt werden. Das erzeugte Gas kann bis zur Verstromung gespeichert werden. Energiepolitisch kann Strom aus Biomasse die Schwankungen der Stromerzeugung aus Wind und Sonne ausgleichen. Im Vordergrund der EEG-Vergütung stand zunächst die Nutzung ohnehin anfallender Gülle, jedoch kam es, getrieben durch einen hohen Vergütungssatz, zu einem starken Ausbau der Anlagenkapazität und einem vermehrten Anbau von Energiepflanzen, vornehmlich Mais. So ist die Anbaufläche von Silomais, der ebenso als Tierfutter wie als Substrat zur Biogaserzeugung verwendet werden kann, von 1,2 Mio. ha 2003 auf 2,0 Mio. ha 2013 angestiegen, obgleich der Rinderbestandes leicht abnahm. Die Abbildung 3 verdeutlicht die Korrelation zwischen installierter Leistung von Biogasanlagen, Maisanbau und Rinderbestand.

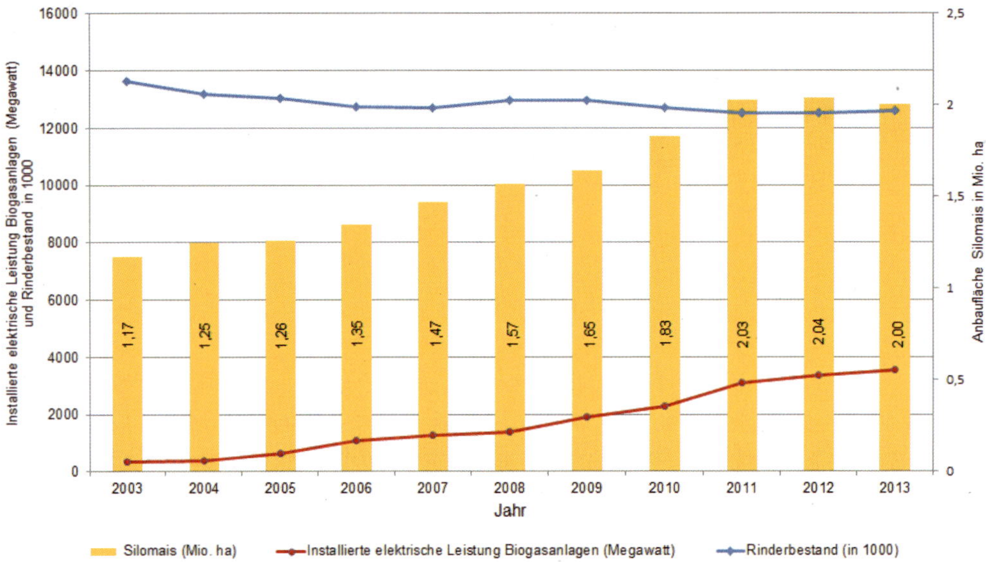

Abb. 3: Entwicklung der Anbaufläche von Silomais, der Rinderbestände und der installierten elektrischen Leistung von Biogasanlagen (2003-2013) (SRU/SG 2015; Abb. 4-10).

Aus der Biogaserzeugung ergibt sich ein zusätzlicher Beitrag zum Stickstoffüberschuss in Deutschland. Die anfallenden Gärreste wiederum wurden zu einem großen Teil bislang im Rahmen der Düngeverordnung nicht bilanziert. Diese Fehlstelle wurde im Zuge der Novelle behoben. Der durch das EEG induzierte Maisanbau und der durch Gärreste anfallende organische Dünger werden auch weiterhin bestehen, da den Anlagen die EEG-Vergütung für 20 Jahre garantiert ist. Erst ab dem Jahr 2021 ist aufgrund der dann zunehmend aus der Vergütung fallenden Anlagen von einer sinkenden Nachfrage nach Biomasse zur Verstromung auszugehen.

Auf europäischer Ebene – und in der Umsetzung auch in Deutschland – ist die Gemeinsame Agrarpolitik von hoher Bedeutung. Historisch gesehen war die europäische Gemeinsame Agrarpolitik (GAP) wesentlich für die Entwicklung hin zu dem heutigen hohen Niveau der landwirtschaftlichen Produktion in Deutschland. Bei ihrer Einführung im Jahr 1962 war die Agrarförderung über Preisstützungen und Marktinterventionen an die Produktionsmenge gebunden, was zu einer drastischen Produktionssteigerung und schließlich zu einer Überproduktion führte (Europäische Kommission 2012: 3). Seitdem gab es vielfältige Reformschritte, die die Überproduktion mindern sollten und auch Elemente zur Entlastung der Umwelt beinhalteten. Meilensteine waren die Einführung der zweiten Säule der GAP (1999) sowie die Einführung der Cross Compliance (2005). Auch die Entkopplung der Direktzahlungen (2005) spielte eine wichtige Rolle. Seitdem werden die Direktzahlungen je ha unabhängig von der tatsächlichen Produktion gezahlt. Agrarumweltmaßnahmen wurden in die europäische Agrarpolitik erstmals 1992/1993 eingeführt und 1999/2000 fest in der zweiten Säule verankert. Politische Entscheidungen, wie die schrittweise Aufhebung der obligatorischen Flächenstilllegung, die Deregulierung des Milchmarktes (Auslaufen der Milchquote) oder die Ausgestaltung von Agrarumweltmaßnahmen, können erhebliche Auswirkungen auf die Stickstoffüberschüsse der Landwirtschaft haben. Die jüngsten Reformen, die ab 2015 umgesetzt werden müssen, sollen zu einer Verringerung der Stickstoffüberschüsse beitragen. Nach dem heutigen Stand der politischen Reformen ist jedoch eher von einer Stagnation auszugehen (SRU 2013).

Andere Politiken, wie die Luftreinhaltepolitik, tragen zur Verminderung bei. Allerdings gilt, dass die Ziele der Luftreinhaltepolitik nur erreicht werden können, wenn zum Beispiel die kommunale Verkehrspolitik nicht nur an verkehrspolitischen Erfordernissen und damit anderen als den ökologischen Interessen ausgerichtet wird, sondern sich auch an einer möglichst geringen Belastung der Luft durch Emissionen aus dem Verkehr orientiert. Ähnlich gilt dies für die Energiepolitik, die dann einen positiven Beitrag zur Erreichung der Luftqualitätsziele leisten kann, wenn der Anteil fossiler Energieträger an der Energieversorgung reduziert wird.

Die meisten für Stickstoffbelastungen relevanten Politiken basieren auf europäischen Richtlinien, von denen einige explizit stickstoffbezogene Zielwerte formulieren und so direkt zur Stickstoffminderung beitragen. Dies trifft beispielsweise auf die Nitrat-Richtlinie 91/676/EWG, die Luftqualitätsrichtlinie 2008/50/EG und die Richtlinie 2016/2284 über die Reduktion der nationalen Emissionen bestimmter Luftschadstoffe (NERC-Richtlinie) zu. Andere Richtlinien nennen keine expliziten stickstoffbezogenen Qualitäts- oder Emissionsminderungsziele, jedoch sind zur Zielerreichung implizit Minderungen der Stickstoffemissionen notwendig. Für ihre erfolgreiche Umsetzung ist somit häufig Unterstützung und Beteiligung anderer Politiken erforderlich. Dies gilt vor allem für die Wasserrahmenrichtlinie und die Fauna-Flora-Habitat-Richtlinie 92/43/EWG (FFH-Richtlinie). In beiden Fällen sind die definierten Schutzziele nicht ohne flankierende Maßnahmen insbesondere der Agrarpolitik zu erreichen.

Eine einzelne Reduktionsmaßnahme kann vielfältige Nutzen haben, auch wenn sie zunächst nur in einem bestimmten Regelungskontext ergriffen und begründet wird. So unterstützen beispielsweise Stickstoffminderungspolitiken, die zu einer Reduzierung von Lachgas (N_2O) beitragen, eine erfolgreiche Klimaschutzpolitik. Bereits der bestehende Regelungsrahmen kann potenzielle Synergien aufweisen, doch erkennen Fachpolitiker diese oftmals aufgrund der bislang fehlenden integrierten Sichtweise nicht direkt und beziehen sie deshalb nicht ein. Besonders deutlich werden diese Potenziale bei der Nitrat-Richtlinie und deren nationaler Umsetzung durch die Düngeverordnung: In erster Linie ist die Düngeverordnung ein agrarpolitisches Instrumentarium zur Reglementierung des Einsatzes von Dünger. Ihre Bedeutung reicht jedoch weit darüber hinaus. Die gerade beschlossene Novelle der Düngeverordnung wirkt auf verschiedene Bereiche[2]: Sie kann dazu beitragen, das durch das EEG induzierte Problem der Gärresteverbringung zu verringern, da der konsequente Vollzug der Düngeverordnung und der vollständige Einbezug der Gärreste zu einem im ökologischen Sinne optimierten Düngemanagement beitragen werden. Die Düngeverordnung ist zudem ein wichtiger Bestandteil der Zielerreichung der Wasserrahmenrichtlinie und ein bedeutender Faktor zur Umsetzung der NERC-Richtlinie. Sie trägt direkt aber auch mittelbar über die Luftreinhaltung zu einem erfolgreichen Naturschutz bei. Nicht zuletzt kann die Düngeverordnung auch einen Beitrag zum Klimaschutz leisten. Diese vielfältigen Funktionen und Bezüge einzelner Politiken finden in der politischen Debatte außerhalb der Fachkreise bislang zu wenig Beachtung und sollten stärker kommuniziert werden.

3.2 Hemmnisse

Die Umweltpolitik befasst sich seit Jahrzehnten mit der Regelung einzelner Stickstoffverbindungen in einzelnen Umweltmedien. Die mit Stickstoff verbundenen Umweltprobleme sind – wie dargestellt – Gegenstand zahlreicher Regelungen und Politikinstrumente. Dennoch wird die Stickstoffproblematik nicht in ihrer gesamten Tragweite wahrgenommen und bearbeitet. Eine wichtige Ursache dafür ist, dass die Freisetzung von Stickstoffverbindungen eng mit den Produktionsgrundlagen unserer Wirtschaft verbunden ist, insbesondere in den Bereichen Landwirtschaft und Energie. Hinzu kommen politische und institutionelle Hemmnisse.

---

[2] URL: http://www.bundesrat.de/SharedDocs/drucksachen/2017/0101-0200/148-17(B).pdf?__blob=publicationFile&v=1 (gesehen am: 08.06.2017).

Zum einen sind die rechtlichen Vorgaben und Zuständigkeiten innerhalb des Umweltbereichs fragmentiert: auf die Synergien zwischen Gesundheits- und Biodiversitätsschutz, zwischen Gewässer-, Boden- und Klimaschutz und Luftreinhaltung wird noch unzureichend geachtet. Konflikte, z.B. zwischen Bioenergiepolitik und Stickstoffproblematik, wurden nicht frühzeitig beachtet. Es gibt keine ausreichende Koordination der vernetzten Aufgaben zwischen den verschiedenen Ministerialabteilungen.

Zum andern priorisieren sektorale Verwaltungen Umweltaspekte zu wenig: Die für Landwirtschaft, Verkehr und Energie zuständigen Ministerien sind gefordert, die Stickstoffbelastung zu reduzieren. Denn bestimmte umweltrechtliche Ziele können nur mithilfe von Maßnahmen in diesen Sektoren erreicht werden, außerdem sind die genannten Ministerien teilweise direkt für die Umsetzung zentraler umweltpolitischer Instrumente zuständig. Aus Sicht des SRU gewichten Verwaltungen – trotz gewisser positiver Veränderungen – häufig die wirtschaftlich relevanten Interessen der Verursacher zu stark gegenüber den Umwelt- und Naturschutzinteressen.

Die Entwicklung eines integrierten Ansatzes, der den Blick über die jeweiligen Fachpolitiken hinaus erweitert und zu einer stärkeren Zusammenarbeit verschiedener Ressorts aber auch der Verwaltungsebenen führt, kann Synergien zwischen den einzelnen Politikfeldern mobilisieren. Zudem kann ein integrierter Ansatz die Konsistenz der verschiedenen Handlungsfelder vergrößern und damit nicht intendierten Problemverlagerungen entgegen wirken. Hierzu zählt beispielsweise die Gefahr eine Hotspot-Situation zulasten einer flächendeckenden Emissionsminderung zu vermindern. Eine integrierte Betrachtung kann dazu beitragen, die Bedeutung des Stickstoffproblems für die Lebensgrundlagen aber auch Lösungswege besser zu kommunizieren. Dies gilt sowohl im politischen Kontext als auch innerhalb der Ministerialverwaltung sowie in der Kommunikation mit der breiten Öffentlichkeit.

4 Nationale Stickstoffstrategie

4.1 Empfehlungen für wichtige Elemente der Strategie

Der SRU hat der Bundesregierung in seinem Sondergutachten empfohlen, gemeinsam mit den Bundesländern eine nationale Stickstoffstrategie zu erarbeiten. Eine solche Strategie bietet wichtige Ansatzpunkte, um die genannten politisch-institutionellen Probleme zu lösen: Sie kann eine politische Agenda setzen, ein Forum für politische und gesellschaftliche Diskussionsprozesse schaffen, einen übergeordneten Begründungsrahmen für politische Handlungsprogramme liefern und breit getragene Politikziele formulieren. Damit dient eine nationale Stickstoffstrategie als Basis für die Kooperation zwischen verschiedenen staatlichen und nicht-staatlichen Akteuren. Dabei sollte die

Stickstoffstrategie den Zeithorizont über 2030 hinaus in den Blick nehmen. Diese langfristige Ausrichtung darf jedoch nicht zu einer weiteren Verzögerung einer umfassenden und medienübergreifenden Problembearbeitung führen. Vielmehr sollten die Ziele durch Zwischenziele konkretisiert werden.

Eine nationale Stickstoffstrategie sollte bestehende Maßnahmen und Regelungen zur Stickstoffminderung zusammenführen, das Zielsystem weiterentwickeln sowie den darüber hinausgehenden mittel- und langfristigen Handlungsbedarf identifizieren. Sie sollte folgende Elemente beinhalten (Abb. 4):

- Ein ausformuliertes Leitbild und danach ausgerichtete Leitlinien sollten den Handlungsrahmen vorgeben. Sie sollten sich am Problem der Stickstoffeinträge, der dauerhaften Verminderung des Stickstoffeinsatzes und seiner Umweltwirkungen, orientieren.

- Die Definition von Handlungsfeldern weist einzelnen Ressorts und Fachpolitiken und somit auch Verursachern und Treibern konkrete Verantwortung zu. Handlungsfelder können Gliederungselemente eines Maßnahmenprogramms sein, das die Strategie unterlegt und zur Implementierung beiträgt. Die Handlungsfelder müssen sich in weiteren Elementen der Strategie spiegeln.

- Als Leitgröße sollte ein übergeordnetes Ziel für den noch akzeptablen Gesamteintrag von reaktivem Stickstoff in die Umwelt in Deutschland entwickelt werden. Dieses übergeordnete Ziel sollte sich an der Belastbarkeit der Ökosysteme orientieren.

- Ergänzend sollten Sektor bezogene Minderungsziele, etwa für den Stickstoffeinsatz in der Landwirtschaft und für Stickstoffemissionen aus dem Verkehrs- und dem Energiesektor, entwickelt werden. Hierdurch wird verhindert, dass sich verschiedene Sektoren und Verursacher durch ein Gesamtreduktionsziel nicht angesprochen fühlen. Zudem ergibt sich eine starke Adressatenorientierung der Strategie.

- Die Stickstoffstrategie sollte durch ein ambitioniertes Maßnahmenprogramm unterlegt und im Rahmen eines regelmäßigen Monitorings überprüft werden.

Die Stickstoffstrategie sollte politisch hochrangig auf Staatssekretärsebene verankert sein, so dass es ein starkes formales „Ownership“ gibt, das den Problemdruck angemessen spiegelt. Darüber hinaus muss schon die Erarbeitung der Strategie und später deren Umsetzung mit ausreichenden finanziellen und personellen Mitteln ausgestattet werden und auf enger Kooperation mit den Bundesländern und gesellschaftlichen Akteuren basieren.

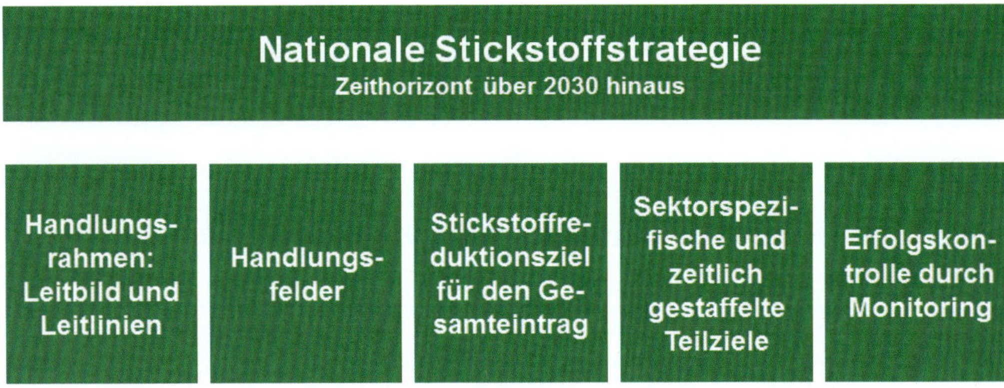

Abb. 4: Elemente einer nationalen Stickstoffstrategie (eigene Darstellung).

4.2 Empfehlungen für die Entwicklung und Umsetzung

Ausgangspunkt für die Erarbeitung einer Stickstoffstrategie sollte eine naturwissenschaftliche Bestandsaufnahme des Reduktionsbedarfes und ein daraus abgeleiteter Handlungsbedarf sein (Abb. 5). Dabei sollte die Bestandsaufnahme umweltmedienübergreifend erfolgen und die Mobilität und Reaktionsfähigkeit der Stickstoffverbindungen berücksichtigen. Maßnahmenprogramme sollten sich an diesem Handlungsbedarf orientieren.

Die Strategie sollte von Bund und Ländern als hauptverantwortliche Ebenen der Implementierung zusammen entwickelt werden. Ein gemeinsames Vorgehen von Bund und Ländern ist zudem erforderlich, um den bestehenden institutionellen Schwächen der geltenden Politiken und Instrumente mit Bezug zu Stickstoff zu begegnen. Die gemeinsame Erarbeitung und Verantwortung für die Umsetzung einer Stickstoffstrategie unterstützt die vertikale Integration (von verschiedenen politischen Ebenen) sowie die horizontale Integration (von verschiedenen Politikfeldern).

Der Erarbeitungsprozess spielt dabei eine besonders wichtige Rolle, da ein gemeinsames themenfokussiertes Arbeiten verschiedener Ressorts und unterschiedlicher Verwaltungsebenen der positiven Koordinierung dient und die bisher wenig integrative Arbeits- und Abstimmungsweise durchbricht. Nicht zuletzt kann eine Stickstoffstrategie politisch und administrativ nur erfolgreich umgesetzt werden, wenn sie alle Ebenen anspricht. Einen weiteren Beitrag zu einer breiten Verankerung und einem hohen Maß an Akzeptanz kann zudem die frühzeitige und intensive Einbindung verschiedener Interessengruppen leisten.

Abb. 5: Entwicklung und Umsetzung einer nationalen Stickstoffstrategie (eigene Darstellung).

Es ist nicht sinnvoll Strategien zu „stapeln", die keinen oder nur begrenzten Einfluss auf die politischen Entscheidungsprozesse haben, wie es kritische Beobachter zu den europäischen Strategieprozessen feststellen (Jordan et al. 2008, SRU 2008, 2012). Bei der Strategieentwicklung müssen daher Stellenwert und Funktion einer nationalen Stickstoffstrategie im Kontext der anderen Strategieprozesse auf nationaler und europäischer Ebene entwickelt werden. Insbesondere sollte die Strategie enge Bezüge zur Deutschen Nachhaltigkeitsstrategie und zur Nationalen Strategie zur biologischen Vielfalt herstellen, um Doppelungen zu vermeiden und übergeordnete Ziele zu konkretisieren. Im Entwicklungsprozess der Stickstoffstrategie sollten darüber hinaus bestehende Zielvorgaben aus anderen Strategien aber auch europäischen Richtlinien und nationalen Programmen aufgegriffen und weiter entwickelt werden. Bei der Strategieerarbeitung sollte auf die Erfahrungen bei den Erarbeitungsprozessen der korrespondierenden Strategien (nationale Strategie zur biologischen Vielfalt und nationale Nachhaltigkeitsstrategie) zurückgegriffen werden.

Zudem sollte der Prozess der Strategieentwicklung einen Beitrag leisten, als konkurrierend wahrgenommene Ressortinteressen zusammenzuführen und positiv zu wenden, um den Nutzen eines verminderten Stickstoffeintrags zu ermitteln und aufzuzeigen. Dazu zählen der Schutz der Biodiversität auf Seiten des Umweltministeriums und die Steigerung der Agrarproduktivität auf Seiten des Landwirtschaftsministeriums oder die umweltpolitisch gewünschte Verbesserung der Luftqualität gegenüber der Absicherung von Wirtschaftsinteressen aus Sicht des Wirtschaftsministeriums. Die Strategie sollte Lösungsansätze für die unterschiedlichen, relevanten Politikfelder entwickeln und diese auf Wechselwirkungen miteinander und Querbezüge zueinander hin überprüfen. Ein so breit angelegter Ansatz scheint geeignet, alle Akteure in die Pflicht zu nehmen, ein umfassendes Verständnis von Ursachen und Folgen zu schaffen und der Verlagerung von Problemen, aber auch von Verantwortung entgegenzuwirken.

4.3 Mehrwert einer Stickstoffstrategie

Der SRU hat vorgeschlagen, dem Stickstoffthema eine eigenständige Strategie zu widmen, da das Problem im Rahmen der bestehenden Strategien und Politiken nicht hinreichend adressiert und bearbeitet werden kann. Zudem können in den bestehenden Strategien keine weiter ausdifferenzierten stickstoffbezogenen Ziele und Indikatoren etabliert werden, da die Gefahr bestünde, innerhalb der Strategien ein Ungleichgewicht zwischen den verschiedenen Themen zu erzeugen.

Eine Stickstoffstrategie als problemorientierte Umweltstrategie mit starkem Umsetzungsbezug erweitert und ergänzt die Perspektiven des bestehenden Strategiekanons, sodass sie direkten Mehrwert erzeugen und die Aufmerksamkeit erhöhen kann. Sie kann eine wichtige Rolle für die Umsetzung der nationalen Strategie zur biologischen Vielfalt spielen, da das Stickstoffproblem das Erreichen der Biodiversitätsziele erschwert oder verhindert. In Bezug auf Stickstoff sind die Ziele der nationalen Strategie zur biologischen Vielfalt nicht durch ein politisches Handlungsprogramm unterlegt. Eine Stickstoffstrategie könnte diese Fehlstelle füllen. Eine stärkere Integration des Stickstoffproblems in die Strategie zur biologischen Vielfalt würde den Herausforderungen voraussichtlich nicht gerecht, da die Strategie im politischen Alltagsbetrieb nicht hinreichend wahrgenommen wird, keine umfassende institutionelle Verankerung genießt und zudem auf den Schutz der Biodiversität abzielt, nicht jedoch auf eine gesamthafte Betrachtung aller Umwelt- und Gesundheitsfolgen von Stickstoffeinträgen.

Auch die Nachhaltigkeitsstrategie ist aufgrund ihrer breiten Ausrichtung nicht der richtige Ort, um das Thema Stickstoffbelastung und dessen Folgen hinreichend prominent zu platzieren. Für die Nachhaltigkeitsstrategie kann die Stickstoffstrategie jedoch einen wichtigen Beitrag zur Weiterentwicklung der Ziele leisten. Ein übergeordnetes Gesamtreduktions- oder Budgetziel, wie es nach Einschätzung des SRU für die erfolgreiche Bearbeitung des Stickstoffproblems erforderlich ist, könnte im Rahmen einer Stickstoffstrategie entwickelt werden und Eingang in die Nachhaltigkeitsstrategie finden. Eine breite Diskussion zur Entwicklung eines nationalen Gesamtziels oder -budgets könnte in die künftigen Diskussionen zur Weiterentwicklung der Deutschen Nachhaltigkeitsstrategie eingehen.

Darüber hinaus kann diese Debatte international eine Diskussion zur stärkeren Aufnahme der planetaren Grenzen in einen Folgeprozess zur Agenda 2030 anstoßen, da das Problem des durchbrochenen natürlichen Stickstoffkreislaufes und der Überfrachtung der Umwelt mit Nährstoffen auch ein globales ist. Zudem kann eine Stickstoffstrategie einen Beitrag zur Konkretisierung des 7. Umweltaktionsprogamms der EU (Europäische Kommission 2014) leisten und langfristig neue Impulse für die europäische Umweltpolitik zu setzen.

Nicht zuletzt beinhaltet die Entwicklung einer Strategie eine Analyse von Stärken und Schwächen bestehender Politiken und Instrumente. Die hieraus gewonnenen Erkenntnisse können künftig eine kohärente Politik unterstützen, die klaren Zielvorgaben folgt. Dies kann die Voraussetzung für einen besseren Vollzug des bestehenden Regelungsrahmens schaffen. Im Idealfall können mittelfristig das Erreichen ambitionierter Zielsetzungen abgesichert und langfristig die Grundlagen für neue Impulse auf der europäischen Ebene durch vorbildliche Politiken geschaffen werden. Die erfolgreiche Umsetzung einer nationalen Stickstoffstrategie kann damit zugleich die Basis für eine spätere Europäisierung einer anspruchsvollen stickstoffbezogenen Umweltpolitik liefern.

Eine eigenständige Stickstoffstrategie kann zudem einen Beitrag zu einer verstärkten Problemwahrnehmung leisten. Dies gilt einerseits für die damit befassten Verwaltungen, aber vor allem auch für die breite Öffentlichkeit. Gerade aufgrund der Komplexität und Dynamik, aber auch wegen der oftmals erheblichen zeitlichen und räumlichen Verzögerung der Wirkung überhöhter Stickstoffeinträge, ergibt sich ein Defizit in der individuellen Wahrnehmung der negativen Folgen für Natur und Umwelt. Denn ein direkter Zusammenhang zwischen Ursache und Wirkung ist für den Einzelnen kaum erkennbar, in der Regel nicht sinnlich wahrnehmbar (Kruse 2005). Die aktuellen Folgen bzw. potenziellen Schäden spielen im gegenwärtigen Alltag der Menschen keine gravierende Rolle. Entsprechend sind die von verschiedenen Verursachern verschuldeten und für die Gesellschaft unerwünschten Umweltveränderungen in der Regel nur für Experten feststellbar oder erst dann sinnfällig, wenn Ökosystemleistungen bereits verloren gegangen sind.

Das Erkennen von Problemen ist jedoch Grundvoraussetzung für individuelle Wertentscheidungen als Grundlage für eigenes Handeln, aber auch für Entscheidungen im Rahmen von gesellschaftlichen Abwägungsprozessen (Schreiner 2005, Reay et al. 2011). Darüber hinaus erhöht die Wahrnehmung unerwünschter Umweltveränderungen die öffentliche Akzeptanz politischer Entscheidungen. Ohne ein Problembewusstsein unterbleibt politischesHandeln (vgl. Weingart et al. 2000).

Das Wissen vieler Menschen über Umweltveränderungen entsteht kommunikativ, indem es von der Wissenschaft generiert wird und in verschiedene kommunikative Kontexte einfließt (Neverla & Schäfer 2013). Eine soziale und kulturelle Konstruktion des Themas Stickstoff, wie es in der Regel durch Massenmedien geschieht (vgl. Neverla & Schäfer 2012), findet nicht ausreichend statt (Reay et al. 2011). Daher erfolgt die Konstruktion fast ausschließlich durch Wissenschaft und Politik. Das Umweltproblem der erhöhten Stickstoffeinträge in Ökosysteme erreicht als Thema nicht die breite Öffentlichkeit. Durch die Erarbeitung und Verabschiedung einer Stickstoffstrategie kann die Kommunikation erweitert und verbessert werden. Durch beispielhafte Darstellung der Folgen einer zu starken Stickstoffbelastung – etwa mit Blick auf die steigenden Kosten zur Absicherung der Trinkwasserqualität oder eine hohe Algenbelastung von Badgewässern – kann die Problemwahrnehmung in der Bevölkerung geschärft werden.

4.4 Aktuelle Entwicklungen und Fazit

Das Bundesministerium für Umwelt, Naturschutz, Bau und Reaktorsicherheit (BMUB) hat im August 2016 sein Programm „Den ökologischen Wandel gestalten. Integriertes Umweltprogramm 2030“ vorgelegt (BMUB 2016). Darin wird der Vorschlag des SRU für eine nationale Stickstoffstrategie aufgegriffen. Unter dem Leitziel I: Landwirtschaft zukunftsfähig gestalten, ist Punkt 5 die Entwicklung einer nationalen Stickstoffstrategie. Sie soll auch Deutschlands Beitrag dazu sein, die planetare Belastungsgrenze für Stickstoff wieder einzuhalten. Mit der Strategie sollen die vorhandenen vielfältigen Ziele und politischen Maßnahmen gebündelt, miteinander verzahnt und gegebenenfalls um weitere Ziele, Maßnahmen und Instrumente ergänzt werden. Die Strategie soll außerdem mit Aktivitäten auf EU- und globaler Ebene verknüpft werden.

Ein Ziel der Strategie ist es auch, die Öffentlichkeit über die komplexen und schleichenden Wirkungen erhöhter Stickstoffemissionen aufzuklären und zu einem Handeln zur Minderung von Stickstoffbelastungen zu motivieren. Dadurch soll die Unterstützung für laufende und weitere politische Maßnahmen gefördert werden.

In einem ersten Schritt hat das BMUB zwischen Juni und September 2016 mit einer Vielzahl von Interessengruppen vier Dialogforen mit folgenden Schwerpunkten durchgeführt[3]:

- Mobilität, Energie und Wohnen stickstoffarm gestalten
- Stickstoffarm ernähren und gesund leben

---

[3] URL: www.bmub.bund.de/P4281/ (gesehen am: 08.06.2017).

- Stickstoff und die Lebensqualität in Stadt und Land
- Innovationen – Hemmnisse und Lösungswege

Des Weiteren werden derzeit in einem vom Umweltbundesamt vergebenen Vorhaben (UFOPLAN 3716512000: „Wissenschaftliche Unterstützung zur Umsetzung einer nationalen integrierten Stickstoffemissionsminderungsstrategie“) Indikatoren sowie ein Gesamtzielwert für reaktiven Stickstoff entwickelt[4].

Dies sind wichtige Schritte auf dem Weg zu einer integrierten Stickstoffpolitik. Gleichwohl ist der Weg zur Lösung eines der großen Umweltprobleme unserer Zeit noch weit.

5 Literaturverzeichnis

BMUB/Bundesministerium für Umwelt Naturschutz Bau und Reaktorsicherheit (2016): Den ökologischen Wandel gestalten. Integriertes Umweltprogramm 2030. – Berlin (BMUB): 127 S.

BMUB/Bundesministerium für Umwelt Naturschutz Bau und Reaktorsicherheit (2016): Umweltbericht zum Nationalen Aktionsprogramm nach Nitratrichtlinie. Teilprogramm nach § 62a WHG zu Anlagen zum Lagern und Abfüllen von Jauche, Gülle und Silagesickersaft sowie von vergleichbaren in der Landwirtschaft anfallenden Stoffen. – Berlin (BMUB): 40 S. – URL: http://www.bmub.bund.de/fileadmin/Daten_BMU/Download_PDF/Binnengewaesser/umweltbericht_jgs_anlagen_bf.pdf (gesehen am: 06.06.2017).

DAFA/Deutsche Agrarforschungsallianz (2012): Fachforum Nutztiere. Wissenschaft, Wirtschaft, Gesellschaft – gemeinsam für eine bessere Tierhaltung. Strategie der Deutschen Agrarforschungsallianz. – Braunschweig (DAF): 72 S.

Europäische Kommission (2012): The Common Agricultural Policy. A story to be continued. – Luxemburg (Publications Office of the European Union): 24 S.– URL: http://ec.europa.eu/agriculture/50-years-of-cap/files/history/history_book_lr_en.pdf (gesehen am: 08.06.2017):

Europäische Kommission (2014): Gut leben innerhalb der Belastbarkeitsgrenzen unseres Planeten. Allgemeines Umweltaktionsprogramm der Union für die Zeit bis 2020. – Luxemburg (Amt für Veröffentlichungen der Europäischen Union): 44 S. – URL: http://bookshop.europa.eu/de/allgemeines-umweltaktions program-der-union-fuer-die-zeit-bis-2020-pbKH0113833/downloads/KH-01-13-833-DE-C/KH0113833DEC_002.pdf?FileName=KH0113833DEC_002.pdf&SKU=KH0113833DEC_PDF&CatalogueNumber=KH-01-13-833-DE-C (gesehen am: 08.06.2017).

---

4 URL: https://www.umweltbundesamt.de/sites/default/files/medien/1661/dokumente/fkz_3716 _51_200_0_anzeigentext.pdf (gesehen am: 15.05.2017).

Galloway, J.N., Aber, J.D., Erisman, J.W., Seitzinger, S.P., Howarth, R.W., Cowling, E.B. & Cosby, B.J. (2003): The nitrogen cascade. – BioScience 53 (4): 341-356.

Jordan, A.J., Schout, A. & Unfried, M. (2008): The European Union. – In: Jordan, A.J. & Lenschow, A. (Eds.): Innovation in Environmental Policy? Integrating the Environment for Sustainability. – Cheltenham, Northampton, Mass. (Elgar): 159-179.

Kruse, L. (2005): Nachhaltigkeitskommunikation und mehr: die Perspektive der Psychologie. – In: Michelsen, G. & Godemann, J. (Hrsg.): Handbuch Nachhaltigkeitskommunikation. Grundlagen und Praxis. – München (oekom Verlag): 111-122.

McClean, C.J., Berg, L.J.L., v.d., Ashmore, M.R. & Preston, C.D. (2011): Atmospheric nitrogen deposition explains patterns of plant species loss. – Global Change Biology 17 (9): 2882-2892.

Neverla, I. & Schäfer, M.S. (Hrsg.) (2012): Das Medien-Klima. Fragen und Befunde der kommunikationswissenschaftlichen Klimaforschung. – Wiesbaden (Springer VS): 288 S.

Neverla, I. & Schäfer, M.S. (2013): Kommunikation über den Klimawandel. – Geesthacht (Helmholtz-Zentrum Geesthacht, Zentrum für Material- und Küstenforschung). – URL: http://www.klimanavi gator.de/dossier/artikel/035945/index.php (gesehen am: 04.05.2017).

Oelmann, I.,Czichy & C., Hormann L. (2017): BDEW Gutachten. Gutachten zur Berechnung der Kosten der Nitratbelastung in Wasserkörpern für die Wasserwirtschaft. – Mühlheim an der Ruhr (MOcons GmbH & Co. KG): 78 S. – URL: https://www.bdew. de/internet.nsf/id/C622D5C99CD10532C1 2580AD002F7D43/$file/170113_BDEW_Gutachten_Nitrat_final.pdf (gesehen am: 12.05.2017).

Reay, D.S., Howard, C.M., Bleeker, A., Higgins, P., Smith, K., Westhoek, H., Rood, T., Theobald, M.R., Sanz Cobeña, A., Rees, R.M., Moran, D. & Reis, S. (2011): Societal choice and communicating the European nitrogen challenge. – In: Sutton, M.A., Howard, C.M., Erisman, J.W., Billen, G., Bleeker, A., Grennfelt, P., Grinsven, H. von & Grizzetti, B. (Eds.): The European Nitrogen Assessment. Sources, Effects and Policy Perspectives. – Cambridge u.a. (Cambridge University Press): 585-601.

Rockström, J., Steffen, W., Noone, K., Persson, Å., Chapin, F.S., Lambin, E.F., Lenton, T.M., Scheffer, M., Folke, C., Schellnhuber, H.J., Nykvist, B., De Wit, C.A., Hughes, T., Leeuw, S. von der, Rodhe, H., Sörlin, S., Snyder, P.K., Costanza, R., Svedin, U., Falkenmark, M., Karlberg, L., Corell, R.W., Fabry, V.J., Hansen, J., Walker, B., Liverman, D., Richardson, K., Crutzen, P.J. & Foley, J.A. (2009): Planetary boundaries: exploring the safe operating space for humanity. – Ecology and Society 14 (2): S. Art. 32.

Sala, O.E., Stuart Chapin, F., Armesto, J.J., Berlow, E., Bloomfield, J., Dirzo, R., Huber-Sanwald, E., Huenneke, L.F., Jackson, R.B., Kinzig, A., Leemans, R., Lodge, D.M., Mooney, H.A., Oesterheld, M., Poff, N.L., Sykes, M.T., Walker, B.H., Walker, M. & Wall, D.H. (2000): Global Biodiversity Scenarios for the Year 2100. – Science 287 (5459): 1770-1774.

Schaap, M., Wichink Kruit, R., Hendriks, C., Kranenburg, R., Segers, A., Builtjes, P., Banzhaf, S. & Scheuschner, T. (2014): Ermittlung und Bewertung der Einträge von versauernden und eutrophierenden Luftschadstoffen in terrestrische Ökosysteme in 2009. FKZ 3712 63 240 1. – Dessau-Roßlau (Umweltbundesamt): 84 S.

Schreiner, J. (2005): Naturschutz in Deutschland – Ziele, Herausforderungen, Lösungen. – In: Michelsen, G. & Godemann, J. (Hrsg.): Handbuch Nachhaltigkeitskommunikation. Grundlagen und Praxis. – München (oekom Verlag): 387-396.

SRU/Sachverständigenrat für Umweltfragen (2008): Umweltgutachten 2008. Umweltschutz im Zeichen des Klimawandels. – Berlin (Erich Schmidt): 597 S. – URL: http://www.umweltrat.de/Sha redDocs/Downloads/DE/01_Umweltgutachten/2008_Um weltgutachten_BTD.pdf?__blob=publicationFile (gesehen am: 12.05.2017).

SRU/Sachverständigenrat für Umweltfragen (2012): Umweltgutachten 2012. Verantwortung in einer begrenzten Welt. – Berlin (Erich Schmidt): 694 S. – URL: http://www.umweltrat.de/Sha redDocs/Downloads/DE/01_Umweltgutachten/2012_06_ 04_Umweltgutachten_HD.pdf?__blob=publicationFile (gesehen am: 12.05.2017).

SRU/Sachverständigenrat für Umweltfragen (2013): Die Reform der europäischen Agrarpolitik: Chancen für eine Neuausrichtung nutzen. – Berlin (SRU). – Kommentar zur Umweltpolitik 11: 30 S. – URL: http://www.umweltrat.de/SharedDocs/Down loads/DE/05_Kommentare/2012_2016/2013_01_KzU_11.pdf?__blob=publicationFile (gesehen am: 22.05.2017)

SRU/Sachverständigenrat für Umweltfragen (2015): Stickstoff: Lösungsstrategien für ein drängendes Umweltproblem. Sondergutachten. – Berlin (Erich Schmidt): 560 S. – URL: http://www.umweltrat.de/SharedDocs/Downloads/DE/02_Sondergutachten/2012_2016/2015_01_SG_Stickstoff_HD.pdf?__blob=publicationFile (gesehen am: 12.05.2017).

Sutton, M.A., Howard, C.M., Erisman, J.W., Billen, G., Bleeker, A., Grennfelt, P., Grinsven, H. von & Grizzetti, B. (2011): The European Nitrogen Assessment. Sources, Effects and Policy Perspectives. – Cambridge u.a. (Cambridge University Press): 664 S.

UBA/Umweltbundesamt (2016): Daten. Luftbelastung. Luftschadstoff-Emissionen in Deutschland. – (UBA). – URL: https://www.um weltbundesamt.de/daten/luftbelastung/luftschadstoff-emissionen-in-deutschland (gesehen am: 10.04.2017).

UBA/Umweltbundesamt (2017): Luftqualität 2016. Vorläufige Auswertung. – Dessau-Roßlau (UBA): 21 S. – URL: http://www.um weltbundes-amt.de/sites/default/files/medien/2546/publika tionen/hgp_luftqualitaet_2016.pdf (gesehen am: 12.05.2017).

Vries, W. de., Kros, J., Kroeze, C. & Seitzinger, S.P. (2013): Assessing planetary and regional nitrogen boundaries related to food security and adverse environmental impacts. – Current Opinion in Environmental Sustainability 5 (3-4): 392-402.

Weingart, P., Engels & A., Pansegrau, P. (2000): Risks of communication: discourses on climate change in science, politics, and the mass media. – Public Understanding of Science 9 (3): 261-283.

Adresse der Autorinnen und des Autors:

Dr. Henriette Dahms, Annette Volkens
Dr. Elisabeth Schmid und Dr. Markus Salomon
Sachverständigenrat für Umweltfragen
Luisenstraße 46, 10117 Berlin
E-Mail: Henriette.Dahms@Umweltrat.de

Überleben in fragmentierten Landschaften – der Schutz der Insektenfauna mitteleuropäischer Agrarlandschaften in Zeiten des globalen Wandels

Thomas Fartmann

Abstract

Due to the transition from traditional land use to modern agriculture throughout Europe, semi-natural habitats are subject to severe environmental changes. Both agricultural intensification and abandonment have caused degradation, loss and fragmentation of such habitats with adverse effects on biodiversity. Recently, climate change has become an additional threat to our wildlife.

In this mini review I analyse the parameters that determine species richness in fragmented landscapes. Based on this analysis the most important drivers of biodiversity are (i) habitat quality, (ii) patch size and (iii) connectivity. Habitat quality and patch size are usually interrelated, as the likelihood that at least some parts of the patch have a high habitat quality should increase with patch size. The relevance of connectivity clearly depends on the population structure. Species with closed populations are able to survive for long time periods in isolated patches if the habitat quality and size are sufficient. Nevertheless, for dispersal these species – usually exhibiting a low to medium mobility – also depend on connectivity. Metapopulation species, however, require well-connected networks of habitat patches with suitable habitat quality and size. Consequently, conservation management should focus on (i) improving habitat quality and habitat heterogeneity within patches, (ii) increasing patch size and (iii) enhancing connectivity.

1 Einleitung

Die Erhaltung und Förderung der Artenvielfalt ist weltweit spätestens seit der Verabschiedung des Übereinkommens über die biologische Vielfalt (Convention on Biological Diversity) in Rio de Janeiro 1992 das zentrale Thema des Naturschutzes (Heywood 1995). Entsprechend hat eine Vielzahl von Ländern nationale Strategien für den Schutz der biologischen Vielfalt verabschiedet, so auch Deutschland (BMU 2007).

Der rezente Rückgang der Biodiversität hat weltweit ein bislang unbekanntes Ausmaß erreicht. Aktuell sind die Aussterberaten von Pflanzen- und Tierarten um den Faktor 1.000 höher, als es natürlicherweise zu erwarten wäre (De Vos et al. 2014). Trotz großer Anstrengungen des Naturschutzes setzt sich diese dramatische Entwicklung fort. Entsprechend warnen Barnosky et al. (2011) vor einem möglichen sechsten Massenartensterben.

Als Hauptverursacher des globalen Artensterbens wird der Mensch angesehen. Insbesondere Änderungen der Landnutzung haben erheblich zum Verlust der Artenvielfalt beigetragen (Sala et al. 2000). Seit Ende des letzten Jahrtausends steht zudem zunehmend die Bedeutung des anthropogenen Klimawandels für den Rückgang der Artenvielfalt im wissenschaftlichen Fokus (Essl & Rabitsch 2013, Streitberger et al. 2016). Es wird davon ausgegangen, dass der Einfluss des Klimawandels auf die Biodiversität zukünftig den von direkten Lebensraumveränderungen übertreffen wird. Bis Mitte dieses Jahrhunderts ist aufgrund des Klimawandels ein Rückgang der mitteleuropäischen Artenvielfalt um bis zu 30 % prognostiziert (Thomas et al. 2004).

Der Landnutzungswandel hat zu gravierenden quantitativen und qualitativen Veränderungen der mitteleuropäischen Landschaften geführt (Gatter 2000, Fartmann 2006, Ellenberg & Leuschner 2010, Poschlod 2015). Dabei ist insbesondere eine massive Zunahme der Siedlungs- und Verkehrsfläche bei gleichzeitiger Abnahme von extensiv oder kaum genutzten Habitaten (Öd- und Unland) wie Magerrasen zu verzeichnen (Fartmann 2006; Abb. 1). Infolgedessen kommen derartige Lebensräume heute häufig nur noch kleinflächig und isoliert in unserer Landschaft vor. Solche Landschaften werden als fragmentierte Landschaften bezeichnet. Der Fortbestand der Lebensgemeinschaften in den Habitatfragmenten ist zudem oft durch eine verringerte Habitatqualität aufgrund von Nutzungsintensivierung oder -aufgabe (Veen et al. 2009) und atmosphärischen Stickstoffeinträgen (Stevens et al. 2004) gefährdet.

Die Änderung des Klimas wirkt auf komplexe Art und Weise auf Arten und Lebensgemeinschaften. Typische Folgen sind phänologische Veränderungen, veränderte biotische Interaktionen (z.B. Desynchronisation – *mismatch*) und Arealverschiebungen.

Gegenwärtig fehlenden zukunftsfähige Konzepte zur Erhaltung der Artenvielfalt in Deutschland, die sowohl die Auswirkungen des Landnutzungs- als auch des Klimawandels hinreichend berücksichtigen (Fartmann et al. 2012a, Streitberger et al. 2016). Im diesem Artikel erläutere ich, unter welchen Bedingungen Insekten in fragmentierten Agrarlandschaften in Zeiten des globalen Wandels überleben können. Zunächst stelle ich die Schlüsselfaktoren vor, die die Persistenz der Arten in fragmentierten Landschaften bestimmen. Anschließend gehe ich auf das Zusammenspiel von Landnutzungs- und Klimawandel für das langfristige Überleben von Insekten-Populationen ein.

2 Persistenz von Arten in fragmentierten Landschaften

Die Faktoren, die das Vorkommen von Arten in unseren fragmentierten Landschaften bestimmen hängen stark von der Mobilität bzw. Populationsstruktur der Taxa ab. Arten mit geringer Mobilität bilden häufig geschlossene Populationen aus. Sie sind in der Lage selbst in isolierten Habitaten über längere Zeiträume zu überleben, sofern diese groß genug sind und eine günstige Habitatqualität aufweisen (Tab. 1). Ein typisches Beispiel für eine Art, die geschlossene Populationen ausbildet ist die flugunfähige Kurzflügelige Beißschrecke (*Metrioptera brachyptera*) (Poniatowski & Fartmann 2010; Abb. 2). Die Wahrscheinlichkeit des Vorkommens von *M. brachyptera* in den Kalkmagerrasen des Diemeltals (Ostwestfalen/Nordhessen) hängt von ausreichender Feuchte (Habitatqualität) – da die Eier relativ austrocknungsempfindlich sind – und Größe der Habitate ab. Die Isolation spielt dagegen keine Rolle bei der Erklärung der Vorkommen.

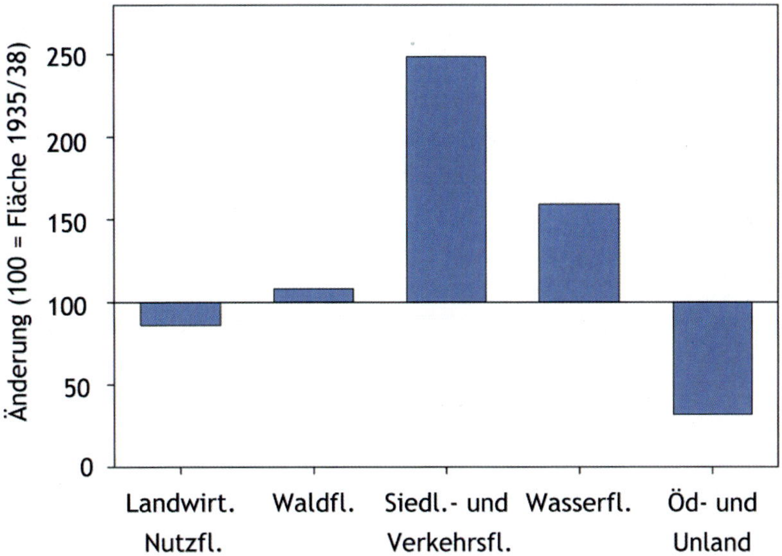

Abb. 1: Entwicklung der Landnutzung von 1935 bis 2015 in Deutschland. Landwirt. Nutzfl. = landwirtschaftliche Nutzfläche, Waldfl. = Waldfläche, Siedl.- und Verkehrsfl. = Siedlungs- und Verkehrsfläche, Wasserfl. = Wasserfläche (Fartmann 2006, ergänzt um Daten aus dem Jahr 2015 (Statistisches Bundesamt 2016)).

Flugfähige und deutlich mobilere Arten – wie die meisten Tagfalter – weisen dagegen eher Metapopulationsstrukturen auf. Ihr Vorkommen hängt von der Habitatqualität, Flächengröße *und* Isolation der Habitate ab (Thomas et al. 2001, Anthes et al. 2003, Wallis de Vries 2004, Eichel & Fartmann 2008, Stuhldreher & Fartmann 2014). Ein typisches Beispiel für eine Metapopulationsart ist der Ehrenpreis-Scheckenfalter (*Melitaea aurelia*) (Eichel & Fartmann 2008; Abb. 3). In den Kalkmagerrasen des Diemeltals (Ostwestfalen/ Nordhessen) sind für die Art geeignete Habitate durch eine ausreichende Wirtspflanzendeckung (Mittlerer Wegerich (*Plantago media*)) und Streuschichthöhe (beides Faktoren der Habfitatqualität), hinreichende Flächengröße und geringe Isolation gekennzeichnet.

Basierend auf den zuvor gemachten Ausführungen können Arten, die geschlossene Populationen aufweisen als Indikatoren für die Habitatqualität herangezogen werden. Metapopulationsarten gelten darüber hinaus als Indikatoren für die Landschaftsstruktur: Sie sind auf ein Netz von Habitaten mit günstiger Qualität und ausreichender Größe in räumlicher Nachbarschaft angewiesen. Die Übergänge zwischen Arten mit geschlossenen Populationen und Metapopulationen sind teilweise fließend. Gleiches gilt folglich für ihre indikatorische Bedeutung. Nachfolgend sollen die drei Schlüsselfaktoren (Habitatqualität, Flächengröße, Isolation), die das Überleben von Arten in fragmentierten Landschaften bestimmen näher betrachtet werden.

Tab. 1: Populationsstrukturen bei Insekten und Schlüsselfaktoren für die Persistenz in fragmentierten Landschaften. Einfluss: „+" = positiv; „–" = negativ. Faktoren, die die Habitatqualität für die jeweilige Art bestimmen: [1] Habitatfeuchte; [2] Wirtspflanzendeckung (Mittlerer Wegerich (*Plantago media*)) und Streuschichthöhe (Kurzflügelige Beißschrecke (*Metrioptera brachyptera*) – Poniatowski & Fartmann 2010; Ehrenpreis-Scheckenfalter (*Melitaea aurelia*) – Eichel & Fartmann 2008).

Parameter	**Kurzflügelige Beißschrecke (*Metrioptera brachyptera*)**	**Ehrenpreis-Scheckenfalter (*Melitaea aurelia*)**
Populationsstruktur	Geschlossene Population	Metapopulation
Schlüsselfaktoren		
Habitatqualität	+[1]	+[2]
Flächengröße	+	+
Isolation	.	–

2.1 Habitatqualität

Die Habitatqualität bestimmt gleichermaßen das Vorkommen von Arten mit geschlossenen Populationen und Metapopulationen. Beeinflusst wird die Habitatqualität ganz entscheidend durch das Landnutzungs-/Störungsregime. Insbesondere für das Gros der seltenen und gefährdeten Arten kommt frühen bis mittleren Sukzessionsstadien eine herausragende Bedeutung zu (Fartmann 2006). Exemplarisch kann dies für die Heuschreckenzönosen der Steppenrasen im Nationalpark Unteres Odertal (Brandenburg) gezeigt werden (Fartmann et al. 2012b; Abb. 4). Die Artenvielfalt der Trockenrasenspezialisten ist in den frühen bis mittleren Sukzessionsstadien signifikant am höchsten. Aufgrund regelmäßiger Nutzung weisen diese Stadien eine niedrigwüchsige und lückige Vegetation auf. Für andere Lebensraumtypen (Heiden: Schirmel et al. 2011; Wälder: Fartmann et al. 2013) und Organismengruppen (Tagfalter: Fartmann et al. 2013, Schirmel & Fartmann 2014) lassen sich diese Muster in gleicher Weise bestätigen. Auch eine Auswertung der aktuellen Roten Listen der Tagfalter und Heuschrecken Deutschlands zeigt den Zusammenhang zwischen starker Gefährdung und Bindung an frühe Sukzessionsstadien (Abb. 5). Insbesondere bei den Heuschrecken (Abb. 5b), aber auch bei den Tagfaltern (Abb. 5a) dominieren in den Gefährdungskategorien 1 bis 3 (vom Aussterben bedroht, stark gefährdet und gefährdet) Arten der frühen Sukzessionsstadien mit Anteilen von 75-90 % bzw. 50-60 %. Innerhalb der Vorwarnliste machen Arten stark störungsabhängiger Habitate nur noch ein Viertel aus.

Abb. 2: Kurzflügelige Beißschrecke (*Metrioptera brachyptera*): eine flugunfähige Heuschreckenart, die geschlossene Populationen ausbildet (Foto: T. Fartmann).

Abb. 3: Ehrenpreis-Scheckenfalter (*Melitaea aurelia*): eine Tagfalterart, die Metapopulationen ausbildet (Foto: G. Stuhldreher).

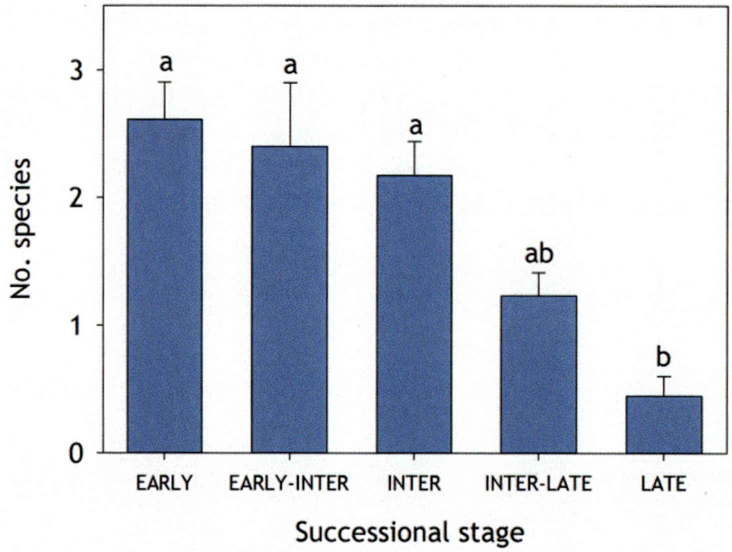

Abb. 4: Anzahl der Heuschreckenarten (Trockenrasenspezialisten; arithmetisches Mittel ± Standardfehler) entlang eines Gradienten von frühen bis späten Stadien der Steppenrasensukzession im Nationalpark Unteres Odertal (Brandenburg). Signifikante Unterschiede zwischen den Stadien sind durch unterschiedliche Buchstaben gekennzeichnet (Fartmann et al. 2012b).

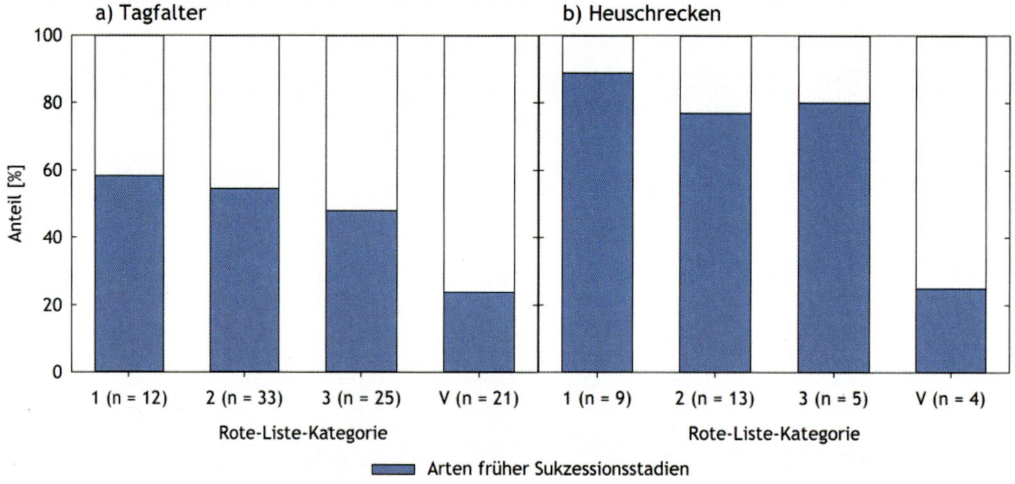

Abb. 5: Anteil von Arten früher Sukzessionsstadien in den jeweiligen Rote-Liste-Kategorien bei Tagfaltern (a) und Heuschrecken (b) in Deutschland. 1 = vom Aussterben bedroht, 2 = stark gefährdet, 3 = gefährdet und V = Vorwarnliste (Reinhardt & Bolz 2011 – Tagfalter; Maas et al. 2011 – Heuschrecken: Einstufung der Bindung der Arten an frühe Sukzessionsstadien: eigene Einschätzung).

Die Umweltfaktoren, die durch das Landnutzungs-/Störungsregime entscheidend beeinflusst werden – und insbesondere für Insekten relevant sind – sind das Mikroklima und die Phytodiversität. Da Insekten ektotherme Organismen sind, hängen Aktivität, Verhalten und Fortpflanzungserfolg entscheidend von den Umgebungstemperaturen ab. Viele Arten bevorzugen daher mikroklimatisch begünstigte Mikrohabitate wie sie für frühe Sukzessionsstadien typisch sind (Fartmann 2004, 2006, Poniatowski & Fartmann 2008, Garcá-Barros & Fartmann 2009, Fartmann et al. 2012b, 2013, Helbing et al. 2014). Neben der niedrigwüchsigen Vegetation begünstigt hier auch offener Boden die Erwärmung (Streitberger & Fartmann 2015). Zudem sind besonnte, offene Bodenstellen wichtige Eiablage- und Nisthabitate für Heuschrecken- oder Wildbienenarten (z.B. Fartmann & Mattes 1997, Schuhmacher & Fartmann 2003, Wünsch et al. 2012, Schirmel et al. 2010).

Bei stenophagen Insekten – wie den meisten Tagfalterarten – besteht zudem ein direkter Zusammenhang zwischen Phyto- und Zoodiversität in einem Habitat. Exemplarisch kann dies für präalpine Kalkmagerrasen (Buckelwiesen) des Werdenfelser Landes (Bayern) gezeigt werden. Die Artenzahl der Tagfalter-Habitatspezialisten nimmt hier mit der Anzahl der Wirtspflanzen im Habitat zu (Krämer et al. 2012; Abb. 6).

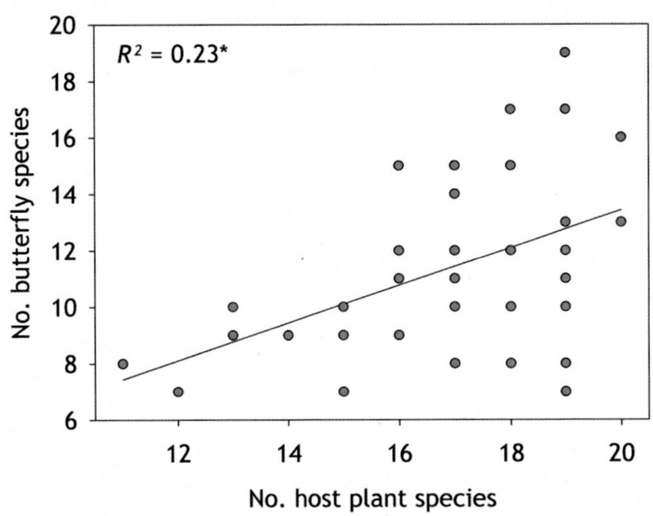

Abb. 6: Zusammenhang zwischen Artenzahl der Wirtspflanzen und Tagfalter (Habitatspezialisten) in präalpinen Kalkmagerrasen (Buckelwiesen) des Werdenfelser Landes (Bayern). R^2 = Bestimmtheitsmaß, * $P < 0,05$ (Krämer et al. 2012).

Eine hohe Phytodiversität in Offenlandhabitaten ist wiederum meist die Folge von Nährstoffarmut und extensiver Nutzung (Ellenberg & Leuschner 2010). Beides schwächt konkurrenzkräftige Pflanzenarten, sorgt für ausreichend Licht in Bodennähe und begünstigt die Entstehung von Regenerationsnischen für konkurrenzschwache Pflanzenarten (Fleischer et al. 2010, 2013, Streitberger et al. 2017).

Die Pflanzenartenvielfalt wird zudem durch eine hohe Habitatheterogenität gefördert, da dann Arten mit unterschiedlichen Habitatansprüchen koexistieren können (Ellenberg & Leuschner 2010). Gleiches gilt für die Insektendiversität (Fartmann et al. 2012b, 2013, Krämer et al. 2012, Helbing et al. 2014). Habitatheterogenität (lange ökologische Gradienten) ist zudem ein wirksamer Puffer gegenüber klimatischen Extremereignissen (Fartmann 2006, Streitberger et al. 2016). Gerade in Zeiten des Klimawandels weisen daher heterogene Habitate deutlich höhere Überlebenswahrscheinlichkeiten für Arten auf.

Etliche Insektenarten sind darüber hinaus zwingend auf eine hohe Habitatheterogenität angewiesen, da sie im Laufe ihrer Individualentwicklung Mikrohabitatwechsel vollziehen müssen. Besonders gut belegt ist dies für große Langfühlerschrecken wie den Warzenbeißer (*Decticus verrucivorus*) (Schuhmacher & Fartmann 2003, Schirmel et al. 2010, Wünsch et al. 2012). Aber auch bei kleineren Arten wie der Gefleckten Keulenschrecke (*Myrmeleotettix maculatus*) und Westlichen Beißschrecke (*Platycleis albopunctata*) unterscheiden sich die Eiablagehabitate, die Mikrohabitate der jungen Larven und alten Larven sowie die der Imagines deutlich (Wünsch et al. 2012; Abb. 7). Mit zunehmender Größe und voranschreitender Vegetationsperiode – verbunden mit höheren Temperaturen – suchen die Tiere verstärkt höhere Vegetation auf, die genügend Schutz vor Feinden und zu hohen Temperaturen sowie ausreichend Nahrung bietet.

2.2 Flächengröße

Einerseits steigt mit zunehmender Flächengröße eines Habitats die Wahrscheinlichkeit, dass es eine höhere Habitatheterogenität aufweist und zumindest über Teilbereiche mit hoher Habitatqualität für die betrachtete Art verfügt. Somit dürfte also aufgrund der in Kapitel 2.1 (Habitatqualität) gemachten Ausführungen eine Zunahme der Habitatgröße *per se* förderlich für Arten sein. Anderseits benötigen Arten – artspezifisch unterschiedlich große – Mindestflächen für den Aufbau langfristig überlebensfähiger minimaler Populationsgrößen (*minimum viable population*) (Fartmann & Remy 2016). Für Wirbeltiere ist der große Raumanspruch hinlänglich bekannt. Aber auch Wirbellose benötigen für das dauerhafte Überleben mitunter große Flächen.

Exemplarisch soll dies am Beispiel des Mittleren Perlmutterfalters (*Argynnis niobe*) dargestellt werden (Abb. 8). Die Art war ursprünglich weit verbreitet in Deutschland und kam in allen Bundesländern vor (Salz & Fartmann 2009, 2017). Innerhalb der letzten 100 Jahre ist es aber zu dramatischen Bestandseinbrüchen gekommen. In mehr als 90 % der ehemals besiedelten Messtischblätter ist *A. niobe* heute nicht mehr nachgewiesen (Salz & Fartmann 2017). Einer der wenigen verbliebenen Verbreitungsschwerpunkte sind die Ostfriesischen Inseln (Niedersachsen). Hier besiedelt *A. niobe* Graudünen mit Hunds-Veilchen (*Viola canina*) als Wirtspflanze (Salz & Fartmann 2009). Wie eine vergleichende Betrachtung der Inseln in der Nordsee von Texel (NL) bis Skallingen (DK) zeigt, benötigt *A. niobe* mindestens 100 ha zusammenhängender Graudünenfläche für ein dauerhaftes Vorkommen (Abb. 9).

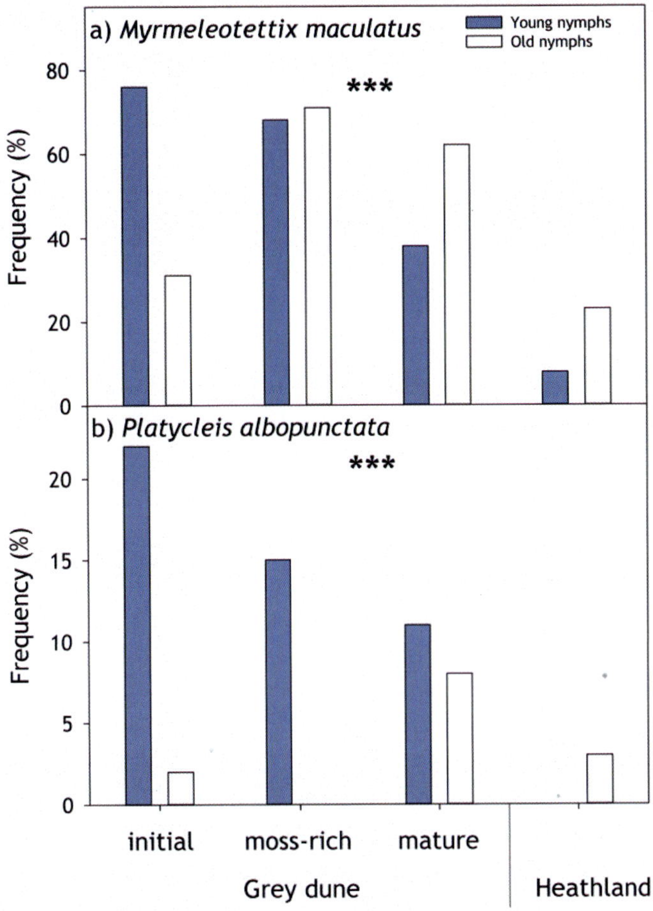

Abb. 7: Mikrohabitatwechsel bei der Gefleckten Keulenschrecke (*Myrmeleotettix maculatus*) und Westlichen Beißschrecke (*Platycleis albopunctata*) dargestellt anhand der Verteilung junger und alter Larven entlang eines Sukzessionsgradienten von initialen Stadien der Graudünenentwicklung bis hin zu Heiden in Küstendünen der Insel Hiddensee (Mecklenburg-Vorpommern). *** P < 0,001 (Wünsch et al. 2012).

Abb. 8: Mittlerer Perlmutterfalter (*Argynnis niobe*): eine in Deutschland stark gefährdete Tagfalterart mit sehr hohem Raumanspruch (Foto: A. Salz).

2.3 Isolation

Arten mit geschlossenen Populationen können auch über längere Zeiträume in isolierten Habitaten überleben, sofern diese eine günstige Habitatqualität aufweisen und groß genug sind (s. Kap. 2). Aber auch solche Arten sind für eine Ausbreitung auf eine gute Vernetzung der Habitate angewiesen, insbesondere da sie meist nur über eine geringe Mobilität verfügen (Poniatowski & Fartmann 2010, Poniatowski et al. 2016). Dies gilt auch für mögliche Ausweichbewegungen im Zuge des Klimawandels (Streitberger et al. 2016).

Bei Metapopulationsarten ist dagegen eine gute Vernetzung der Habitate eine zwingende Voraussetzung für das Vorkommen (s. Kap. 2). Bei den meisten Metapopulationsstudien wurde bislang die Isolation bzw. Konnektivität von Habitaten anhand von Luftliniendistanzen (euklidische Distanzen) ermittelt (Anthes et al. 2003, Eichel & Fartmann 2008, Stuhldreher & Fartmann 2014). Welchen Einfluss die Landschaftsstruktur auf die Konnektivität der Habitate (funktionelle Konnektivität) hat, wurde dagegen bislang kaum untersucht. Aktuelle Studien belegen nun eindeutig einen starken Einfluss der Struktur der umgebenden Landschaft auf die Wanderbewegungen zwischen den Habitaten (Krämer et al. 2012, Poniatowski et al. 2016). Dies trifft insbesondere auf Arten mit geringer und mittlerer Mobilität wie Zikaden, Heuschrecken oder Tagfalter zu.

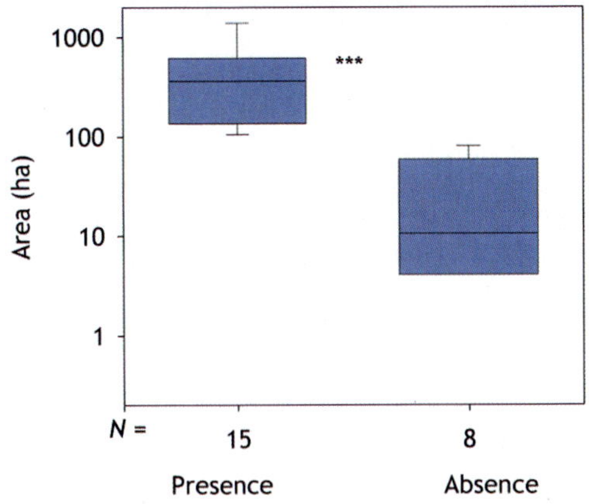

Abb. 9: Vorkommen des Mittleren Perlmutterfalters (*Argynnis niobe*) in Abhängigkeit von der Flächengröße potentieller Larvalhabitate (Graudünen mit Hunds-Veilchen (*Viola canina*)) auf den Inseln der Nordsee von Texel (NL) bis Skallingen (DK). *** P < 0,001 (Salz & Fartmann 2009).

3 Interaktive Effekte von Landnutzungs- und Klimawandel auf Arten

In den fragmentieren Landschaften Mitteleuropas stellt der Klimawandel eine zusätzliche Bedrohung für die Biodiversität dar. Am Beispiel einer gefährdeten Tagfalterart, dem Schlüsselblumen-Würfelfalter (*Hamearis lucina*), sollen die interaktiven Effekte von Landnutzungs- und Klimawandel auf Insektenarten exemplarisch vorgestellt werden. In den Kalkmagerrasen des Diemeltales (Ostwestfalen/Nordhessen) bevorzugt *H. lucina* West- und Südwesthänge mit Vorkommen der Wiesen-Schlüsselblume (*Primula veris*) als Wirtspflanze zur Eiablage (Fartmann 2006). Südhänge werden dagegen weitestgehend gemieden, da die Gefahr des Vertrocknens der Wirtspflanzen im Frühjahr sehr hoch ist. Durch zunehmende Frühjahrstrockenheit im Zuge des Klimawandels steigt zukünftig auch das Vertrocknungsrisiko für *P. veris* in westexponierten Kalkmagerrasen (Abb. 10). Wie eine Studie in verschiedenen Lebensräumen in Deutschland zeigte, ist *H. lucina* in der Lage, die Gelegegrößen an das Vertrocknungsrisiko der Wirtspflanze anzupassen (Anthes et al. 2008). In den Kalkmagerrasen des Diemeltals verfolgt die Art aufgrund des generell hohen Vertrocknungsrisikos der Wirtspflanze bereits eine Strategie der Risikostreuung. Die Eier werden meist in Form von Zweiergelegen oder sogar nur einzeln abgelegt. Eine weitere Anpassung der Gelegegröße ist also kaum möglich. Die Besiedlung nord- und ostexponierter Flächen ist auch nahezu ausgeschlossen, da kaum noch offene Kalkmagerrasen mit dieser Exposition im Diemeltal vorhanden sind (Fartmann 2006). Da die Art zudem nur eine geringe Mobilität aufweist, sind Ausweichbewegungen im Zuge des Klimawandels eher unwahrscheinlich und ein deutlicher Rückgang der Art daher zu erwarten.

4 Erhaltung der Biodiversität in Zeiten des globalen Wandels

Das übergeordnete Ziel des Naturschutzes ist die Erhaltung einer möglichst hohen habitattypischen Artenvielfalt (Streitberger et al. 2016). Alle Naturschutzmaßnahmen sollten sich daher aus Gründen der Praktikabilität an für die jeweiligen Lebensraumtypen repräsentativen Zielarten orientieren. Zielarten sind nach Bernotat et al. (2002) die empfindlichsten und schutzbedürftigsten Arten eines Anspruchstyps. Durch Optimierung ihrer Lebensräume wird indirekt das Gros der habitattypischen Arten gefördert.

Um das langfristige Überleben der Zielarten zu gewährleisten, sind erstens eine hohe Habitatqualität, zweitens eine ausreichende Flächengröße und drittens eine hohe Konnektivität der Habitate zu gewährleisten: Eine günstige Habitatqualität ist zwingend für alle Zielarten erforderlich. Die benötigte Habitatqualität ist artspezifisch unterschiedlich und wird entscheidend durch das Landnutzungs- und Störungsregime beeinflusst. Für die Mehrzahl der gefährdeten Arten kommt insbesondere frühen und mittleren Sukzessionsstadien eine Schlüsselrolle zu. Weiterhin gilt es, die artspezifisch relevanten Flächengrößenansprüche zu berücksichtigten. Mit zunehmender Flächengröße eines Habitats nimmt in aller Regel die Habitatheterogenität zu. Habitatheterogenität (lange ökologische Gradienten) fördert generell die Artvielfalt und ist ein wirksamer Puffer gegenüber klimatischen Extremereignissen (Fartmann 2006, Streitberger et al. 2016). Artspezifisch sind zudem bestimmte Mindestflächengrößen notwendig, damit überhaupt langfristig überlebensfähige Populationsgrößen aufgebaut werden können. Die Konnektivität der Habitate ist ein weiterer Schlüsselfaktor, um das langfristige Überleben von Arten zu sichern. Während Metapopulationsarten generell auf eine hohe Konnektivität der Habitate angewiesen sind, benötigen Arten mit geschlossenen Populationen zumindest für die Ausbreitung eine gute Vernetzung der Habitate. Der Habitatkonnektivität kommt darüber hinaus insbesondere für mögliche Ausweichbewegungen im Zuge des Klimawandels eine große Bedeutung zu (Streitberger et al. 2016). In Landschaften, in denen viele Habitate degradiert sind oder gar zerstört wurden kann die Renaturierung von Lebensräumen zudem einen wichtigen Beitrag zur langfristigen Erhaltung der Zielarten leisten (Borchard et al. 2013, Helbing et al. 2015).

Abb. 10: Durch zunehmende Frühjahrstrockenheit im Zuge des Klimawandels steigt das Vertrocknungsrisiko für die Wiesen-Schlüsselblume (*Primula veris*), die Wirtspflanze des Schlüsselblumen-Würfelfalters (*Hamearis lucina*), in westexponierten Kalkmagerrasen (Foto: T. Fartmann).

5 Literaturverzeichnis

Anthes, N., Fartmann, T. & Hermann, G. (2008): The Duke of Burgundy butterfly and its dukedom: larval niche variation in *Hamearis lucina* across Central Europe. – Journal of Insect Conservation 12: 3-14.

Anthes, N., Fartmann, T., Hermann, G. & Kaule, G. (2003): Combining larval habitat quality and metapopulation structure – The key for successful management of pre-alpine *Euphydryas aurinia* colonies. – Journal of Insect Conservation 7: 175-185.

Barnosky, A.D., Matzke, N., Tomiya, S., Wogan, G.O.U., Swartz, B., Quental, T.B., Marshall, C., McGuire, J.L., Lindsey, E.L., Maguire, K.C., Mersey, B. & Ferrer, E.A. (2011): Has the Earth's sixth mass extinction already arrived? – Nature 471: 51-57.

Bernotat, D., Schlumprecht, H., Brauns, C., Jebram, J., Müller-Motzfeld, G., Riecken, U., Scheuerlen, K. & Vogel, M. (2002): Gelbdruck „Verwendung tierökologischer Daten". – In: Plachter, H., Bernotat, D., Müssner, R. & Riecken, U.: Entwicklung und Festlegung von Methodenstandards im Naturschutz. – Schriftenreihe für Landschaftspflege und Naturschutz 70: 109-217.

BMU/Bundesministerium für Umwelt, Naturschutz und Reaktorsicherheit (2007): Nationale Strategie zur biologischen Vielfalt. – Berlin (BMU).

Borchard, F., Schulte, A.M. & Fartmann, T. (2013): Rapid response of Orthoptera to restoration of montane heathland. – Biodiversity and Conservation 22: 687-700.

De Vos, J.M., Joppa, L.N., Gittleman, J.L., Stephens, P.R. & Pimm, S.L. (2014): Estimating the normal background rate of species extinction. – Conservation Biology 29: 452-462.

Eichel, S. & Fartmann, T. (2008): Management of calcareous grasslands for Nickerl's fritillary (*Melitaea aurelia*) has to consider habitat requirements of the immature stages, isolation, and patch area. – Journal of Insect Conservation 12: 677-688.

Ellenberg, H. & Leuschner, C. (2010): Vegetation Mitteleuropas mit den Alpen. – Stuttgart (Ulmer): 1334 S.

Essl, F. & Rabitsch, W. (Hrsg.) (2013): Biodiversität und Klimawandel. Auswirkungen und Handlungsoptionen für den Naturschutz in Mitteleuropa. – Berlin, Heidelberg (Springer): 458 S.

Fartmann, T. (2004): Die Schmetterlingsgemeinschaften der Halbtrockenrasen-Komplexe des Diemeltales. Biozönologie von Tagfaltern und Widderchen in einer alten Hudelandschaft. – Abhandlungen aus dem Westfälischen Museum für Naturkunde 66 (1): 256 S.

Fartmann, T. (2006): Welche Rolle spielen Störungen für Tagfalter und Widderchen? – In: Fartmann, T. & G. Hermann (Hrsg.): Larvalökologie von Tagfaltern und Widderchen in Mitteleuropa. – Abhandlungen des Westfälischen Museums für Naturkunde 68 (3/4): 259-270.

Fartmann, T., Behrens, M., Möllenbeck, V. & Hölzel, N. (2012a): Potential effects of climate change on the biodiversity in North Rhine-Westphalia. – In: Ellwanger, G., Ssymank, A. & Paulsch, C. (Eds.): Natura 2000 and Climate Change – a Challenge. – Naturschutz und Biologische Vielfalt 118: 63-72.

Fartmann, T., Krämer, B., Stelzner, F. & Poniatowski, D. (2012b): Orthoptera as ecological indicators for succession in steppe grassland. – Ecological Indicators 20: 337-344.

Fartmann, T. & Mattes, H. (1997): Heuschreckenfauna und Grünland – Bewirtschaftungsmaßnahmen und Biotopmanagement. – Arbeiten aus dem Institut für Landschaftsökologie 3: 179-188.

Fartmann, T., Müller, C. & Poniatowski, D. (2013): Effects of coppicing on butterfly communities of woodlands. – Biological Conservation 159: 396-404.

Fartmann, T. & Remy, D. (2016) (Bearb.): 56. Naturschutz und Renaturierungsökologie. – In: Heinisch, J. J. & A. Paululat (Hrsg.): Campbell – Biologie. 10. deutsche Aufl. – Hamburg (Pearson): 1657-1686.

Fleischer, K., Streitberger, M. & Fartmann, T. (2010): Zur Ökologie der Wiesen-Glockenblume (*Campanula patula*) und des Echten Tausendgüldenkrauts (*Centaurium erythraea*) im Magergrünland Nordwestdeutschlands. – Tuexenia 30: 209-229.

Fleischer, K., Streitberger, M. & Fartmann, T. (2013): The importance of disturbance for the conservation of a low-competitive herb in mesotrophic grasslands. – Biologia 68: 398-403.

García-Barros, E. & Fartmann, T. (2009): Butterfly oviposition: sites, behaviour and modes. – In: Settele, J., Shreeve, T.G., Konvička, M., & H. van Dyck (Eds.): Ecology of butterflies in Europe. Cambridge (Cambridge University Press): 29-42.

Gatter, W. (2000): Vogelzug und Vogelbestände in Mitteleuropa. – Wiebelsheim (AULA-Verlag): 670 S.

Helbing, F., Blaeser, T.P., Löffler, F. & Fartmann, T. (2014): Response of Orthoptera communities to succession in alluvial pine woodlands. – Journal of Insect Conservation 18: 215-224.

Helbing, F., Cornils, N., Stuhldreher, G. & Fartmann, T. (2015): Populations of a shrub-feeding butterfly thrive after introduction of restorative shrub cutting on formerly abandoned calcareous grassland. – Journal of Insect Conservation 19: 457-464.

Heywood, V.H. (Eds.) (1995): Global biodiversity assessment. – Cambridge, (Cambridge University Press for UNEP/United Nations Environment Programme).

Krämer, B., Poniatowski, D. & Fartmann, T. (2012): Effects of landscape and habitat quality on butterfly communities in pre-alpine calcareous grasslands. – Biological Conservation 152: 253-261.

Maas, S., Detzel, P. & Staudt, A. (2011): Rote Liste der Heuschrecken (Saltatoria) Deutschlands. – Naturschutz und Biologische Vielfalt 70 (3): 577-606.

Poniatowski, D. & Fartmann, T. (2008): The classification of insect communities: Lessons from Orthoptera assemblages of semi-dry calcareous grasslands in central Germany. – European Journal of Entomology 105: 659-671.

Poniatowski, D. & Fartmann, T. (2010): What determines the distribution of a flightless bush-cricket (*Metrioptera brachyptera*) in a fragmented landscape? – Journal of Insect Conservation 14: 637-645.

Poniatowski, D., Löffler, F., Stuhldreher, G., Borchard, F., Krämer, B. & Fartmann, T. (2016): Functional connectivity as an indicator for patch occupancy in grassland specialists. – Ecological Indicators 67: 735-742.

Poschlod, P. (2015): Geschichte der Kulturlandschaft. – Stuttgart-Hohenheim (Ulmer): 320 S.

Reinhardt, R. & Bolz, R. (2011) Rote Liste und Gesamtartenliste der Tagfalter (Rhopalocera) (Lepidoptera: Papilionoidea et Hesperioidea) Deutschlands. – Naturschutz und Biologische Vielfalt 70 (3): 167-194.

Sala, O.E., Chapin, F.S., Armesto, J.J., Berlow, E., Bloomfield, J., Dirzo, R., Huber-Sanwald, E., Huenneke, L.F., Jackson, R.B., Kinzig, A., Leemans, R., Lodge, D.M., Mooney, H.A., Oesterheld, M., Poff, N.L., Sykes, M.T., Walker, B.H., Walker, M. & Wall, D.H. (2000): Biodiversity – global biodiversity scenarios for the year 2100. – Science 287: 1770-1774.

Salz, A. & Fartmann, T. (2009): Coastal dunes as important strongholds for the survival of the rare Niobe fritillary (*Argynnis niobe*). – Journal of Insect Conservation 13: 643-654.

Salz, A. & Fartmann, T. (2017): Larval-habitat preferences of a threatened butterfly species in heavy-metal grasslands. – Journal of Insect Conservation 21: 129-136.

Schirmel, J., Blindow, I. & Fartmann, T. (2010): The importance of habitat mosaics for Orthoptera (Caelifera and Ensifera) in dry heathlands. – European Journal of Entomology 107: 129-132.

Schirmel J. & Fartmann, T. (2014): Coastal heathland succession influences butterfly community composition and threatens endangered species. – Journal of Insect Conservation 18: 111-120.

Schirmel, J., Mantilla-Contreras, J., Blindow, I. & Fartmann, T. (2011): Impacts of succession and grass encroachment on Orthoptera in heathlands. – Journal of Insect Conservation 15: 633-642.

Schuhmacher, O. & Fartmann, T. (2003): Offene Bodenstellen und eine heterogene Raumstruktur – Schlüsselrequisiten im Lebensraum des Warzenbeißers (*Decticus verrucivorus*). – Articulata 18 (1): 71-93.

Statistisches Bundesamt (2016): Statistisches Jahrbuch Deutschland 2015. – Wiesbaden (Statistisches Bundesamt).

Stevens, C.J., Dise, N.B., Mountford, J.O. & Gowing, D.J. (2004): Impact of nitrogen deposition on the species richness of grasslands. – Science 303: 1876-1879.

Streitberger, M., Ackermann, W., Fartmann, T., Kriegel, G., Ruff, A., Balzer, S. & Nehring, S. (2016): Strategien und Handlungskonzept für den Artenschutz in Deutschland unter Klimawandel. – Naturschutz und Biologische Vielfalt 147: 1-367.

Streitberger, M. & Fartmann, T. (2015): Vegetation and climate determine antmound occupancy by a declining herbivorous insect in grasslands. – Acta Oecologica 68: 43-49.

Streitberger, M., Schmidt, C. & Fartmann, T. (2017): Contrasting response of vascular plant and bryophyte species assemblages to a soil-disturbing ecosystem engineer in calcareous grasslands. – Ecological Engineering 99: 391-399.

Stuhldreher, G. & Fartmann, T. (2014): When habitat management can be a bad thing – Effects of habitat quality, isolation and climate on a declining grassland butterfly. – Journal of Insect Conservation 18: 965-979.

Thomas, C.D., Cameron, A., Green, R.E., Bakkenes, M., Beaumont, L.J., Collingham, Y.C., Erasmus, B.F.N., de Sigueira, M.F., Grainger, A., Hannah, L., Hughes, L., Huntley, B., van Jaarsveld, A.S., Midgley, G.F., Miles, L., Ortega-Huerta, M.A., Peterson, A.T., Phillips, O.L. & Williams, S.E. (2004): Extinction risk from climate change. – Nature 427: 145-148.

Thomas, J.A, Bourn, N.A.D., Clarke, R.T, Stewart, K.E., Simcox, D.J., Pearman, G.S., Curtis, R. & Goodger, B. (2001): The quality and isolation of habitat patches both determine where butterflies persist in fragmented landscapes. – Proceedings of the Royal Society London, Series B: Biological Science 268: 1791-1796.

Wallis de Vries, M.F. (2004): A quantitative conservation approach for the endangered butterfly *Maculinea alcon*. – Conservation Biology 18: 489-499.

Veen, P., Jefferson, R., de Smidt, J. & van Straaten, J. (2009): Grasslands in Europe of high nature value. – Zeist (KNNV Publishing): 319 S.

Wünsch, Y., Schirmel, J. & Fartmann, T. (2012): Conservation management of coastal dunes for Orthoptera has to consider oviposition and nymphal preferences. – Journal of Insect Conservation 16: 501-510.

Adresse des Autors:

Prof. Dr. Thomas Fartmann
Universität Osnabrück
Abteilung für Biodiversität und Landschaftsökologie
Barbarastraße 11, 49076 Osnabrück
E-Mail: t.fartmann@uos.de

Bestandsrückgänge von Fluginsekten in Offenlandbiotopen der Kulturlandschaft – Methodik und erste Ergebnisse

Martin Sorg

Abstract

The article presents the principles of the methodology of investigations using identical malaise traps by the Entomological Society Krefeld since 1985.

The type of standardization covers the aspects of trapping, the collection of accompanying data as well as the evaluation and archiving of the samples. By means of this method, species spectra and individual numbers as well as biomass of the catch results are determined in long-term comparisons.

The current, mainly unpublished data indicate that in the cases and sites studied, there has been a massive decline of flying insects in the local habitats within the protected areas and in these long-term comparisons.

1 Einleitung

Die satzungsgemäßen Ziele des Entomologischen Vereins Krefeld bis hin zur besonderen Ausrichtung der Institution in der Verbindung von naturforschender Tätigkeit mit musealen Aufgaben sind Ursache und Basis der Jahrzehnte umfassenden Bestandsaufnahmen von Insekten in Schutzgebieten.

Das, was heute mit dem Begriff „Erfassung der regionalen Biodiversität" beschrieben wird, hat in seinen Tätigkeiten bei dem 1905 gegründeten Entomologischen Verein Krefeld eine bereits mehr als einhundert Jahre andauernde Tradition (Evers 1992, Schwan et al. 2011).

Untersuchungen zur Biologie und Systematik der Insekten auf wissenschaftlicher Grundlage, die Erfassung von Arteninventaren, die Erforschung der Artenvielfalt sowie der Grundlagen des angewandten Naturschutzes und die Bewahrung der Sammlungen und des Archivs als Originalbelege der Arbeitsergebnisse sind Inhalte der Vereinssatzung. Diese Sammlungen und das Archiv haben auch im internationalen Vergleich bedeutende Ausmaße angenommen und sind aufgrund ihrer Werte und besonderen inhaltlichen Zusammensetzung heute als „bewegliches Denkmal" ausgewiesen (Kieser 2008, Puhl & Stenmans 2008).

Der Schwerpunkt der Tätigkeit der Gesellschaft lag hierbei zwar bis heute im Rheinland – der ehemaligen „preußischen Rheinprovinz" – reicht aber entsprechend der in der Regel Jahrzehnte andauernden Passion ihrer Mitglieder weit hierüber hinaus (z.B. Bahr & Winkelmann 2015, Evers 1990, 1998, Goecke 1934, Wolf et al. 2009).

2 Zur Anwendung von Malaise-Fallen beim Entomologischen Verein Krefeld

Der schwedische Entomologe Rene Malaise entwarf die ersten Modelle dieser nach ihm benannten Insektenfallen während seiner Expedition in Burma, sodass die erste Serie dieser Fallen in einer Näherei in Yangon (Rangoon) im Jahr 1934 entstanden (Vardal & Taeger 2011). Der Umstand, das unter dem Begriff „Malaise-Falle“ seitdem sehr unterschiedliche Bautypen in Form, Farben und Größen weltweit verwendet wurden und werden (vgl. Achterberg 2009, Evans 2016, Gibb & Oseto 2006, Dent 1997, Peterson 1964, Steyskal 1981), schränkt die Vergleichbarkeit der hierüber ermittelten Daten stark ein. Gleiches gilt sinngemäß für die unterschiedliche Art der Anwendung während der Exposition im Freiland.

Bereits früh wurden erste, selbstgebaute Prototypen auch von Krefelder Entomologen basierend auf den Publikationen von Malaise (1937), Gressitt & Gressitt (1962) sowie Townes (1962) angefertigt und verwendet. Die Erfassungsprogramme der Krefelder Entomologen für flugaktive Insekten erfuhren hierbei im Jahr 1982 eine methodische Ergänzung durch erste, eigene Anfertigungen von Malaise-Fallen des von Henry K. Townes veränderten, zweifarbigen Bautyps (Townes 1972).

Hierzu wurde 1982 ein Schnittmuster angefertigt, welches in 1:1 Kopien bis heute die Grundlage für die eigene Serienanfertigung dieser Insektenfallen in Krefeld ist, und im Originalschnittmuster im Archiv des Vereins bewahrt wird. Eine vergleichbare Normierung erfolgte für die Konstruktion der Anschlüsse an der Fangflasche, wo auf der Basis der Anleitung durch Townes (1972) im Material ab 1985 auf Edelstahl (V_2A) gewechselt wurde. Auch für diesen Bestandteil der Fallen erfolgten eigene Reproduktionen basierend auf dem archivierten Muster aus dem Jahr 1985. Die seit dieser Zeit eingesetzten Fallen (vgl. Abb. 1) sind daher baugleich und auch ihre Anwendung im Freiland erfolgt unter den gleichen Konventionen. Hierzu zählt u.a. eine stabile, gespannte Aufstellung über eingeschlagene Holzpfähle, ein fester, durchgängiger Bodenkontakt, eine exakte Ausrichtung des Fangkopfes nach Süden und weitere Anwendungsdetails, um einen Einsatz mit gleichem „sampling design“ zu realisieren (Schwan et al. 1993).

Abb. 1: Malaise-Falle vom Bautyp nach Townes (1972), an einem Untersuchungsstandort des Entomologischen Vereins Krefeld (Foto: M. Sorg).

Auf dieser Basis erfolgte 1985 mit diesem Fallentyp der erste über die Vegetationsperiode reichende Einsatz in Naturschutzgebieten in Deutschland (Sorg & Wolf 1991). Die in den Jahren nach 1985 durchgeführten Untersuchungen mit Malaise-Fallen beim Entomologischen Verein Krefeld orientierten sich primär daran, die Artenspektren von Fluginsekten an ausgewählten Standorten zu erfassen und bei eigenen Untersuchungen das gesamte Probenmaterial im Archiv der Entomologischen Sammlungen in Krefeld zu bewahren. Dies betrifft sowohl die Insekten, bei denen eine Artbestimmung erfolgte, als auch die Konservierung der gesamten restlichen Probenmenge. Seit 1985 erfolgt an den Untersuchungsstandorten zudem eine Standortdokumentation, u.a. mit Angaben zur Vegetation als Artenlisten für das nähere Umfeld sowie von pflanzensoziologischen Aufnahmen. Im Jahr 1987 wurde damit begonnen, nach einem festgelegten Messprotokoll die noch alkoholfeuchte Biomasse der Insektenfänge aus den in der Regel 1-2wöchtigen Leerungsintervallen der Fallen zu bestimmen (Schwan et al. 1993). Seit 2015 werden die fotografischen Aufnahmen zur Standortdokumentation durch Luftbilder aus geringer Höhe mittels Kameradrohnen ergänzt.

Zu den mit diesen, baugleichen Fallen beim Entomologischen Verein Krefeld und in zahlreichen Kooperationsprojekten mit Universitäten und anderen Institutionen ermittelten Ergebnissen existieren bereits zahlreiche Publikationen für unterschiedliche Taxa der Fluginsekten, teils auch in der Bewertung von Naturschutzmaßnahmen (z.B. Mohr et al. 1992). Dies umfasste im Schwerpunkt das Rheinland, geht aber in zahlreichen Fällen mit Untersuchungen in anderen Bundesländern und westeuropäischen Staaten hierüber hinaus. Nach den Archivdaten existieren bisher weit über zweihundert dokumentierte Einsätze dieses Fallentyps mit verfügbaren Archivmaterial (EVK 1985-2016). Eine ausführliche Dokumentation der Untersuchungsmethodik und der Biomassebestimmungen wird derzeit vorbereitet (Sorg, mündl. Mitt.).

3 Messwerte im Langzeitvergleich

Bei fachgerechter, normierter Anwendung bieten Malaise-Fallen eine einfache und reproduzierbare Basis für die Erfassung von Artengemeinschaften zahlreicher, überwiegend flugaktiver Insektentaxa. Sie gelten als wenig selektive Fallentechnik, deren Ergebnisse Aussagen zu lokalen Artenspektren und Abundanzen unter Bezug auf die angewandte Methodik sowie die Aktivitätsdichte und das Verhalten der hiermit erfassten Insekten zulassen (Breeland & Pickard 1965, Brown & Freener 1995, Brown 2005, Fraser et al. 2008, McGavin 2007, Sheik et al. 2016).

In vergleichenden Untersuchungen eines Naturschutzgebietes am Niederrhein stellte der Entomologische Verein Krefeld erhebliche Messwertunterschiede an zwei Standorten zwischen den Ergebnissen der Untersuchungen in den Jahren 1989 und 2013 für die ermittelte Biomasse aus Malaise-Fallen fest (Sorg et al. 2013). Der hier ermittelte Rückgang in den Messwerten auf 23,0 % bzw. 20,7 % des ehemaligen Niveaus der Gesamtmenge im gleichen Zeitintervall zeigte eine unerwartete Größenordnung. Auch eine erneute Wiederholung der Untersuchung an den gleichen Standorten über die Vegetationsperiode des Folgejahres zeigte keine deutliche Veränderung in Bezug zu den 24 bzw. 25 Jahre zuvor ermittelten Biomassen (Abb. 2). Die Datensätze beziehen sich nicht auf einen kurzen zeitlichen Einsatz der Fallen, sondern vielmehr auf 24 wöchentliche Werte über die jeweiligen Vegetationsperioden (vgl. Sorg et al. 2013: Abb. 7, 8).

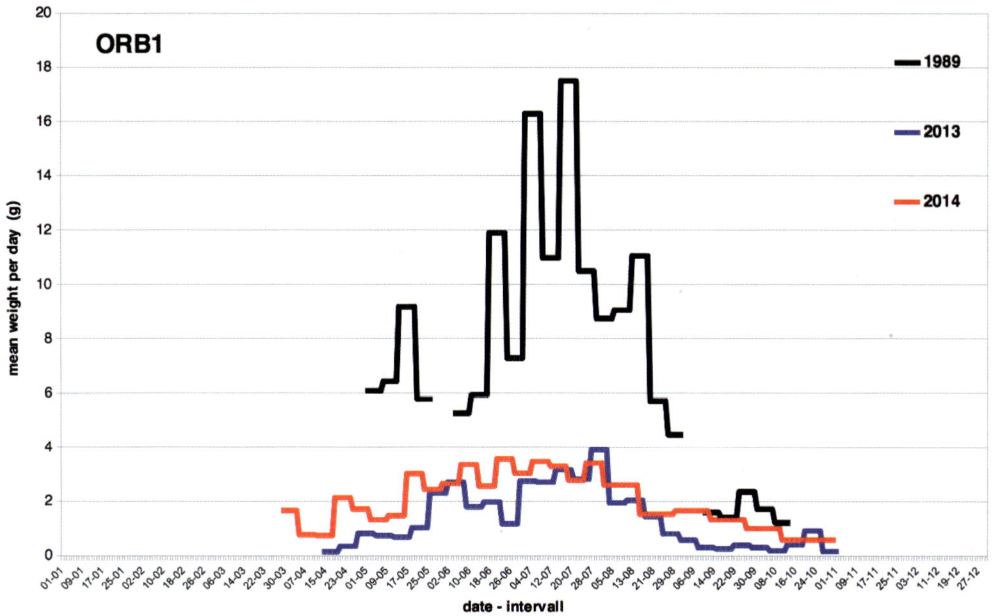

Abb. 2: Messwertreihen der Biomassen von Fluginsekten im Jahresverlauf der Untersuchungsjahre 1989, 2013 und 2014 an den Untersuchungsstandorten ORB1 und ORB2 des Naturschutzgebietes Orbroich in Krefeld (vgl. Sorg et al. 2013) (Grafik: Entomologischer Verein Krefeld).

Die Bewertung der vorgenannten Daten wird insbesondere durch Kenntnislücken, dem Mangel an aussagekräftigen, vergleichenden Untersuchungen und Analysen lokaler Gesamtartenspektren im Langzeitvergleich erschwert. Der Entomologische Verein Krefeld nahm den oben genannten Datensatz zum Anlass, die zahlreichen Standortergebnisse aus Vorjahren einer vergleichenden Auswertung v.a. hinsichtlich der durchgängig über die Vegetationsperiode betriebenen, sowie der standortgleich in verschiedenen Jahren wiederholten Untersuchungen zu unterziehen. Ferner erfolgen seit 2013 gezielte weitere Kartierungen mit gleicher Methodik, um die Kenntnisgrundlagen zu verbessern.

Sowohl hinsichtlich der vergleichenden Auswertung von Daten zur Biomasse im Jahresverlauf, als auch zu einer Betrachtung der einzelnen Insektengruppen in Arten- und Individuenzahlen, handelt es sich hierbei um derzeit noch unveröffentlichte Arbeiten. Hierzu erfolgt derzeit im Rahmen des F+E Vorhabens „Biodiversitätsverluste in FFH-Lebensraumtypen des Offenlandes“ (FKZ: 3516850400, Laufzeit bis November 2018) eine Auswertung im Abgleich mit den verfügbaren Klimadaten, der Vegetationsaufnahmen sowie der Landnutzungselemente im Umfeld der Fallenstandorte. Das Projekt fokussiert auf Standorte in Nordrhein-Westfalen, Rheinland-Pfalz und Brandenburg innerhalb des Schutzgebietsnetzes. Wesentliche Ziele dieses F+E Vorhabens sind Fragen zur räumlichen Relevanz des Insektenrückgangs, zur Betroffenheit verschiedener Biotoptypen bzw. Lebensraumtypen nach Anhang I FFH-Richtlinie soweit wie möglich zu klären und die Auswertungen auf eine breite Grundlage möglichst vieler verschiedener Artengruppen auszudehnen. Ferner erfolgt eine Integration weiterer Untersuchungsstandorte aus den verfügbaren Altdaten und dem Archiv des Entomologischen Vereins Krefeld, sowie die Ergänzung durch aktuelle Untersuchungen an Standorten mit abweichenden Umfelddaten, unter anderem zur Landnutzung, um die zahlreichen offenen Fragen zu klären und eine Kausalanalyse der Rückgänge zu verbessern.

Die Auswertung von Malaise-Fallen Ergebnissen auf alle im Ergebnis enthaltenen Insektentaxa stößt im Regelfall an die Bearbeitungskapazität in der Verfügbarkeit von spezialisierten Entomologen, vor allem für die artenreichsten Ordnungen der Zweiflügler (Diptera) und Hautflügler (Hymenoptera). Dies sind allerdings auch die Taxa, in denen die höchsten Kenntnisdefizite vorliegen, da deren Integration in systematisch-taxonomische wie auch ökologische Untersuchungen seit langer Zeit vernachlässigt wird (Shaw et al. 2001). Dieses gravierende Dilemma (vgl. Cardoso et al. 2011) beeinträchtigt auch die naturschutzfachliche Forschung und die realitätsnahe Bewertung funktionaler Abläufe in den lokalen Zönosen.

Umso wichtiger ist daher die beim Entomologischen Verein Krefeld praktizierte, konsequente Archivierung des vollständigen Probenmaterials. Dies eröffnet für die Zukunft die Möglichkeit, über die Komplettierung der Artdetermination ein vollständigeres Bild der alpha-Diversität eines Untersuchungsstandortes und der methodenspezifisch ermittelten Individuenzahlen zu erhalten. Die konventionelle Artbestimmung kann hierbei durch die Anwendung genomischer Analysen (Yu et al. 2012, Cristescu 2014) unterstützt werden.

Die derzeit vorliegenden, überwiegend noch unveröffentlichten Daten deuten darauf hin, dass es in den untersuchten Fällen und Standorten zu einem teils massiven Rückgang der Biomasse flugaktiver Insekten in den lokalen Zönosen innerhalb der untersuchten Schutzgebiete und in diesen Langzeitvergleichen gekommen ist (Sorg et al. 2013). Die o.g. Biomasse, weit überwiegend flugaktiver Insekten steht selbstverständlich in direktem Bezug zu den Selektionsfaktoren der hier angewandten Fallenmethode. Es handelt sich um eine jeweils punktuelle Messung in dem ausgewählten Standort bzw. Habitat. Es ist derzeit nicht möglich, hieraus unmittelbar auf die vergleichende Entwicklung der Biomassen von diversen Taxa der Insekten anderer Standorte bzw. Bezugsräume zu schließen.

4 Potentielle Ursachen und Recherchen zum Schutzgebietsmanagement

Hinsichtlich der Auswirkungen ist anzunehmen, dass die oben beschriebene Reduktion der Biomassen flugaktiver Insekten in solchen Größenordnungen auch gravierende Folgen für die Nahrungsnetze und essentielle Ökosystemfunktionen und damit die lokale Biodiversität hat.

Der Rückgang und Verlust von Arten – teils ehemals häufiger Arten – und hierüber eintretende, negative Auswirkungen auf Systemfunktionen sind bereits Gegenstand zahlreicher Publikationen (z.B. Biesmeijer et al. 2006, Brosi & Briggs 2013, Ceballos et al. 2015, Dirzo et al. 2014, Gaston & Fuller 2007, Thomas et al. 2004). Ebenso existieren Parallelen zu Untersuchungen im europäischen Raum, die gleichfalls massive Einbrüche der Individuenzahlen von Insekten in Langzeitvergleichen mit anderen Erfassungsmethoden zeigen (Fox 2013, Fox et al. 2014, Schuch et al. 2012, Szentkiralyi 2002).

In allen bisher ausgewerteten Standortvergleichen des Entomologischen Vereins Krefeld zeigten sich erhebliche Rückgänge der Insektenbiomasse nur im Langzeitvergleich, d.h. bei der Betrachtung von Zeitspannen von mehr als einem, bzw. mehreren Jahrzehnten. Nach derzeitigem Kenntnisstand handelt es sich insofern um Vorgänge, welche die Zönosen graduell über solche, längeren Zeiträume sukzessive beeinflussen und bei vergleichenden Untersuchungen über kürzere Zeitspannen ggf. nicht bemerkt werden.

Insbesondere für den Niederrhein und das weitere Umfeld um die Stadt Krefeld liegen beim Entomologischen Verein Krefeld Daten vor, welche auch teils erhebliche Verluste an Arten im Langzeitvergleich aufzeigen (Bäumler 2010, Schwan 1986). Die Messwertunterschiede zu den Gesamtbiomassen sowie Artenspektren über derart viele Insektentaxa mittels der angewandten Malaise-Fallen sind demgegenüber neu.

Die bis 2014 vorliegenden Datensätze mit hohen Messwertunterschieden fokussieren auf Standorte im Flachland, sowie auf die typische, fragmentierte Kulturland mit einer engmaschigen Vernetzung geschützter Habitate zu Landnutzungselementen.

Im Zuge einer Recherche zu verschiedensten Faktoren im Landnutzungsmosaik, die als Teilverursacher in Frage kommen könnten, fiel besonders auf, dass die Sachdatenlage zur landwirtschaftlichen Nutzung unbefriedigend ist.

So fehlen zum Beispiel ökotoxikologische Daten zu den Einflussgrößen der konventionell betriebenen Landwirtschaft – insbesondere auf Ackerflächen – innerhalb, ebenso wie in den Pufferzonen rund um Schutzgebiete in den exemplarisch recherchierten Standortbereichen nahezu vollständig. In einer Anzahl von Fällen tangiert allerdings die konventionelle Ackernutzung

Schutzgebietsflächen ohne wirksame Pufferzonen (vgl. Abb. 3). Bei dem oben genannten Beispiel des Naturschutzgebietes Orbroicher Bruch (Sorg et al. 2013) reicht die konventionelle ackerbauliche Nutzung sogar in die Schutzgebietsfläche hinein.

Abb. 3: Malaise-Falle an einem Untersuchungsstandort des Entomologischen Ver eins Krefeld in einem Naturschutzgebiet. Das Luftbildfoto einer Kameradroh ne verdeutlicht die Nähe und Vernetzung mit konventionell genutzten, landwirtschaftlichen Flächen (Foto: M. Sorg).

Bei einer weiterführenden Ursachenanalyse und auch grundsätzlich für das Management und die Bewertung des Schutzgebietssystems sollten aus meiner Sicht insbesondere die Faktoren der Landnutzung und der Fragmentierung vollständiger berücksichtigt werden. Ferner müssten diese Faktoren auch in die Planungsprozesse und die Schutzgebietsbetreuung vertiefend integriert werden. Dies betrifft neben der Isolation von Habitaten den Einfluss der Landnutzung und weiterer potentiell degradierender Faktoren innerhalb – wie auch an den Grenzen um das jeweilige Naturschutzgebiet.

5 Literaturverzeichnis

Achterberg, K. (2009): Can Townes type Malaise traps be improved? Some recent developments. – Entomologische Berichten Amsterdam 69 (4): 129-135.

Bahr, F. & Winkelmann, H. (2015): Psallidium (Axyraeus) talparum sp. n. aus Griechenland – 7. Beitrag zur Kenntnis der griechischen Rüsselkäfer (Coleoptera: Curculionidae: Entiminae) – Snudebiller 16 (235): 5 S.

Bäumler, A. (2010): Beiträge zur Makrolepidopterenfauna der Stadt Krefeld (Hesperiidae, Papilionidae, Pieridae, Lycaenidae, Nymphalidae). Teil 1: Tag- und Dickkopffalter. – Melanargia 22: 106-112.

Biesmeijer J., Roberts, S.P.M. et al. (2006): Parallel declines in pollinators and insect-pollinated plants in Britain and the Netherlands. – Science 313: 351-354.

Breeland, S.G. & Pickard, E. (1965): The Malaise trap - an efficient and unbiased mosquito collecting device. – Mosquito News 25: 19-21.

Brosi, B.J. & Briggs, H.M. (2013): Single pollinator species losses reduce floral fidelity and plant reproductive function. – Proceedings of the National Academy of Sciences 110 (32): 13044-13048.

Brown, B.V. (2005): Malaise Trap Catches and the Crisis in Neotropical Dipterology. – American Entomologist 51: 181-183.

Brown, B.V. & Freener, D.H. (1995): Efficiency of two mass sampling methods for sampling Phorid flies (Diptera: Phoridae) in tropical biodiversity survey. – Natural history museum of Los Angles country, contributions in science 459: 1-10.

Cardoso, P., Erwin, T.L., Borges, P. & New, T.R. (2011): The seven impediments in invertebrate conservation and how to overcome them. – Biological Conservation 144 (11): 2647-2655.

Ceballos G., Ehrlich P.R. et al. (2015): Accelerated modern human–induced species losses: Entering the sixth mass extinction. – Science Advances 1 (5): e1400253-e1400253.

Dirzo R., Young H.S. et al. (2014): Defaunation in the Anthropocene. – Science 345: 401-406.

Cristescu, M.E. (2014): From barcoding single individuals to Metabarcoding biological communities: towards an integrative approach to the study of global biodiversity. – Trends in Ecology and Evolution 29: 566-571.

Dent, D.R. (1997): Methods in ecological and agricultural Entomology. – CAB International: 400 S.

Evans, A. (2016): Inventory and monitoring toolbox: DOCCM-599792 Invertebrates: Malaise trapping v1.0.: 18 S.

Evers, A.M.J. (1990): Synopsis der Malachiidae-Entomomocera Afrikas. – Royal museum for Central Africa 261: 1-44.

Evers, A.M.J. (1992): Entomologie und Entomologen des Rheinlandes, insbesondere des Niederrheins. – Entomologische Blätter 88 (2/3): 93-102.

Evers, A.M.J. (1998): Die kronenbewohnenden Malachiidae (Coleoptera) dreier Baumarten in Rwanda und Kivu. – Bonner Zoologische Beiträge 48 (1): 59-66.

EVK/Entomologischer Verein Krefeld (1985-2016 – unveröff.): Datensammlung und Sachberichte zu entomologischen Untersuchungen mittels Malaise-Fallen – 71 Berichte inkl. Karten und Anlagen, Standortdokumentation und Vegetationsaufnahmen sowie Datensätze zu > 200 Einzeleinsätzen von Malaise-Fallen im Archiv der Entomologischen Sammlungen Krefeld.

Fox R. (2013): The decline of moths in Great Britain: a review of possible causes. – Insect Conservation and Diversity 6 (1): 5-19.

Fox R., Oliver T.H., Harrower, C. et al. (2014): Long-term changes to the frequency of occurrence of British moths are consistent with opposing and synergistic effects of climate and land-use changes. – Journal of Applied Ecology 51 (4): 949-957.

Fraser S.E.M., Dytham C. & Mayhew, P.J. (2008): The effectiveness and optimal use of Malaise traps for monitoring parasitoid wasps. – Insect Conservation and Diversity 1: 22-31.

Gaston, K. & Fuller, R.A. (2007): Biodiversity and extinction: losing the common and the widespread. – Progress in Physical Geography 31: 213-225.

Gibb, T.J. & Oseto, C.Y. (2006): Arthropod collection and identification: field and laboratory techniques. – Amsterdam, Boston (Academic Press, Elsevier): 311 S.

Goecke, H. (1934): Revision asiatischer Donaciinen (Col., Chrys.) I. (3. Beitrag zur Kenntnis der Donaciinen). – Koleopterologische Rundschau (Wien) 20: 215-230.

Gressitt, J.L. & Gressitt, M.K. (1962): An improved Malaise trap. – Pacific insects 4: 87-90.

Kieser, M. (2008): Entomologische Sammlungen in Krefeld – ein bewegliches Denkmal. – Denkmalpflege im Rheinland 25 (4): 185-187.

Malaise R. (1937): A new insect-trap. – Entomologisk Tidskrift 38: 148-160.

McGavin, G.C. (2007): Expedition field techniques: Insects and other terrestrial arthropodes. – Royal Geographic Society, London: 94 S.

Mohr, N., Risch, S. & Sorg, M. (1992): Vergleichende Untersuchungen zur Fauna ausgewählter Hautflüglertaxa (Hymenoptera) von Streuobstwiesen im Nordpfälzer Bergland. – Beiträge Landespflege Rheinland-Pfalz 15: 409-493.

Peterson, A. (1964): Entomological Techniques: How to Work with Insects. – , Ann Arbor, Michigan (Edwards Brothers): 435 S.

Puhl, A. & Stenmans, W. (2008): Status – Statuten – Standorte. Zur Geschichte der bedeutenden Insektensammlungen in Krefeld. – Die Heimat 79: 37-45.

Schuch, S., Wesche, K. & Schaefer, M. (2012): Long-term decline in the abundance of leafhoppers and planthoppers (Auchenorrhyncha) in Central European protected dry grasslands. – Biological Conservation 149: 75-83.

Schwan, H. (1986): Schmetterlinge (Tagfalter), die nach 1980 im Gebiet der Stadt Krefeld und Umgebung erfasst wurden. – Natur am Niederrhein (N. F.) 1 (1): 29-35.

Schwan, H., Sorg, M. & Stenmans, W. (1993): Naturkundliche Untersuchungen zum Naturschutzgebiet „Die Spey“ – I. Untersuchungsstandorte und Methoden. – Natur am Niederrhein (N.F.) 8 (1): 1-13.

Schwan, H., Sorg, M., Stenmans, W. & Stevens, M. (2011): Untersuchungen zur Artenvielfalt im Lanker Rheinbogen seit dem 19. Jahrhundert. – Mitteilung Entomologischer Verein Krefeld 2011 (1): 1-11.

Shaw, M.R. & Hochberg, M.E. (2001): The Neglect of Parasitic Hymenoptera in Insect Conservation Strategies: The British Fauna as a Prime Example. – Journal of Insect Conservation 5: 253.

Sheikh, A.H., Thomas, M., Bhandari, R. & Meshram, H. (2016): Malaise trap and insect sampling: Mini Review. – Bio Bulletin 2 (2): 35-40.

Sorg, M., Schwan, H., Stenmans, W. & Müller, A. (2013): Ermittlung der Biomassen flugaktiver Insekten im Naturschutzgebiet Orbroicher Bruch mit Malaise-Fallen in den Jahren 1989 und 2013. – Mitteilungen aus dem Entomologischen Verein Krefeld 2013 (1): 1-5.

Sorg, M. & Wolf, H. (1991): Zur Hymenopterenfauna des NSG „Koppelstein" bei Niederlahnstein III. Grab-, Weg- und Faltenwespen sowie andere Stechimmen (Hymenoptera, Aculeata: Dryinidae, Bethylidae, Chrysididae, Tiphiidae, Mutillidae, Sapygidae, Pompilidae, Eumenidae, Vespidae, Sphecidae). – Beiträge Landespflege Rheinland-Pfalz 14: 167-200.

Steyskal, G.C. (1981): Bibliography of the Malaise trap. – Proceedings Entomological Society of Washington 83: 225-229.

Szentkiralyi, F. (2002): Fifty year long insect survey in Hungry: T. Jermys contribution to light trapping. – Acta zoologica acadamiae scientarum Huneraicae 48: 85-105.

Thomas, J.A, Telfer, M.G., Roy, D.B. et al. (2004): Comparative losses of British butterflies, birds, and plants and the global extinction crisis. – Science 303 (5665): 1879-1881.

Townes, H.K. (1962): Design of a Malaise trap. – Proceedings Entomological Society of Washington 64: 253-262.

Townes, H.K. (1972): A light-weight Malaise trap. – Entomology News 83: 239-247.

Vardal, H. & Taeger, A. (2011): The life of Rene Malaise: from the wild east to a sunken island. – Zootaxa 3127: 38-52.

Wolf, H., Sorg, M., Stenmans, W. & Schwan, H. (2009): Wegwespen (Hymenoptera, Pompilidae) der westlichen Paläarktis bearbeitet von Heinrich Wolf 1948-2008. – Mitteilung Entomologischer Verein Krefeld 2009 (3): 396 S.

Yu, D.W., Ji, Y.Q., Emerson, B.C., Wang, X.Y., Ye, C.X., Yang, C.Y. & Ding, Z.L. (2012): Biodiversity soup: Metabarcoding of arthropods for rapid biodiversity assessment and biomonitoring. – Methods in Ecology and Evolution 4: 613-623.

Adresse des Autors:

Dr. Martin Sorg
c/o Entomologischer Verein Krefeld
Marktstraße 159, 47798 Krefeld
Email: sorg@biota.de

Das Scheckenfalter-Projekt des Bundesprogramms Biologische Vielfalt im Vogtlandkreis

Thomas Findeis

Abstract

The marsh fritillary (*Euphydryas aurinia*) is threatened throughout Europe and considered threatened with extinction in Saxony.

The species' core distribution range is found in Germany and, therefore, this country is highly responsible for the protection of this species. Hence, *E. aurinia* is one of the target species of the Federal Programme for the Conservation of Biological Diversity.

In May 2015, a trans-national species conservation project with a duration of six years was initiated by the BUND Naturschutz, district groups Hof (Bavaria) and the county government of Vogtlandkreis (Saxony), within the border triangle Bavaria, Saxony and Bohemia (Czech Republic).

This article focuses on the conducted conservation measures of this project in Saxony, which aim at the conservation, improvement, expansion and recreation of suitable habitats for *E. aurinia*.

1 Einleitung

Der Goldene Scheckenfalter *(Euphydryas aurinia)*, welcher auch in Anhang II der FFH-Richtlinie gelistet ist, gilt nach den Roten Listen in Deutschland (Reinhardt & Bolz 2011) und Bayern (Bolz & Geyer 2003) als stark gefährdet, in Sachsen (Reinhardt 2007) sogar als akut vom Aussterben bedroht. In Schleswig-Holstein und Brandenburg ist die Art bereits ausgestorben. 2005 wurde in Brandenburg ein Wiederansiedelungsprojekt initiiert. Zehn Jahre nach dessen Start können auf zwei von ehemals sieben beimpften Niedermooren stabile Populationen registriert werden. Auf zwei weiteren Flächen ist die Art in deutlich geringerer Abundanz noch vorhanden, die dauerhafte Etablierung aber unsicher (Kretschmer 2016). In Schleswig-Holstein läuft seit 2012 das ebenfalls erfolgreiche und umfangreiche Wiederansiedelungsprojekt LIFE-Aurinia (www.life-aurinia.de), welches über das EU-Programm LIFE gefördert wird. In mehreren Flächenländern steht die Art mit nur noch einer oder wenigen Populationen kurz vor dem Aussterben: Hessen, Niedersachsen, Nordrhein-Westfalen, Mecklenburg-Vorpommern und Sachsen. Aber auch in Bundesländern mit noch größeren Vorkommen ist in den vergangenen 20 Jahren meist ein starker Bestandseinbruch zu verzeichnen. Nach den Verbreitungsdaten der Bundesländer und des Bundesamtes für Naturschutz wies *E. aurinia* im Jahr 2013 das in Abbildung 1 dargestellte Verbreitungsbild in Deutschland auf.

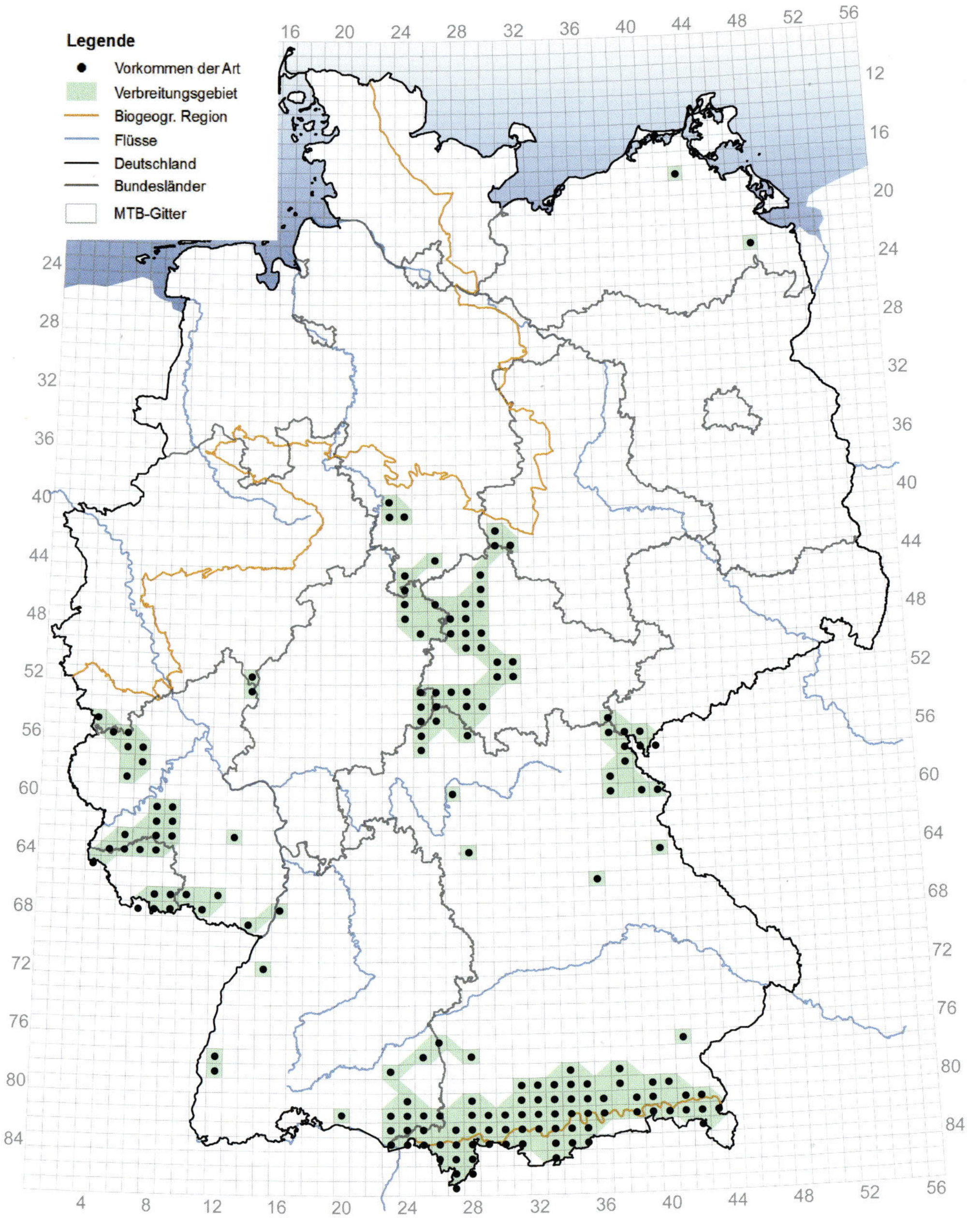

Geobasisdaten (c) GeoBasis-DE / BKG

Quelle: Nationaler FFH-Bericht 2013

Datengrundlagen: Verbreitungsdaten der Bundesländer und des BfN

BfN Bundesamt für Naturschutz

Abb. 1: Verbreitung von *E. aurinia* 2013 (BfN 2013).

Gegenüber den Bestandsdaten aus 2007 belegt Abbildung 1 einen weiteren deutlichen Bestandsrückgang der Art während des vergangenen Berichtszeitraumes. Etliche der Anfang der 2000er Jahr noch besetzten Rasterfelder gelten inzwischen als verwaist. Selbst von einigen der im nationalen FFH-Bericht 2013 noch besetzten Messtischblätter ist die Art inzwischen verschwunden, so z.B. im oberen Vogtland (Südwestsachsen) und Teilen Thüringens (Fischer, mündl. Mitt.).

Im bayerischen Regierungsbezirk der Oberpfalz ist die Art während der vergangenen 10 Jahre ausgestorben und die restlichen nordbayerischen Vorkommen sind stark ausgedünnt. Im gesamten Frankenjura sind die *E. aurinia*-Vorkommen der Halbtrockenrasen verschwunden (Bolz, schriftl. Mitt.), ebenso die auf Feuchtwiesen lebenden im zentralen Fichtelgebirge. Bei extrem isolierten und kleinen Populationen in Mittel- und Unterfranken ist der weitere Fortbestand mehr als fraglich, ein weiterer Rückgang hoch wahrscheinlich.

Trotz der Ausweisung sämtlicher sächsischer Vorkommen als Fauna-Flora-Habitat- bzw. Naturschutzgebiet ist auch hier seit Anfang der 2000er Jahre ein weiterer Bestandsrückgang zu verzeichnen. Sogar im „Grünen Band“, wo der Falter überraschenderweise im militärisch genutzten ehemaligen innerdeutschen Grenzstreifen überlebt hatte (Findeis & Wack 1992), sind trotz langjähriger und auf die Art angepasster Pflegemaßnahmen Vorkommen erloschen bzw. Populationsdichten geschrumpft. Die Gesamtsituation muss als dramatisch angesehen werden und Maßnahmen zur Förderung sind dringend geboten.

Der Goldene Scheckenfalter ist eine der Zielarten des „Bundesprogramms Biologische Vielfalt“ (BPBV). Es hat insgesamt vier Förderbereiche, wobei das vorgestellte Projekt dem Schwerpunkt der bundesweiten „Verantwortungsarten“ zuzuordnen ist.

Das Artenschutzprojekt wurde im Mai 2015 bewilligt und begonnen und hat eine Laufzeit von sechs Jahren. Es weist im Vergleich zu vielen anderen bereits laufenden Projekten des Bundesprogramms Besonderheiten auf:

- Als Antragsteller und Projektpartner arbeiten ein Naturschutzverband (Bund Naturschutz in Bayern e.V., Kreisgruppe Hof) und eine Kommune (Vogtlandkreis) zweier Bundesländer (Bayern und Sachsen) zusammen.
- Es ist das erste BPBV-Projekt, welches eine Zielart aus der Gruppe der Insekten im Fokus hat.
- Die Projektziele und Maßnahmen dienen zumindest teilweise dreier weiterer Verantwortungsarten, nämlich Arnika (*Arnica montana*), Breitblättrigem Knabenkraut (*Dactylorhiza majalis*) und Flussperlmuschel (*Margaritifera margaritifera*).

2 Der Goldene Scheckenfalter und seine Autökologie

2.1 Raupenfraßpflanze und Lebenszyklus im Projektgebiet

Die Raupen des Goldenen Scheckenfalters sind wie bei vielen Edelfaltern oligophag. Von Weidemann (1988) wird die holarktisch verbreitete Art als „Verschiedenbiotopbewohner" bezeichnet, da sie sowohl Kalktrockenrasen als auch Feuchtwiesen und Niedermoore besiedelt. Bereits auf Grund der Absenz der kalkholden Raupenfraßpflanze Tauben-Skabiose (*Scabiosa columbaria*) ist im Projektgebiet nur der Feuchtwiesentypus verbreitet. Für Habitate in Feuchtgebieten werden nach Thoss (2004) Enzian-Arten (*Gentiana* spec.), Fieberklee (*Menyanthes trifoliata*), Kleiner Baldrian (*Valeriana dioica*) und Gemeiner Teufelsabbiss (*Succisa pratensis*) aufgeführt, wobei im Projektgebiet beinahe ausschließlich letztgenannte Art zur Eiablage und Raupennahrung genutzt wird. Die Imagines nutzen eine Vielzahl an Nektarpflanzen. Von den von Thoss (2004) aufgeführten 47 Arten spielen im Projektgebiet diverse Hahnenfußgewächse (*Ranunculus* spec.), Sumpf-Kratzdistel (*Cirsium palustre*), Sumpf-Pippau (*Crepis paludosa*), Schlangen-Knöterich (*Bistorta officinalis*), Arnika (*Arnica montana*) und Wiesen-Margerite (*Leucanthemum vulgaris*) eine besondere Rolle, wobei gelbe und weiße Blüten besonders häufig angeflogen werden.

Während Weidemann (1988) den Beginn der Falterflugzeit in Feuchtgebieten noch für Anfang Juni beschreibt, werden in den letzten Jahren – vermutlich auf Grund warm-trockener Frühjahrsmonate – Falterbeobachtungen auch schon einen Monat früher gemacht. Die Flugzeit endet in Abhängigkeit des Witterungsverlaufes gegen Ende Juni. An den Blattunterseiten kräftiger und gut anzufliegender, meist relativ frei stehender *Succisa*-Pflanzen heftet das Weibchen Eispiegel aus 150 bis 300 Eiern an, woraus nach gut einem Monat die Jungraupen schlüpfen (Anthes 2002).

Abb. 2-4: Falter (links), Eigelege (Mitte) und Raupengespinst (Fotos: T. Findeis (2, 4), N. Sichard (3)).

Bis zur gemeinschaftlichen Überwinterung in der bodennahen Vegetationsdecke befressen die gespinstbildenden Jungraupen zunächst die Epidermis der *Succisa*-Blattrosetten, bei großem Nahrungsbedarf auch der -stängel und die Stängelblätter, bevor sie zum Lochfraß übergehen. Der Teufelsabbiss bleibt auch für die semiadulten und adulten Raupen nach der Überwinterung die Hauptnahrung, wobei Fischer et al. (2003) für das „Grüne Band" an der sächsisch-bayerischen Landesgrenze wenige weitere Arten benennen. Die erwachsenen Raupen haben im April und Mai ein hohes Lichtbedürfnis, weshalb sie bis zur Verpuppung als Stürzpuppe häufig an trockenen Pflanzenstängeln beim Sonnen beobachtet werden können.

2.2 Spezielle Anforderungen an den Lebensraum

Selbst größere Populationen von *S. pratensis* sind kein Garant für die Fortpflanzung von *E. aurinia*. Auch zeigt der Vergleich der aktuellen Verbreitung von *S. pratensis* zu den *E. aurinia*-Vorkommen, dass die Populationen der Eiablagepflanze noch ungleich größer und weiter verbreitet sind, als die der Falter. Günstige Habitatvoraussetzungen bieten Vegetationseinheiten, welche sich neben dem Vorkommen der Eiablage- und Raupenfraßpflanze durch Nährstoffarmut auszeichnen. Starkwüchsige, oft mit Untergräsern oder Hochstauden „verfilzte" Pflanzenbestände eignen sich deutlich weniger als Reproduktionshabitat.

Die aktuellen Vorkommensgebiete werden hauptsächlich durch folgende Vegetationstypen gekennzeichnet:

- feuchte bis wechselfeuchte Borstgrasrasen, manchmal im Übergang zu Zwergstrauchheiden mit Besenheide (*Calluna vulgaris*) oder Deutschem Ginster (*Genista germanica*) – dieser Typus ist im sächsischen Projektteilgebiet vorherrschend,
- sehr magere Ausbildungen der Sumpfdotterblumen- oder Pfeifengras-Feuchtwiesen, wobei letztere deutlich seltener sind,
- nährstoffarme Nasswiesen im Übergang zu torfmoosreichen Kleinseggenriedern.

Abb. 5: Reproduktionsfläche mit relativ individuenstarker Population im NSG „Pfarrwiese“ im Grünen Band – dem Borstgrasrasentyp zuzuordnen (Foto: T.Findeis).

3 Das Artenschutzprojekt

3.1 Projektgebiet

Das Projektgebiet umfasst sämtliche sächsischen autochthonen Vorkommen im Grünen Band Sachsen-Bayern (Vogtlandkreis), sowie die nordostbayerischen, welche sich entlang der bayerisch-tschechischen Grenze in südlicher Richtung anschließen (Landkreise Hof und Wunsiedel). Ebenfalls enthalten sind in den vergangenen zehn Jahren verwaiste Vorkommensstandorte im Oberen Vogtland (Südwestsachsen). Auch wenn mit Mitteln des Bundesprojektes keine Maßnahmen in dem von beiden Teilgebieten eingeschlossenen „Ascher Zipfel“ (Tschechische Republik) durchgeführt werden können, gehören die hier existierenden tschechischen Habitatflächen und deren Umfeld zum Projektgebiet (vgl. Abb. 6). Maßnahmen zum länderübergreifenden Bestandsmonitoring und Abstimmungen in Hinblick auf Biotoppflege- und -managementmaßnahmen mit dem tschechischen Kooperationspartner „Ametyst“ sind Bestandteile des Projektes.

Abb. 6: Projektgebiet mit aktuellen (rot) und nach 2010 verwaisten (rosé) sächsischen sowie bayerischen (grün) und tschechischen (hellblau) Vorkommen von *E. aurinia.*

3.2 Projektziele

Das Gesamtprojekt verfolgt folgende, hier nur kurz umrissene Ziele:

- Beendigung des anhaltenden Aussterbeprozesses und Einleitung einer Trendumkehr durch Habitatoptimierung und -erweiterung,
- Schaffung eines Habitatverbunds seltener und gefährdeter Biotop- und Lebensraumtypen als Reproduktionshabitat und Migrationskorridor,
- massive Vermehrung der Raupenfraßpflanze *S. pratensis*,
- Eindämmung von Neophyten sowie
- Einbeziehung und Information von Landnutzern und Bevölkerung.

3.3 Maßnahmen im sächsischen Projektteil

Sicherung der Vorkommen in den aktuellen Habitaten

Sofern die o.g. sehr mageren Standortbedingungen vorherrschen, kann *E. aurinia* Brachestadien über mehrere Jahre oder gar Jahrzehnte tolerieren. Dennoch wurden die sächsischen Reproduktionshabitate seit Mitte der 1990er Jahre, also lange vor Projektbeginn extensiv genutzt bzw. artspezifisch gepflegt, um eine Anreicherung der Biomasse und unerwünschte Eutrophierung der Vegetation zu verhindern. Außer für *E. aurinia* haben diese Flächen für viele weitere auf eine Mindestpflege angewiesene schutzbedürftige Arten Lebensraumfunktion, wie z.B. *Carex pulicaris, Dactylorhiza majalis, Parnassia palustris, Epipactis palustris* u.v.a. Umnutzungs- bzw. pflegebedingte Zerstörungen der im Spätsommer vorhandenen Raupengespinste zu verhindern, werden die ab Mitte Juli meist gut erkennbaren Gespinste auch im laufenden

Projekt vor der Pflege gezielt gesucht und mit Holzlatten markiert, so dass sie und angrenzende Teufelsabbiss-Pflanzen von der Mahd und nachfolgenden Arbeitsgängen verschont bleiben. Dadurch kann ein möglichst hoher Reproduktionserfolg gewährleistet werden.

Damit eine Beeinträchtigung der Reproduktions- und Imaginalhabitate durch die stickstoffsammelnde und sich in Teilen des Projektgebietes aggressiv ausbreitende Vielblättrige Lupine *(Lupinus polyphyllus)* unterbleibt, wird dieser invasive Neophyt gezielt bekämpft. Nach dem Motto „Währet den Anfängen!" werden Einzelexemplare und kleinere Trupps im zeitigen Frühjahr samt ihrer Pfahlwurzeln von Mitarbeitern des Vogtlandkreises ausgehackt. Nach mehrjährigen Arbeitsdurchgängen konnten auf diese Art und Weise bereits mäßig stark beeinträchtigte Habitatflächen weitgehend „lupinenfrei" gepflegt werden. In Arealen, in denen ein Ausstechen alleine aus Kapazitätsgründen nicht mehr möglich ist, wird eine frühsommerliche Mulchmahd durchgeführt. Dadurch werden bis zur später stattfindenden Heunutzung oder Pflegemahd die Samenreife und damit eine generative Vermehrung unterbunden.

Lebensraumoptimierung

Teile aktueller Falterhabitate weisen eine grundsätzlich gute Vegetationszusammensetzung auf, leiden allerdings unter strukturellen Mängeln, z.B. infolge zu starker Beschattung durch punktuelle oder flächenhafte Gehölzsukzession oder angrenzende Waldflächen, Hecken oder Baumreihen. In Hinblick auf die Wahl der Pflanzen zur Eiablage ist bekannt, dass sich zu starke Beschattung negativ auf die Reproduktionseignung auswirkt (Thoss 2004). Insofern wurde bereits zu Beginn des Projektes auf die Verbesserung von Habitatstrukturen durch Entbuschungsmaßnahmen und die teils massive Auflichtung angrenzender Gehölzbestände Wert gelegt (Anmerkung: mit dem Erlös durch Verkauf von Stammabschnitten, Brennholz und Hackschnitzelmaterial werden für die Antragstellung erforderliche bare Eigenmittel erwirtschaftet).

Abb. 7: Im Rahmen des Projektes zusätzlich aufgelichtete Nasswiese mit reichlichem Vorkommen von *S. pratensis* mit unmittelbarem Kontakt zu aktuellem Reproduktionshabitat (NSG „Dreiländereck“ – Foto: T. Findeis).

Erweiterung und Neuschaffung von Habitaten

Vor dem Hintergrund, die noch vorhandenen Populationen zu sichern und nach Möglichkeit so weit zu stärken, dass von hier aus Abwanderungen als Initiale einer Neu- oder Wiederbesiedelung benachbarter Habitate stattfinden, wird die Erweiterung der oftmals kleinflächigen Reproduktionshabitate als vordringlich gesehen.

Waldumwandlung und Nasswiesenrenaturierung

Als bedeutsamste Maßnahmen im sächsischen Projektteil wird die Umwandlung zweier Blaufichtenbestände in den NSG „Pfarrwiese“ (ca. 0,2 ha, privater Eigentümer) und „Himmelreich“ (ca. 1,2 ha, Eigentum Vogtlandkreis) zur Habitaterweiterung angesehen. Die geplante Waldumwandlung in der Pfarrwiese dient zugleich der Wiederherstellung des Offenlandverbundes, da die Blaufichten aktuell einen Querriegel zwischen einer Habitat- und östlich angrenzenden, großen -entwicklungsflächen bilden. Für beide Maßnahmen ist eine forstrechtliche Genehmigung nach § 8 Sächsisches Waldgesetz erforderlich, welche i.d.R. an eine Ersatzaufforstung zumindest gleicher Größe geknüpft ist. Die Waldumwandlungsgenehmigung für die Fläche des Vogtlandkreises wurde im Sommer 2016 erteilt und damit die Voraussetzung für die Umsetzung im Winterhalbjahr 2016/17 geschaffen. Der mit der Maßnahme erwartete positive Effekt kann so bereits in der Mitte der Projektlaufzeit zum Tragen kommen.

Abb. 8: Beginn der Waldumwandlung als Grundlage der Feuchtwiesen-Renaturierung im NSG „Himmelreich“ im Januar 2017 nach längerer Frostperiode (Foto: T. Findeis).

Abb. 9: Heute ca. 30-jährige Blaufichten (*Picea glauca ‚pungens‘*) im NSG „Pfarrwiese“ mit Riegelwirkung zwischen bedeutsamen Offenland-Lebensräumen (Foto: T. Findeis).

Neben der Entfernung der Blaufichten und anfallenden Reisigmaterials sind weitere Arbeitsgänge erforderlich, um eine zukünftig pflegefähige Feucht- bzw. Nasswiese mit Habitateignung für *E. aurinia* zu erhalten. Stöcke und Wurzelanläufe müssen bodengleich abgefräst und durch den Maschineneinsatz entstandene Fahrspuren zumindest teilweise eingeebnet werden (trotz vergleichsweise starker vorangegangener Frostperiode konnten maschinenbedingte Schädigungen der Bodenstruktur in dem Feuchtgebiet nicht gänzlich vermieden werden). Auf bei den Fräsarbeiten entstandenen Rohbodenstellen wird anschließend Samen von *S. pratensis* aufgebracht.

Anlage von Rohböden

Der Gemeine Teufelsabbiss ist Rohbodenkeimer und profitiert von Bodenverwundungen bzw. offenen Bodenstellen. So konnte er sich nach der Minensuche im ehemaligen innerdeutschen Grenzstreifen zu Beginn und Mitte der 1990er Jahre auf mit Bulldozern mehrfach tief gepflügten Feuchtböden stark ausbreiten. Infolge des sich anschließenden Vegetationsschlusses ging seine Dichte in einigen Vorkommensgebieten wieder stark zurück. Im Rahmen des Projektes werden daher Rohbodenflächen auf verschiedene Art und Weise hergestellt:

- Kleinflächig, handmanuell mit der Hacke – im unmittelbaren Umgriff von Succisa-Pflanzen und innerhalb aktueller Reproduktionshabitate. Dadurch sollen mikroklimatisch geeignete Standorte geschaffen und die generative Vermehrung von *S. pratensis* erreicht werden.

- Großflächig, mit der Bodenfräse – auf zoologisch und botanisch weniger wertvollen Randarealen der Habitat- und zwischen aktuellen Reproduktionsflächen sind teils bereits stärker verbuschte Bereiche mit einer speziellen Bodenfräse bearbeitet worden. Im Anschluss daran wurde eigens für diesen Zweck gesammelter *Succisa*-Samen in einer Stärke von ca. 150 Gramm/1.000 m² aufgebracht.

- Großflächig, mit der Grabenschaufel am Bagger – im NSG „Himmelreich“ wurde auf langjährigen, artenarmen Feuchtwiesenbrachen und Dominanzbeständen aus Land-Reitgras *(Calamagrostis epigejos)* Rohboden erzeugt indem die Vegetationsdecke samt Wurzelhorizont abgezogen wurde. Das Material der mit ca. 1.800 m² größten Einzelfläche wurde im direkt angrenzenden Entwässerungsgraben eingebaut, so dass keine entwässernde Wirkung mehr herrscht und nachhaltig feuchte Bodenverhältnisse gewährleistet sind.

Abb. 10: Mit einer Spezialfräse aus dem Bausektor wird im NSG „Dreiländereck" eine aktuelle Habitatfläche erweitert, indem angrenzende Gehölzsukzession gefräst und anschließend mit *S. pratensis* eingesät wird. Durch 20 cm tiefe Bodenbearbeitung werden auch ausschlagfreudige und flach wurzelnde Gehölze wie *Betula pendula, Frangula alnus* und *Salix spec.* nachhaltig geschädigt (Foto: T. Findeis).

Vermehrung der Raupenfraßpflanze

Zwar kann gebietsheimisches Saatgut von *S. pratensis* inzwischen von Spezialfirmen erworben werden, jedoch zu verhältnismäßig hohen Kosten. Im Rahmen einer Projektexkursion mit weiteren Art-Spezialisten wurde uns von den Erfahrungen aus Schleswig-Holstein berichtet. Hier waren die mit Abstand besten Keimerfolge nach der Ausbringung frisch geernteter Samen zu verzeichnen (Walter, mündl. Mitt.). Insofern wird im Rahmen des Projektes auf Spenderflächen – z.B. wie in Abb. 5 zu sehen – Samenmaterial zur Ansalbung auf Entwicklungs- und Erweiterungsflächen gesammelt. Die Samenernte sollte erfolgen, wenn die obersten, am dichten Köpfchenboden stehenden Blüten mit Fruchtknoten und Spreublatt beginnen abzufallen, was in der zweiten Augustdekade der Fall ist.

Wiederansiedelung

Innerhalb des Projektgebietes liegen Falterhabitate, die erst vor wenigen Jahren verwaist aber nach den o.g. Kriterien nach wie vor für die Reproduktion von *E. aurinia* geeignete Bedingungen aufweisen. Um das Netz besetzter Standorte zu verdichten, die Lücken zwischen zwei Vorkommen zu verkleinern und damit auch auf natürlichem Wege eine Populationsstärkung zu initiieren, werden grundsätzlich geeignete Habitate mit Gespinsten aus zahlenmäßig starken Populationsteilen beimpft. Die erste Gespinstumsiedelung erfolgte im August 2016 aus dem NSG „Dreiländereck" in das NSG „Zeidelweide und Pfaffenloh", Teilfläche Pfaffenloh westlich von Adorf.

Abb. 11: Gespinste von *E. aurinia* mit angefressenen *S. pratensis*-Blattspreiten in zum Transport verwendeten Gefrierdosen vor dem Aussetzen.

Abb. 12: Massenvorkommen von *S. pratensis* und teils sehr magere Standorte bilden gute Voraussetzungen für eine erfolgreiche Wiederansiedelung in der „Pfaffenloh“ (Fotos: T. Findeis).

Eine bzw. drei Wochen nach erfolgter Umsetzung von fünf Gespinsten fanden Nachkontrollen statt, die eine Etablierung der Raupengespinste belegt haben (Walter, schriftl. Mitt.). Bei der anschließenden Wiesenmahd blieben die Ansiedelungsflächen verschont. Wurden oder werden die Raupen nicht noch parasitiert oder Opfer anderer Prädatoren, kann *E. aurinia* im der Umsetzung folgenden Sommer hier hoffentlich als Falter nachgewiesen werden und sich selbständig reproduzieren.

Flächensicherung

Neben der naturschutzrechtlichen Sicherung relevanter Projektflächen durch die Ausweisung von Schutzgebieten i.S.d. §§ 22 ff Bundesnaturschutzgesetz ist die eigentumsrechtliche Sicherung bereits hochwertiger oder zu entwickelnder Flächen wesentliches Umsetzungsmittel des Naturschutzes. Innerhalb des „Grünen Bandes“ ist der Vogtlandkreis bereits Eigentümer fast aller aktuellen sächsischen Reproduktions- und Imaginalhabitate, die auch seit langem als NSG unter Schutz stehen. Ein kleinerer Teil von Reproduktions- und Entwicklungsflächen ist im Eigentum des Freistaates Sachsen (Landeswaldfläche). Insofern werden im Projekt eingestellte Mittel schwerpunktmäßig im Bereich der anvisierten, in Privateigentum liegenden Entwicklungsflächen eingesetzt.

Als Instrumente der Flächensicherung gelten Langzeitpachtverträge mit einer Pachtdauer von mind. 25 Jahren und der Flächenerwerb, je nach Bereitschaft der aktuellen Eigentümer. Im ersten Projektjahr konnten vom Vogtlandkreis zwei Langzeitpachtverträge in unmittelbarer Nähe zu einem aktuellen Vorkommen (NSG „Himmelreich", ca. 0,8 ha) bzw. in einer Entwicklungsfläche, die als Trittsteinbiotop fungieren soll (südöstlich des Grünen Bandes, ca. 0,35 ha) abgeschlossen werden.

Für das zweite Projektjahr zeichnet sich die Möglichkeit des Erwerbs mehrerer Flurstücke im Bereich der „Pfaffenloh" ab. Dabei handelt es sich zumindest teilweise um Flächen, die durch zusätzliche Maßnahmen, insbesondere die Rücknahme von Gehölzen, weiter aufgewertet werden können.

Die in Sachsen im Bereich der aktuellen Vorkommen, der Entwicklungsflächen und -korridore liegenden landwirtschaftlich genutzten Flächen werden überwiegend von drei Agrargenossenschaften bewirtschaftet, wovon zwei nach den Richtlinien des biologischen Landbaus arbeiten. In Beratungsgesprächen wurde unsererseits das Interesse bekundet, gut entwicklungsfähige Teile der Grünland- und Ackerflächen, die möglicherweise auch aus landwirtschaftlicher Sicht von geringerer Bedeutung sind, ebenfalls langfristig zu pachten und i.S.d. Projektziele zu entwickeln. Von Seiten der Betriebe, die die verpachteten Flächen durchaus in der Betriebskulisse belassen und Direktzahlungen darauf erhalten sollen, wurde bereits nach ersten Gesprächen grundsätzliche Bereitschaft signalisiert, entsprechende Flächen zu eruieren und für das Projekt zur Verfügung zu stellen. Über die Ergebnisse dieses Planungs- und Umsetzungsansatzes wird in der zweiten Projekthälfte genaueres zu berichten sein.

3.4 Gebietsübergreifende Maßnahmen

Im Gegensatz zu den praktischen Gestaltungs- und Entwicklungsmaßnahmen, die in beiden Projektteilgebieten durchaus verschieden ausfallen können, werden folgende Projektbestandteile für das Gesamtprojekt weitgehend einheitlich bearbeitet.

Evaluation

Sowohl die ökologische als auch die sozioökonomische Evaluation ist bei der Projektdurchführung im Rahmen des Bundesprogramms Biologische Vielfalt obligatorischer Bestandteil, um daraus allgemein verwertbare Aussagen für ähnliche Fragestellungen des Naturschutzes ziehen zu können.

Ökologische Evaluation

Die ökologische Projektbewertung umfasst drei Bewertungsintervalle, nämlich die Aufnahme, Dokumentation und Bewertung des Ausgangszustandes, eine so genannte „Midtherm-Evaluierung" im Jahr 2018 sowie eine abschließende Aufnahme und Bewertung im letzten vollständigen Projektjahr (2020). Für die Aufgabe wurde das Landschaftsplanungsbüro Uwe Fischer gebunden, welches sich in Sachsen seit mehr als zwei Jahrzehnten mit Fragen des Bestandsmonitorings ausgewählter Arten, u.a. auch von *E. aurinia*, beschäftigt. Mit Projektbeginn 1. Mai 2015 war die Ausschreibung und Vergabe dieser Leistung entsprechend schnell zu realisieren, sollte doch der tatsächliche Zustand der Population und Habitate von *E. aurinia* qualitativ hochwertig für den Zeitraum des ersten Projektjahres abgebildet werden.

Für die Ersterfassung und -bewertung musste eine einheitliche Kartier- und Bewertungsmatrix aus den länderspezifischen Methoden des FFH-Feinmonitorings entwickelt werden. Neben möglichst exakten Zahlen zum Falterflug, zur Dichte von *S. pratensis* und zur Anzahl an Gespinsten war die Feinabgrenzung der Reproduktions- und Imaginalhabitate ebenso erforderlich wie die Bestimmung, Abgrenzung und Bewertung möglicher Entwicklungsflächen und -korridore. Auch die Flächen, auf denen bereits konkrete Projektmaßnahmen geplant waren, wurden in die Bewertung miteinbezogen. Neben der zahlenmäßigen Erfassung o.g. Bewertungsindikatoren war eine detaillierte Beschreibung wertgebender Habitatmerkmale wie z.B. Pflegezustand, Verbuschungsgrad und Beeinträchtigungen (Neophyten etc.) erforderlich.

Wie in Tabelle 1 zusammenfassend aufgeführt, weist von insgesamt 14 sächsischen und bayerischen Habitatflächen nur eine einzige einen hervorragenden Gesamtzustand („A") auf, drei sind sogar mit „C" klassifiziert, haben also einen unzureichenden Erhaltungsgrad. Von den Einzelkriterien werden die „Beeinträchtigungen" am schlechtesten bewertet, was v.a. in der ungünstigen Vegetationsstruktur, fehlenden Nektarpflanzen, starker Isolation und zu starker Verbuschung begründet sein kann.

Tab. 1: Erstbewertung aller aktuellen Habitatflächen (aus Fischer 2015). Zustand Population, Habitat und Gesamt: A – hervorragend, B – gut, C – mittel bis schlecht; Beeinträchtigungen: A – keine bis gering, B – mittel, C – stark. Ermittlung des Gesamtwerts nach LANA (2001).

Vorkommen	**Population**	**Habitat**	**Beeinträchtigung**	**Gesamt**
SN1 – Sachsenwiese	B	B	C	**B**
SN2 – Pfarrwiese	A	B	C	**B**
SN3 – Himmelreich	B	B	C	**B**
SN4 – Fuchspöhl	B	A	C	**B**
SN8 – Tiefenbrunn	A	B	A	**A**
SN9 – Pabstleithen	B	B	B	**B**
Gesamtbewertung Sachsen	**B**	**B**	**C**	**B**
BY1 – Hintereggeten	B	A	C	**B**
BY2 – Kirchbrünnlein	B	B	C	**B**
BY3 – Huschermühle	B	B	C	**B**
BY5 – Zinnbach	C	B	C	**C**

Vorkommen	Population	Habitat	Beein-trächti-gung	Gesamt
BY6 – Timbermühle	C	B	C	**C**
BY9 – Loch	C	B	C	**C**
BY10 – Perlenbach	B	B	C	**B**
BY11 – Schatzbach	A	B	C	**B**
Gesamtbewertung Bayern	**B**	**B**	**C**	**B**

Die für 2018 geplante Midtherm-Evaluierung wurde vom Fördermittelgeber als mögliches Korrektiv verlangt. Die bis dahin umgesetzten Maßnahmen sollen auf der Grundlage eines zu Projektbeginn vorgelegten Maßnahmenkonzeptes auf ihre Wirkung hin überprüft werden, so dass für die zweite Projekthälfte Änderungen in Hinblick auf die geplanten Maßnahmen möglich sind.

Sozioökonomische Evaluation

Um die öffentliche Wahrnehmung des Projektes abzubilden, wird das Projekt auch durch eine sozioökonomische Evaluation begleitet. Die „sozioökonomische Evaluierung soll die Stimmungslage lokaler Akteure ... erkunden, d.h. das lokalpolitische Umfeld darstellen, in dem das Projekt abläuft" (Schlumprecht 2016). Dazu wurde vom Büro für ökologische Studien (Helmut Schlumprecht, Bayreuth) im ersten Projektjahr eine Befragung von mehr als 70 Kommunalpolitikern, Behördenvertretern, Landnutzern (Land- und Forstwirtschaft) und Flächeneigentümern durchgeführt. Die zunächst geplanten telefonischen Interviews wurden auf Grund ihrer mutmaßlichen Länge durch das Versenden von Fragebögen ersetzt. Der insgesamt 50 Fragen umfassende Bogen wurde in folgende sechs Themenkomplexe unterteilt:

- Fragen zum Wissen und Kenntnisstand um das Bundesprogramm und das Projekt,
- Fragen zur persönlichen Einstellung,
- Fragen zur Rolle des Naturschutzes allgemein im Handeln,
- Fragen zur Rolle von seltenen Arten im Handeln,
- Fragen zur öffentlichen Wahrnehmung sowie
- soziodemographische Angaben.

Leider war der Rücklauf mit nur 31 beantworteten Fragebögen relativ gering. Bei der statistischen Auswertung wurden die Antworten einmal absolut und zum zweiten auf die Herkunft der Antworten aus den zwei beteiligten Bundesländern ausgewertet:

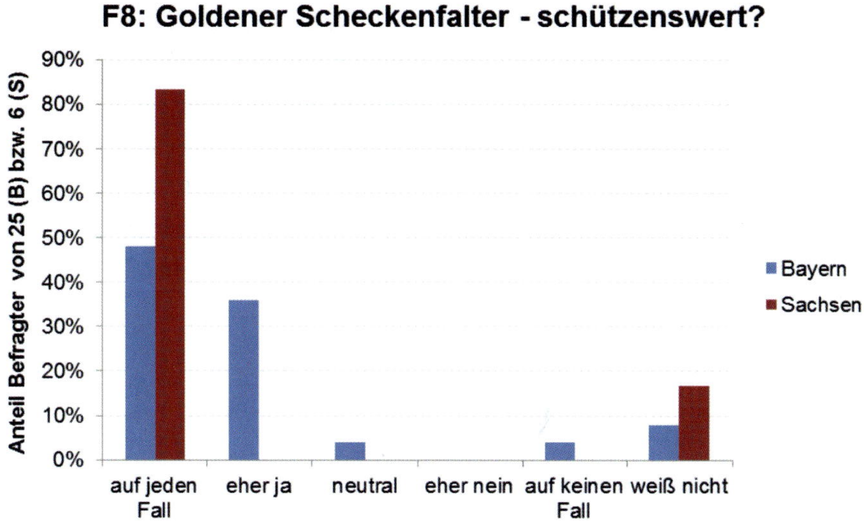

Abb. 13: Grafische Auswertung des Ergebnisses auf Frage 8, ob es sich beim „Goldenen Scheckenfalter“ um eine schutzwürdige Art handelt (aus Schlumprecht 2016).

Die durchgeführte Erstbefragung stellt eine status-quo-Analyse zu Projektbeginn dar. Erst nach der zweiten Befragung am Ende des Projektzeitraumes wird eine umfassende Auswertung erfolgen, ob und wie sich das Projekt in Hinblick auf die Meinung lokaler Akteure ausgewirkt hat.

Öffentlichkeitsarbeit

Beide Projektpartner sind vielschichtig in die Öffentlichkeitsarbeit eingebunden. Eine der ersten großen Aktivitäten war die Erstellung der projektspezifischen Website, die noch im ersten Projektjahr freigeschalten wurde (www.scheckenfalter.de). Neben der Vorstellung von Lebenszyklus und -raum des Falters, Projektgebiet und -zielen beinhaltet die Website auch ein Tagebuch, welches die wesentlichen Maßnahmen innerhalb des Projektes chronologisch geordnet beschreibt und in gewissem Umfang auch der Dokumentation nach außen dient. Wegen des langen Vorlaufes bis zur Bewilligung mit entsprechend umfangreichen Vorbereitungsarbeiten konnten hier für die ersten beiden Projektjahre bereits wesentliche Maßnahmen zur Lebensraumerweiterung und -optimierung des Goldenen Scheckenfalters veranschaulicht werden.

Ebenfalls im ersten Projektjahr wurde ein DIN-A-4-Faltblatt mit an der Website angelehnten Inhalten veröffentlicht. Für den tschechischen Kooperationspartner und dessen Adressaten wurde das Faltblatt auch auf Tschechisch herausgegeben. In ähnlicher Weise sollen mehrere Schautafeln im Umfeld der Lebensräume Erholungssuchende und Naturinteressierte über die Art und Projektinhalte informieren.

In den Sommerhalbjahren werden von beiden Projektpartnern öffentliche Exkursionen angeboten, bei denen der Falter und sein Lebensraum „mit allen Sinnen“ erlebt werden können. Dabei wird auch deutlich gemacht, dass der Goldene Scheckenfalter zwar die Zielart innerhalb des Projektes ist, die Lebensräume aber eine Vielzahl anderer, z.T. stark gefährdeter Organismen der Flora und Fauna beherbergen. Im bayerischen Projektteil soll darüber hinaus ein umfassendes Angebot für Schulklassen und besonders interessierte Schüler erarbeitet werden. Exkursionen mit land- und forstwirtschaftlichen Flächennutzern und -eigentümern sollen außerdem das Verständnis für spezifisch erforderliches Flächenmanagement und die Inanspruchnahme von Extensivierungsprogrammen fördern.

Neben überwiegend lokalen Printmedien konnten schon Rundfunk und Fernsehen zur Veröffentlichung von Beiträgen zum Projekt animiert werden.

4 Literaturverzeichnis

Anthes, N. (2002): Lebenszyklus, Habitatbindung und Populationsstruktur des Goldenen Scheckenfalters *Euphydryas aurinia* Rott. im Alpenvorland. – Münster (Universität Münster, Institut für Landschaftsökologie, Diplomarbeit): 61 S.

BfN/Bundesamt für Naturschutz (2013): Nationaler Bericht 2013 gemäß FFH-Richtlinie. – URL: https://www.bfn.de/0316_nat-bericht_2013-komplett.html (gesehen am: 06.07.2017)

Bolz, R. & Geyer, A. (2003): Rote Liste gefährdeter Tagfalter (*Lepidoptera: Thopalocera*) Bayerns. – Schriftenreihe Bayerisches Landesamt für Umweltschutz 166: 217-222.

Findeis, T. & Wack, A. (1992): Der sächsisch-bayerische Grenzstreifen als Rückgrat eines länderübergreifenden Biotopverbundsystems. – Weihenstephan (Fachhochschule Weihenstephan, Fachbereich Landespflege, Diplomarbeit): 252 S.

Fischer, U. (2015): Sicherung, Optimierung, Erweiterung sowie Vernetzung der Lebensräume des Goldenen Scheckenfalters (*Euphydryas aurinia*) im Grünen Band an der Landesgrenze Bayern-Sachsen, im oberen Vogtland (Vogtlandkreis) und an der Grenze zur Tschechischen Republik (Lks. Hof und Wunsiedel – Eine ökologische Evaluation). – Colditz (Gutachten im Auftrag des Landratsamtes Vogtlandkreis): 34 S.

Fischer, U., Reinhardt, R. & Walter, S. (2003): Bestandsmonitoring der Tagfalterarten *Euphydryas aurinia*, *Melitaea cinxia*, *Melitaea diamina*, *Boloria aquilonaris*, *Scoliantides orion*, *Limenitis camilla* und *Glaucopsyche nausithous* in ausgewählten Vorkommensgebieten der Region Südwestsachsen. – Plauen (Gutachten im Auftrag des Staatlichen Umweltfachamt Plauen) 191 S.

Kretschmer, H. (2016): Ergebnisse zur Wiederansiedelung des Goldenen Scheckenfalters (*Euphydryas aurinia* Rottemburg, 1775) in Brandenburg – eine Bilanz nach zehn Jahren. – Märkische entomologische Nachrichten 17 (2): 219-238.

LANA/Arbeitsgemeinschaft „Naturschutz“ der Landes-Umweltministerien (2001): Mindestanforderungen für die Erfassung und Bewertung von Lebensräumen und Arten sowie die Überwachung. – URL: http://www.bfn.de/fileadmin/MDB/documents/030306_lana.pdf (gesehen am: 09.05.2017).

Reinhardt, R. & Bolz, R. (2011): Rote Liste und Gesamtartenliste der Tagfalter (Rhopalocera) (Lepidoptera: Papilionidea et Hesperiodea) Deutschlands. – Schriftenreihe Naturschutz und Biologische Vielfalt 70 (3): 167-194.

Reinhardt, R. (2007): Rote Liste Tagfalter Sachsens. – Landesamt für Umwelt und Geologie. – Schriftenreihe Naturschutz und Landschaftspflege: 29 S.

Schlumprecht, H. (2016): Sozioökonomische Evaluierung Projekt Goldener Scheckenfalter. Umfrage 2016. – Bayreuth (Gutachten im Auftrag des Bund Naturschutz, Kreisgruppe Hof e.V.): 69 S.

Thoss, S. (2004): Untersuchungen am Abbiss-Scheckenfalter *Euphydryas aurinia Rott.* als Grundlage artbezogener Biotopmanagement- und Monitoringmaßnahmen im „Grünen Band“ Sachsens. – Eberswalde (Diplomarbeit Fachhochschule Eberswalde, Fachbereich Landschaftsnutzung und Naturschutz): 74 S.

Weidemann, H.-J. (1988): Tagfalter: Entwicklung – Lebensweise. Bd. 2. Biologie – Ökologie – Biotopschutz . – Melsungen (Neumann-Neudamm-Verlag): 221 S.

Adresse des Autors:

Thomas Findeis
Untere Naturschutzbehörde Vogtlandkreis
Bahnhofstr. 46-48, 08523 Plauen
E-Mail: Findeis.Thomas@Vogtlandkreis.de

Bestandsentwicklung von Brutvögeln in der Agrarlandschaft Deutschlands

Martin Flade

Abstract

This paper is a brief summary of studies on the population trends in farmland birds in Germany.

Most important data sources are the German Common Birds Census of the DDA (1990-2010 point counts and territory mappings, since 2006 line transects) und the new German breeding bird atlas.

As an exemplary regional study, the data from the breeding-bird monitoring in the Schorfheide-Chorin Biosphere Reserve, including the largest aggregation of organic farmland in Germany, has been used.

The majority of farmland birds in Germany show severe declines since 1990 that have accelerated after the enforcement of the Renewable Energies Act in 2005 and the resulting increase of energy crops (mainly maize) on one hand, and the abolition of the mandatory EU set asides in autumn 2007 on the other hand. Studies from the Schorfheide-Chorin Biosphere Reserve show, that in landscapes with a high proportion of organic farming the population trends are less negative, and in a reference area of 10,000 ha with 95 % organic farming since 1990 and some targeted additional conservation measures the trends could be reversed, with more increasing than declining species. In the reference area, the species group displaying the strongest positive divergence from the German mean were the long-distance migrants/insectivorous birds.

Vorbemerkung

Dieser Beitrag fasst aktuelle Erkenntnisse über die Bestandsentwicklung von typischen Vogelarten der Agrarlandschaft in den letzten 20-25 Jahren zusammen, die bereits an anderer Stelle veröffentlicht sind (z.B. Flade 2012, 2016; Flade & Schwarz 2013, Flade et al. 2012). Diese Originalarbeiten werden hier nicht wiederholt, sondern nur die wichtigsten Ergebnisse in knapper Form zusammengefasst.

Das Datenmaterial der zitierten Arbeiten basiert auf dem deutschen Brutvogelmonitoring des Dachverbandes Deutscher Avifaunisten, und hier besonders auf dem Monitoring häufiger Brutvogelarten (MhB, Sudfeldt et al. 2010, 2012) sowie den Angaben zur Bestandsentwicklung im Atlas Deutscher Brutvogelarten (Gedeon et al. 2014).

1 Bestandsentwicklung der Vögel der Agrarlandschaft insgesamt

Bereits von Flade (2012) und Flade & Schwarz (2013) wurde die Bestandsentwicklung der häufigsten Brutvogelarten der Agrarlandschaft einer eingehenden Analyse unterzogen. Dies erfolgte insbesondere auch vor dem Hintergrund der Energiewende (Erneuerbares Energien-Gesetz 2005) und den sich daraus ergebenden radikalen Umwälzungen in der Agrarlandschaft wie Zunahme des Maisanbaus für Biogasanlagen, Verschwinden der Brachen nach Aufgabe der obligatorischen EU-Flächenstilllegungen 2007, Rückgang des Dauergrünlandes, steiler Anstieg der Flächen- und Pachtpreise von Ackerland, weitere Nutzungsintensivierung sowie Industrialisierung der Agrarlandschaft, insbesondere auch durch den Ausbau der Windenergie (Flade 2012). Diese Entwicklungen werden als „Biodiversitäts-Desaster“ gewertet und in direkten Bezug zur Energiewende gesetzt. Die Zusammenfassung der mit dem Hans-Löhrl-Preis der Deutschen Ornithologen-Gesellschaft ausgezeichneten Arbeit von Flade (2012) wird hier in Auszügen zitiert:

„Trotz beachtlicher Erfolge beim Schutz einiger seltener und attraktiver „Flaggschiffarten“ ist die Bilanz für die große Mehrheit der Arten so negativ wie schon seit langem nicht mehr. Die Folgen des nach Auffassung des Autors unüberlegten und übereilten Ausbaus erneuerbarer Energien für die Vögel sind immer dramatischer und machen die Einhaltung der von den EU-Regierungen formulierten Biodiversitätsziele inzwischen unmöglich. Unbesehen der Notwendigkeit eines effektiven Klimaschutzes zur Abwendung der Folgen des globalen Klimawandels entpuppt sich die Energiewende immer mehr als aktuell eine der größten Gefahren für den Schutz der biologischen Vielfalt, dies umso mehr, als sich die Effekte mit den Auswirkungen einer verfehlten Landwirtschaftspolitik multiplizieren. Es wurde versäumt, rechtzeitig Belastungsgrenzen für die Natur durch die Folgen des Ausbaus erneuerbarer Energien (Energiemais, Windkraft) zu definieren und wirksame Regelungsmechanismen für den Fall der Überschreitung festzulegen.“

Als Fazit zur Situation der Vögel der Agrarlandschaft werden in der Publikation folgende wesentlichen Punkte herausgearbeitet:

„Auf den weiträumigen Ackerbrachen, die Mitte der 1990er Jahre in Ostdeutschland zeitweise fast 20 % der Agrarfläche ausmachten, konnten sich die Bestände gefährdeter Feldvögel wie Feldlerche *Alauda arvensis*, Wachtel *Coturnix coturnix*, Braunkehlchen *Saxicola rubetra*, Gold- und Grauammer *Emberiza citrinella, E. calandra* vielfach erholen (Flade & Schwarz 2011). Auf den intensiven Maisanbauflächen können Feldvögel nicht existieren, weil Hauptbearbeitungsgänge mitten in die Brutzeit fallen und sie später einfach nichts zu Fressen finden. Die Maisäcker werden im April/Mai regelmäßig komplett mit dem Totalherbizid Roundup abgespritzt, umgebrochen und neu eingesät, wachsen extrem schnell und hoch auf und werden in der Initialphase gehackt und später mit Pestiziden behandelt.

Während das Flächenverhältnis von Brachen zu Maisflächen in ganz Deutschland Mitte der 1990er Jahre noch bei etwa 1:1 und in Ostdeutschland bei fast 2:1 lag, liegt es aktuell bei etwa 1:20. Selbst wenn man die allmählich anwachsenden Ökolandbauflächen hinzurechnet, kam man um 2004 noch auf ein Verhältnis Brache plus Ökolandbau zu Mais von 1:1, inzwischen liegt es bei 1:2,5. Die Bestände der Agrarvögel reagierten dramatisch. Von den 31 häufigsten Arten gibt es gerade vier, die ihre Bestände noch halten können (...), alle übrigen Arten nehmen spätestens seit 2007 ab. Einige schon langfristig, wie z.B. Bluthänfling *Carduelis cannabina*, Rebhuhn *Perdix perdix* und Kiebitz *Vanellus vanellus*, andere seit den späten 1990er Jahren, wie Feldlerche, Goldammer und Neuntöter *Lanius collurio*, und wieder andere, die von den Stilllegungen in Ostdeutschland besonders profitiert hatten, erst nach der Agrarwende um 2007. Zur letzten Gruppe gehören Wachtel, Heidelerche *Lullula arborea*, Grauammer und Ortolan *Emberiza hortulana* (die beiden letztgenannten Arten zeigten gegensätzliche Entwicklungen: in Westdeutschland kontinuierliche Abnahme, in Ostdeutschland und damit auch in der Gesamtbilanz für Deutschland zunächst bis ca. 2007 starke Zunahme, aktuell einsetzende Abnahme). Günstige Trends zeigen nur noch einige seltene Arten, deren Bruten einzeln aufwändig betreut (gegen Prädatoren gezäunt und gegen landwirtschaftliche Arbeiten geschützt, z.B. Wiesenweihe *Circus pygargus* und Brachvogel *Numenius arquata*), bzw. deren Bestände zusätzlich durch Zucht und Auswilderung gestützt werden (Großtrappe *Otis tarda*)."

2 Einfluss des Ökolandbaus auf die Bestandsentwicklung der Agrarvögel

Die starke Etablierung des ökologischen Landbaus im Biosphärenreservat Schorfheide-Chorin (Brandenburg) ab 1990 (vgl. Abb. 1) sowie das hier im Jahr 1995 gestartete Brutvogelmonitoring eröffneten die Möglichkeit, die großflächigen Auswirkungen des Ökolandbaus auf Landschaftsebene abzuschätzen. Eine detaillierte Auswertung der Daten erfolgte 2016 und eine erste knappe Zusammenfassung der Ergebnisse wurde umgehend publiziert (Flade 2016), eine detaillierte Analyse ist noch in Arbeit. Zentrale Ergebnisse werden hier auszugsweise aus Flade (2016) zitiert:

„Eine Hauptaufgabe der UNESCO-Biosphärenreservate besteht darin, Modelle ökologisch nachhaltiger Landnutzungen zu entwickeln, zu erproben und wissenschaftlich zu begleiten. Im Biosphärenreservat Schorfheide-Chorin (1.300 km²) im Nordosten Brandenburgs hat sich seit 1990 die größte zusammenhängende Ökolandbauregion Deutschlands entwickelt, die zurzeit über

14.000 ha an ökologisch bewirtschaftetem Ackerland und etwa 5.000 ha extensiv genutzten Grünlandes umfasst (45 % der Landwirtschaftsfläche).

In einem sog. Referenzgebiet von etwa 100 km² Fläche im Südosten des Biosphärenreservats konnten die Schutz- und Entwicklungsziele des Biosphärenreservats seit über 15 Jahren nahezu flächendeckend umgesetzt werden. Die Landwirtschaft ist seit den frühen 1990er Jahren zu über 95 % auf Ökolandbau umgestellt, zusätzlich werden auf den Ökolandbauflächen gezielte Naturschutzmaßnahmen umgesetzt, die zuvor im Rahmen von Erprobungs- und Entwicklungsvorhaben getestet wurden (Stein-Bachinger et al. 2010).

Seit 1995 wird im gesamten Biosphärenreservat ein Brutvogelmonitoring gemäß der Methodik des DDA-Monitorings häufige Brutvögel durchgeführt (Punkt-Stopp-Zählungen und Linienkartierungen, Sudfeldt et al. 2010, 2012). Im Referenzgebiet Choriner Endmoräne wurde durch den Verfasser ab 1997 mit dem Brutvogelmonitoring begonnen (vier Punkt-Stopp-Routen mit insgesamt 64 Zählstopps, 5 Kontrollen; 1997-2000 auch Revierkartierung auf 196 ha Offenland und 40 ha Buchenwald).

Insgesamt liegt dazu folgendes Vergleichsdatenmaterial vor:

- Deutschland: Jährlich bis zu 327 PS-Routen im Zeitraum 1990-2010; ab 2005 Linienkartierungen auf 1 x 1 km Quadranten, jeweils 3 km Streifenlinien-Transekt, jährlich 4 Begehungen (aktuell 1.500 LK-Quadranten bearbeitet);
- BR Schorfheide-Chorin: Punkt-Stopp-Zählungen ab 1995, zurzeit 23 PS-Routen mit insgesamt 454 Stopps; ab 2006 zusätzlich 10 Linienkartierungs-Quadranten; die Daten 1995-2014 standen zur Auswertung zur Verfügung.

In der vorliegenden Untersuchung wird die Bestandsentwicklung der Brutvögel im Referenzgebiet, im gesamten Biosphärenreservat und in ganz Deutschland verglichen. Zum einen wurden die 20jährigen Trends (1995-2014 bzw. 1997-2016) betrachtet. Signifikante Zu- und Abnahmen wurden für Deutschland und das Biosphärenreservat anhand der TRIM-Indexkurven und des 95 %-Vertrauensbereiches ermittelt. Für das Referenzgebiet (keine Datenlücke) wurde für jede Art die Summe der Maximalwerte pro Zählstopp und Jahr ermittelt; die Signifikanz des Trends wurde hier mittels Rangkorrelation (Spearman) geprüft. Zusätzlich wurde die Verschiedenheit des Kurvenverlaufs der drei räumlichen Ebenen gegeneinander ebenfalls mittels der Rangkorrelation (zweiseitig) getestet. Ein Unterschied zwischen zwei Kurvenverläufen wurde dann akzeptiert, wenn der Trend unterschiedlich ist (Zunahme, gleichbleibend, Abnahme) **und** der Kurvenverlauf signifikant verschieden ist (Rangkorrelation). Die möglicherweise sehr verschiedene Trendstärke der Zu- oder Abnahmen blieb unberücksichtigt.

Entgegen der Erwartungen sind die Bestandstrends im Biosphärenreservat – bis jetzt – nur graduell besser als in Deutschland, mit immer noch deutlich mehr Abnahmen (43 Arten) als Zunahmen (26 Arten). 25 Arten haben sich im Trend günstiger, 14 Arten ungünstiger als in Deutschland entwickelt, wobei vor allem bei Arten der Dörfer und der Agrarlandschaft die günstigeren Trends überwiegen.

Im Referenzgebiet sind die Bestandstrends insgesamt dagegen eindeutig besser als im gesamten Biosphärenreservat und in der Normallandschaft. 31 zunehmende Arten stehen 25 abnehmenden Arten gegenüber. Bei 39 Arten war der Trend günstiger, bei nur 4 ungünstiger als in Deutschland. Insbesondere Arten der Dörfer und der Agrarlandschaft, deutschlandweit gefährdete Arten sowie überraschenderweise auch Langstreckenzieher (Insektenfresser!) profitieren von der veränderten/modifizierten Landnutzung (vgl. Abb. 2)."

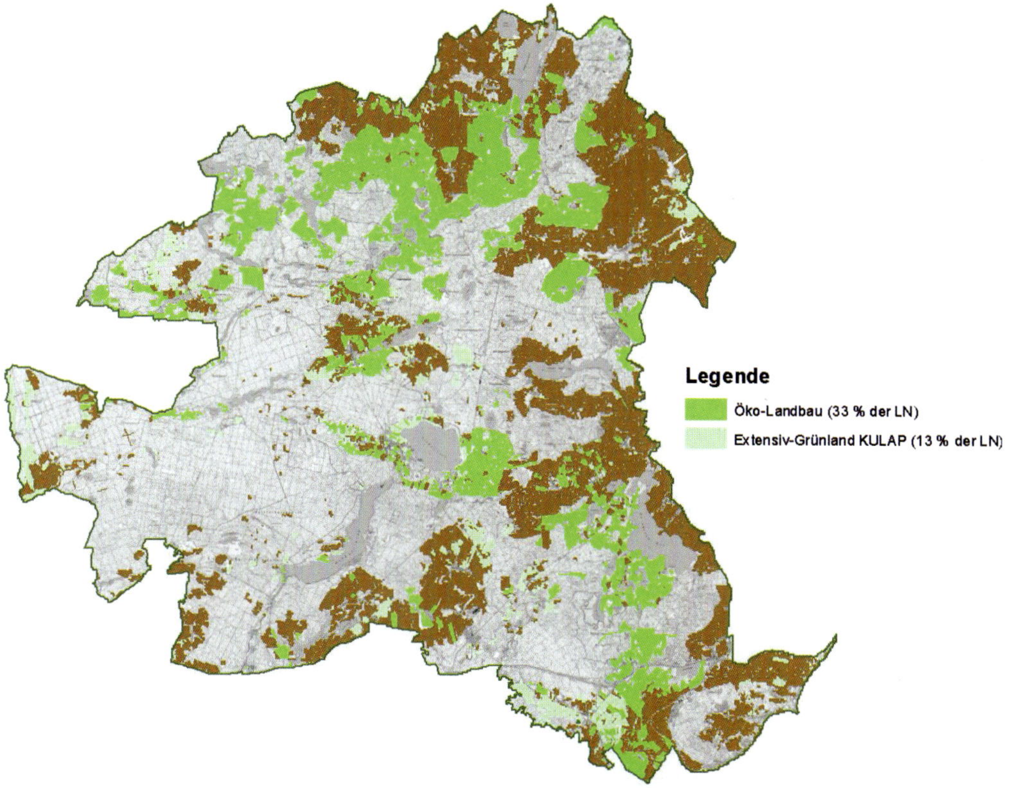

Abb. 1: Übersicht über die Verteilung des Ökolandbaus und des extensiven Grünlandes (grüne Flächen) sowie der konventionellen Landwirtschaft (braune Flächen) im Biosphärenreservat Schorfheide-Chorin im Jahr 2016 (Peil, Biosphärenreservatsverwaltung).

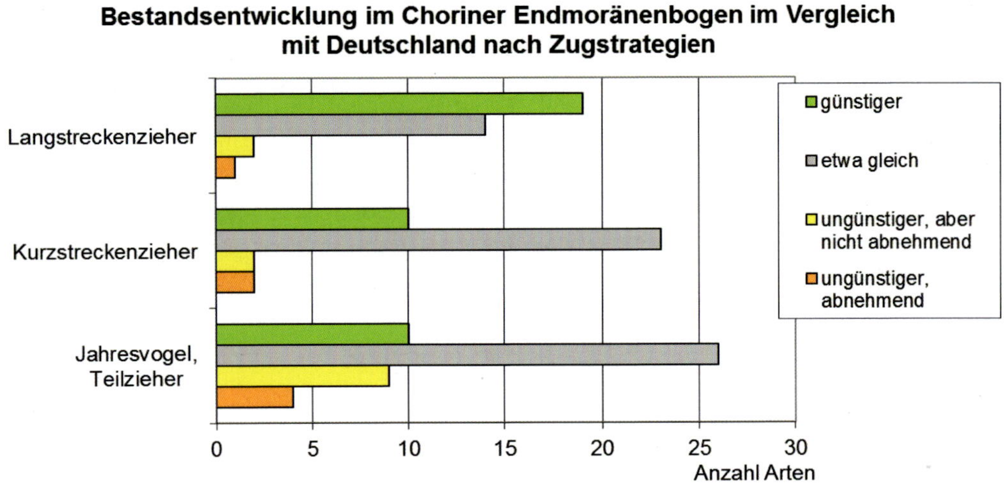

Abb. 2: Bestandsentwicklung der 122 häufigsten Brutvogelarten im Choriner Endmoränenbogen im Vergleich mit Deutschland geordnet nach Zugstrategien (Betrachtungszeitraum 1995-2015) (Flade 2016).

3 Zusammengefasste Schlussfolgerungen

1. Die typischen Vogelarten der Agrarlandschaft nehmen in Deutschland ganz überwiegend ab.
2. Nach einer Bestandserholung in der 1. Hälfte der 1990er Jahre, vor allem in Ostdeutschland, nehmen die meisten Arten seit ca. 1996 wieder ab; die Rückgänge scheinen sich aktuell (seit 2007) zu beschleunigen.
3. Die Bestandsrückgänge sind im Westen deutlich stärker als im Osten ausgeprägt.
4. Perioden mit hohen Anteilen Brachen (Stilllegungen; vor allem 1993-1996, 2003-2006) sowie Brachen und Ökolandbau (2003-2006) wirkten sich positiv, hohe Anteile an Mais negativ auf die Bestandsentwicklung der Brutvögel aus.

Daraus werden folgende Forderungen für die Agrarlandschaft abgeleitet:

- Es sind mind. 10 % Brache-Anteil in der Agrarlandschaft notwendig (zurzeit < 1 %); die Stilllegungsfläche sollte immer größer als die Maisfläche sein (zurzeit 1 : 20);
- Stilllegungsflächen plus Ökolandbau sollten zusammen mindestens die doppelte Fläche wie der Maisanbau einnehmen.

4 Literaturverzeichnis

Flade, M. (2012): Von der Energiewende zum Biodiversitäts-Desaster – zur Lage des Vogelschutzes in Deutschland. – Vogelwelt 133: 149-158.

Flade, M. (2016): Der Einfluss von großflächigem Ökolandbau und naturschutzorientierter Forstwirtschaft auf die Bestandsentwicklung von Brutvögeln: Ergebnisse 20-jährigen Brutvogelmonitorings im Biosphärenreservat Schorfheide-Chorin. – Vogelwarte 54: 330-332.

Flade, M. & Schwarz, J. (2011): Agrarwende – aber in die falsche Richtung: Bestandsentwicklung von Brutvögeln in der Agrarlandschaft 1991-2010. – Vogelwarte 49: 253-254.

Flade, M. & Schwarz, J. (2013): Bestandsentwicklung von Vogelarten der Agrarlandschaft in Deutschland 1991-2010 und Schlüsselfaktoren. – Julius-Kühn-Archiv 442: 8-17.

Flade, M., Schwarz, J. & Trautmann, S. (2012): Bestandsentwicklung häufiger deutscher Brutvögel 1991-2010. – Vogelwarte 50: 307-309.

Gedeon, K., Grüneberg, C., Mitschke, A., Sudfeldt, C., Flade, M., Eikhorst, W., Fischer, S., Frick, S., Geiersberger, I., Koop, B., Kramer, M., Krüger, T., Ryslavy, T., Schlotmann, F., Stübing, S., Sudmann, S.R., Roth, N., Steffens, R., Vökler, F. & Witt, K. (2014): Atlas deutscher Brutvogelarten. – Stiftung Vogelmonitoring in Deutschland und Dachverband Deutscher Avifaunisten, Münster: 800 S.

Stein-Bachinger, K., Fuchs, S., Gottwald, F., Helmecke, A., Grimm, J., Zander, P., Schuler, J., Bachinger, J. & Gottschall, R. (2010): Naturschutzfachliche Optimierung des Ökologischen Landbaus „Naturschutzhof Brodowin". – Naturschutz und Biologische Vielfalt 90: 409 S.

Sudfeldt, C., Dröschmeister, R., Wahl, J., Berlin, K., Gottschalk, T., Grüneberg, C., Mitschke, A. & Trautmann, S. (2012): Vogelmonitoring in Deutschland – Programme und Anwendungen. – Naturschutz und Biologische Vielfalt 119: 257 S.

Sudfeldt, C., Wahl, J., Mitschke, A., Flade, M., Schwarz, J., Grüneberg, C., Boschert, M. & Berlin, K. (2010): Vogelmonitoring in Deutschland – Ergebnisse und Erfahrungen. – Naturschutz und Biologische Vielfalt 83: 99-117.

Adresse des Autors:

Dr. Martin Flade
Landesamt für Umwelt Brandenburg
Abt. Großschutzgebiete und Regionalentwicklung
Tramper Chaussee 2, 16225 Eberswalde
E-Mail: Martin.flade@lfu.brandenburg.de

Das Projekt „Sympathieträger Kiebitz“ im Bundesprogramm Biologische Vielfalt

Dominic Cimiotti und Hermann Hötker

Abstract

The German lapwing conservation project “Sympathieträger Kiebitz” (ambassador lapwing)

The project ‘Sympathieträger Kiebitz’ aims to stop the ongoing decline of northern lapwings (*Vanellus vanellus*) in Germany through different activities with broad effects. The main purpose is the development of conservation measures in agricultural landscapes and their integration into agri-environmental schemes. Additionally, the project aims to improve the management for lapwings in reserves in order to create source populations. All activities are embedded in a campaign which includes a citizen science project in order to make the lapwing an ambassador for biodiversity in farmland areas. Concrete measures such as ‘lapwing plots’, delayed sowing of maize and nest and brood protection are tested in various project regions. According to preliminary results high breeding success of lapwings was especially found on fields with lapwing plots.

1 Einleitung: Situation des Kiebitzes in Deutschland

Noch vor wenigen Jahrzehnten zählte der Kiebitz (Abb. 1) zu den charakteristischen Brutvogelarten der Agrarlandschaft in ganz Deutschland. Die Ankunft der ersten Kiebitze, ihre Balzflüge und Gelege symbolisierten vielerorts den Beginn des Frühlings. In den letzten 25 Jahren sind die Brutbestände in Deutschland vor allem in Folge der Intensivierung der Landnutzung stark zurückgegangen (Hötker et al. 2007, Grüneberg et al. 2015). Das Kiebitz-Projekt im Bundesprogramm Biologische Vielfalt soll dazu beitragen, den Negativtrend zu stoppen und umzukehren (www.kiebitzschutz.de, Internetseite zum Projekt).

Abb. 1: Kiebitze (*Vanellus vanellus*) sind mit ihrer schwarz-weißen Gefiederzeichnung und der Federholle am Kopf einfach zu erkennen und allgemein bekannt (Foto: J. Sohler).

Seit Anfang der 1990er Jahre ist die Zahl brütender Kiebitze in Deutschland nach Angaben des Dachverbandes Deutscher Avifaunisten (Trendauswertung Monitoring häufiger Brutvögel 2014) auf etwa ein Viertel gesunken. Im Zeitraum der Jahre 2005 bis 2009 brüteten noch rund 80.000 Kiebitzpaare in Deutschland (Sudfeldt et al. 2013). Europaweit sind die Kiebitz-Brutbestände von 1980 bis 2012 um 60 % zurückgegangen (EBCC 2016). Der Rückgang scheint sich mittlerweile etwas verlangsamt zu haben, hält aber weiter an. Weite Bereiche des Binnenlandes sind mittlerweile „kiebitzfrei" oder stehen kurz davor, von Kiebitzen verlassen zu werden. Die verbleibenden Bestände konzentrieren sich auf Nordwestdeutschland, vor allem an der Nordseeküste (Gedeon et al. 2015).

Grünländer mit vielen Gräben und leicht zugänglichen Ufern werden von Kiebitzen am dichtesten besiedelt. Die Küken halten sich bevorzugt an den flachen Rändern kleiner Pfützen, Blänken oder Gräben auf, soweit diese über offene Ufer mit höchstens niedriger Vegetation verfügen (Eglington et al. 2010). Während Küken kleine Wirbellose vom Boden abpicken, versuchen Altvögel zusätzlich Regenwürmer und größere Insektenlarven aus dem Boden herauszuziehen (Glutz von Blotzheim et al. 1975). Optimale Brutbedingungen boten bis in die 1950er Jahre vor allem Moor- und Niederungswiesen. Dort wuchsen die Pflanzen nur langsam und so stand lange Zeit ein geeigneter kurzrasiger Bereich für die Küken zur Verfügung (Klomp 1954).

Die Bruthabitate im Grünland sind in den letzten Jahrzehnten in großem Ausmaß durch Trockenlegung und Düngung degradiert worden, bis hin zu deren Verlust durch Umwandlung in Äcker. Gleichzeitig verschoben sich die Arbeitsgänge bei der Bewirtschaftung des Grünlandes in die Brutzeit der Kiebitze hinein, was vermehrt zu Verlusten durch Walzen oder frühes Mähen führt (Kleijn et al. 2010). Durch die dicht aufwachsende Vegetation im Intensivgrünland können Kiebitze bei Gelegeverlust außerdem kaum noch Ersatzgelege tätigen.

Im Zuge der Trockenlegung wanderten schließlich potenzielle Prädatoren von Kiebitzgelegen wie der Fuchs ein. Im früheren, nassen Zustand waren die Flächen für den Höhlenbau nicht geeignet oder boten nur wenig Nahrung, da Kleinsäuger-Populationen regelmäßig durch Überschwemmungen vernichtet wurden (Bellebaum & Bock 2009).

Der Kiebitz, der noch vor wenigen Jahrzehnten als typischer Wiesenvogel galt, brütet mittlerweile in großer Zahl auf Äckern, insbesondere auf Maisäckern (Abb. 2).

Abb. 2: Viele Kiebitze in Deutschland brüten auf Maisäckern. Bei im April einsetzender Bodenbearbeitung gehen viele Gelege verloren (Foto: F. Braun).

Die Vorliebe für solche Äcker, vor allem wenn sie inmitten von Grünland liegen, hat etwas mit dem Bestreben der Art zu tun, die Gelege auf offenem Boden anzulegen. Denn brauner Boden bzw. bräunliche Vegetation haben Kiebitzen in der Vergangenheit Bereiche mit langsamem Vegetationswachstum angezeigt (Moor- und Niederungswiesen, s.o.). Maisäcker bieten jedoch häufig keine guten Bedingungen für die Reproduktion, da die Gelege (Abb. 3) oft landwirtschaftlichen Aktivitäten zum Opfer fallen und die Küken auf den Äckern selbst möglicherweise nicht ausreichend Nahrung finden (vgl. Böhner 2017).

Obwohl Ackerbruten zunehmen, erreichen Kiebitze die höchsten Siedlungsdichten nach wie vor auf Feuchtwiesen. Auch Kurzzeit- oder Industriebrachen können geeignete Lebensräume bieten.

Abb. 3: Kiebitz-Gelege auf einem Acker, der für die Maisausaat vorbereitet wurde. Viele Gelege gehen durch die Bodenbearbeitung im Ackerland oder durch die Frühjahresarbeiten im Grünland wie Schleppen und Walzen verloren (Foto: D. Cimiotti).

Eine Analyse demographischer Parameter hat gezeigt, dass zwar die Überlebensraten erwachsener Kiebitze in den letzten Jahrzehnten nicht zurückgegangen sind, wohl aber der Bruterfolg (Roodbergen et al. 2012). Die Ursachen für den Rückgang der Bestände dürften also eher in den Brutgebieten – also auch hier in Deutschland – als in den Winterquartieren liegen. Hauptgrund ist die umfassende Intensivierung der Landwirtschaft auch im Grünland.

Außerhalb der Brutzeit, in den Monaten Juli bis Februar, sind Kiebitze in Deutschland nach wie vor sehr häufig. Es handelt sich dabei aber überwiegend um Durchzügler aus dem Norden und Osten. In milden Wintern bleiben einige Kiebitze in Deutschland, die übrigen ziehen nach West- und Südwesteuropa. Außerhalb der Brutzeit sind Kiebitze weniger wählerisch bezüglich ihres Aufenthaltsorts. Sie nutzen eine breite Palette des Offenlandes, von Feuchtwiesen bis hin zu frisch umgebrochenen und bestellten Äckern - jeweils unter der Voraussetzung, dass die Landschaft frei und offen ist.

2 Struktur und Ablauf des Projektes „Sympathieträger Kiebitz“

Das Projekt „Sympathieträger Kiebitz“ (vollständiger Titel: Der Sympathieträger Kiebitz als Botschafter: Umsetzung eines Artenschutz-Projektes zur Förderung des Kiebitzes in der Agrarlandschaft) ist ein Verbundvorhaben des NABU-

Bundesverbandes, des NABU-Landesverbandes Mecklenburg-Vorpommern und der NABU-Naturschutzstation Münsterland. Die bundesweite Koordination erfolgt am Michael-Otto-Institut im NABU in Bergenhusen (Schleswig-Holstein). Kooperationspartner insbesondere für ökonomische Arbeiten ist das Thünen-Institut für Ländliche Räume in Braunschweig. Darüber hinaus werden in neun über ganz Deutschland verteilten Projektregionen (Abb. 4) Feldversuche durchgeführt. Insgesamt sind 18 Projektpartner in das Projekt eingebunden (Tab. 1).

Abb. 4: Projektregionen im Projekt „Sympathieträger Kiebitz" (Stand: April 2017).

Tab. 1: Projektpartner im Projekt „Sympathieträger Kiebitz“ (Stand: April 2017).

Partner	**Region**	**Art der Maßnahme**
Stiftung Naturschutz Schleswig-Holstein	Niederungen und Marschen Schleswig-Holsteins	Kiebitzschutz im Grünland
KUNO e.V.	Eider-Trenner-Sorge-Niederung (Schleswig-Holstein)	Bewirtschaftungsruhe und Gelegeschutz auf Äckern
NABU-Landesverband Mecklenburg-Vorpommern	Mecklenburg-Vorpommern	Kiebitzinseln auf Äckern
BIO-CONSULT OS	Landkreis Osnabrück (Niedersachsen)	Gelege- und Kükenschutz
NABU-Naturschutzstation Münsterland	Münsterland (Nordrhein-Westfalen)	Kiebitzinseln und Bewirtschaftungsruhe auf Äckern
Thünen-Institut für Ländliche Räume	Braunschweig (Nieder-sachsen)	Kiebitzinseln, streifenförmige Maßnahmen, Gelegeschutz
NABU-Stiftung Hessisches Naturerbe	Hessen	Elektrozäune im Ackerland
Staatliche Vogelschutzwarte für Hessen, Rheinland-Pfalz und das Saarland	Hessen	Kiebitzschutz auf Äckern
Arbeitsgemeinschaft Wiesenbrüterschutz im Kreis Marburg-Biedenkopf	Landkreis Marburg-Biedenkopf (Hessen)	Gelegeschutz auf Äckern
Landkreis Marburg-Biedenkopf	Landkreis Marburg-Biedenkopf (Hessen)	Gelegeschutz auf Äckern
Arbeitsgemeinschaft Wiegenvogelschutz im Wetteraukreis	Wetterau (Hessen)	Kiebitzschutz im Grünland und auf Äckern
Kreisverwaltung des Landkreises Groß-Gerau	Landkreis Groß-Gerau (Hessen)	Gelegeschutz auf Äckern
Fachgebiet Landschaftspflege, Landkreis Darmstadt-Dieburg	Landkreise Groß-Gerau und Darmstadt-Dieburg (Hessen)	Gelegeschutz auf Äckern (Elektrozäune)
Förderverein Sächsische Vogelschutzwarte Neschwitz e.V.	Sachsen	Kiebitzinseln auf Äckern
AG Naturschutzinstitut Region Dresden e.V. im NABU Sachsen	Landkreis Meißen (Sachsen)	Gelegeschutz auf Äckern
ARGE Donaumoos	Schwäbisches Donaumoos (Bayern und Baden-Württemberg)	Kiebitzinseln auf Äckern
Büro Bioplan, Bühl	Badischer Oberrhein	Kiebitzschutz im Ackerland
Landesbund für Vogelschutz in Bayern e.V.	Bayern	Kiebitzinseln auf Äckern

Das Projekt startete im April 2014 (vorzeitiger Maßnahmenbeginn) und wird noch bis März 2019 laufen, umfasst also einen Gesamtzeitraum von fünf Jahren. Bezogen auf das Teilvorhaben des NABU-Bundesverbandes werden rund 72 % der Gesamtausgaben vom Bundesamt für Naturschutz mit Mitteln des Bundesumweltministeriums gefördert; die übrigen Kosten tragen das schleswig-holsteinische Umweltministerium, die Hans R. Neumann Stiftung sowie der NABU.

Es werden im Rahmen des Projektes insgesamt vier Module bearbeitet. Model A umfasst die Erprobung und Entwicklung von Schutzmaßnahmen für die normale Agrarlandschaft, Modul B die Erarbeitung von Agrarumweltmaßnahmen und Modul C die Optimierung des Kiebitz-Schutzes in Schutzgebieten. Eine projektbegleitende Öffentlichkeitskampagne ist Bestandteil von Modul D. Im Folgenden sollen die vier Module einschließlich der bisherigen Ergebnisse und Erfolge näher dargestellt werden.

2.1 Modul A: Schutzmaßnahmen für die normale Agrarlandschaft

Da der größte Teil der Kiebitze in Deutschland auf landwirtschaftlichen Nutzflächen brütet, stehen diese Agrarlandschaften im Fokus des Projektes. Für diese Flächen werden Maßnahmen zum Schutz von Kiebitzen während der Brutzeit entwickelt und in Form von Feldversuchen auf repräsentativen Standorten in Projektregionen umgesetzt und erprobt (Cimiotti et al. 2017b). Diese Feldversuche sind auf Ackerflächen fokussiert, da hier im Gegensatz zum Grünland bisher wenige Erkenntnisse im Bezug auf den Kiebitzschutz vorliegen. Die Durchführung erfolgte bzw. erfolgt in den Jahren 2015 bis 2017, nachdem im Jahr 2014 zum Teil Aufnahmen zur Verteilung von Kiebitzen vor dem Start der Maßnahmen durchgeführt worden waren.

Die konkreten Maßnahmen wurden im Winter 2014/15 entwickelt und im Februar 2015 im niedersächsischen Lemförde mit haupt- und ehrenamtlichen Akteuren im Kiebitzschutz diskutiert und angepasst. Darüber hinaus werden die Maßnahmen auf Grundlage der Erfahrungen mit den Feldversuchen laufend evaluiert und weiter entwickelt.

Umgesetzte Maßnahmen

Bisher wurden vor allem folgende Schutzmaßnahmen erprobt:

Kiebitzinseln in Winterungen

Kiebitzinseln wurden in Großbritannien entwickelt (Chamberlain et al. 2009). Bei der Anlage in Winterungen (Abb. 5) handelt es sich um nicht bestellte Flächen innerhalb einer Kultur wie Wintergetreide oder Winterraps, die zwischen dem 10. März und 15. Juli nicht bewirtschaftet werden. Die Anlage erfolgt durch Bodenbearbeitung (mindestens Mulchen und Eggen) vor dem 10. März, wobei gewährleistet sein muss, dass die Fläche zum Stichtag überwiegend aus Offenboden besteht. Eine Zwischenfrucht vor dem 10. März ist möglich, der Einsatz von Pflanzenschutzmaßnahmen auf der Insel ist grundsätzlich nicht zulässig. Kiebitzinseln sollen als sichere Brutplätze dienen und ein Nahrungshabitat für die Kiebitzküken darstellen. Es wird eine positive Wirkung auch auf andere Tier- und Pflanzenarten erwartet. Nach Untersuchungen, die in Sachsen durchgeführt worden waren (Schmidt et al. 2017), sollten Kiebitzinseln mindestens zwei bis fünf ha groß sein, damit diese von Kiebitzen angenommen werden.

Abb. 5: Kiebitzinsel (nicht bestellte Teilfläche) in einer Winterung in Mecklenburg-Vorpommern (Foto: U. Bähker).

Kiebitzinseln sollten nur an geeigneten Brutplätzen angelegt werden. Insbesondere natürliche Nassstellen in Senken (Abb. 6) eignen sich als Mittelpunkt einer Kiebitzinsel. Schläge mit einem zu ausgeprägten Relief oder einem zu starken Gefälle scheiden genauso aus wie solche, die relativ klein und von hohen Gehölzen bzw. Bebauung umgeben sind. Die Abstände der Inselflächengrenzen zu vertikalen Strukturen (Gebäude, Büsche und Bäume höher als 5 m) sowie zu Straßen sollte möglichst 50 m oder mehr betragen. Die Lage der Kiebitzinsel auf einem Acker muss aus Gründen der Agrarförderung von Jahr zu Jahr wandern.

Abb. 6: Natürliche Nassstellen in Senken eignen sich als Mittelpunkt für die Anlage einer Kiebitzinsel. Derartige Nassstellen werden von adulten Kiebitzen sowie von den Küken gerne zur Nahrungssuche genutzt (Foto: U. Bähker).

Kiebitzinseln in Sommerungen

Kiebitzinseln in Sommerungen werden vor allem auf Mais- und Zuckerrübenäckern analog zu Kiebitzinseln in Winterungen durch Nicht-Bestellung mit der Feldfrucht angelegt. Sie können entweder im Vorfeld der Brutsaison festgelegt werden oder auch kurzfristig bei aktuellen Kiebitzvorkommen auf einer Fläche vereinbart werden. Bei vorhandenen Kiebitzvorkommen können diese auch in geringerer Ausdehnung umgesetzt und von Gelegeschutz-Maßnahmen außerhalb der Inselfläche auf demselben Acker flankiert werden.

In einem Teil der Projektregionen wird die Ansaat einer lückigen Gras-Klee-Mischung im Bereich der Kiebitzinseln getestet. Diese soll Deckung für Küken bieten, das Nahrungsangebot im Gegensatz zu vegetationsfreien Ackerbereichen erhöhen und das Aufwachsen von Ackerkräutern und -gräsern reduzieren.

Bewirtschaftungsruhe in Sommerungen

Diese in Nordrhein-Westfalen entwickelte Maßnahme wird auch als verzögerte Maisaussaat bezeichnet, sofern es sich um Maisäcker handelt. Dabei wird im Sommerfruchtanbau zum Schutz von Gelegen und Bruten der Kiebitze und anderer Arten eine Bewirtschaftungsruhe während der Kernbrutzeit von Mitte März bis in den Mai vereinbart. Anschließend daran findet normale Bewirtschaftung statt. Im Gegensatz zur Kiebitzinsel bedeutet diese Maßnahme aus landwirtschaftlicher Sicht keinen kompletten Ernteausfall für das Sommerhalbjahr. Es sind mehrere Optionen bezüglich des Endes des Schutzzeitraumes möglich (z.B. bis zum 15. Mai). In dieser Zeit wird die Fläche nicht befahren und es finden keine landwirtschaftlichen Aktivitäten auf dem Schlag oder einem Teilbereich desselben statt. Überwinternde Zwischenfrüchte werden vorher durch Bodenbearbeitung (mindestens Mulchen und Eggen) in den Boden eingearbeitet.

Nach Ende der Bewirtschaftungsruhe erfolgt die Bodenbearbeitung zum Schutz bereits mobiler Küken von einer Außenseite in Richtung eines unmittelbar angrenzenden Schlages. Hierdurch soll gewährleistet werden, dass die Küken während der Bearbeitung auf geeignete, unmittelbar angrenzende Flächen ausweichen können. Die zur Brut geeignete Kernfläche soll eine Mindestgröße von 50 m x 50 m aufweisen, die über einen ausreichenden Abstand (mindestens 50 m) zu Strukturen wie Straßen, Gehölzen bzw. Gebäuden verfügt. Es wird angestrebt, den Kiebitzen trotz Fruchtfolge entweder im gleichen Schlag oder in unmittelbarer Umgebung (im Feldblock) in jedem Jahr eine solche Fläche in ausreichender Größe und Qualität zur Brut anzubieten.

Gelegeschutz

Bei dieser Maßnahme erfolgt ein Schutz von Kiebitzgelegen durch Markierung der Gelege mit schmalen Stangen (Abb. 7) und Umfahren oder kleinräumiges Umsetzen der Gelege bei der Bodenbearbeitung. Im Landkreis Osnabrück umfassen die Schutzmaßnahmen auch den Schutz von Kiebitzküken vor landwirtschaftlicher Flächenbearbeitung (Hönisch et al. 2016). Die Förderung erfolgt in diesem Fall im Rahmen eines Programmes des Landes Niedersachsen unter finanzieller Beteiligung der Europäischen Union.

Abb. 7: Um Gelege zu schützen, werden Kiebitznester mit zwei Stangen im Abstand von jeweils circa drei Metern vor und hinter dem Nest markiert (Foto: F. Braun).

Einzäunung von Kiebitzkolonien mit Elektrozäunen

In den vergangenen Jahrzehnten wurden Verluste von Gelege und Bruten von Wiesenvögeln durch Bodenprädatoren wie den Rotfuchs zunehmend als Problem erkannt. Zum großräumigen Schutz von Brutflächen mit einer Kiebitzkolonie können elektrische Zäune (Abb. 8), insbesondere Geflügelschutzzäune, eingesetzt werden. Die Maßnahme dient dazu, den Bruterfolg anwesender Kiebitzpaare zu verbessern, indem zumindest größeren Bodenprädatoren der Zugang zu den Gelegen und Küken erschwert wird. Im Zuge des Projektes werden zudem Wildkameras sowohl innerhalb als auch außerhalb von eingezäunten Bereichen eingesetzt, um das jeweilige Spektrum von Nesträubern zu untersuchen. Außerdem soll die Bedeutung einzelner Prädatorenarten von Kiebitz-Gelegen in verschiedenen Regionen Deutschlands verglichen werden.

Abb. 8: Elektrozäune werden eingesetzt, um Kiebitzkolonien vor größeren Bodenprädatoren zu schützen (Foto: H. Theiß).

Bisherige Ergebnisse der Feldversuche

In den Jahren 2015 und 2016 wurden 29 Kiebitzinseln in Winterungen und 32 Kiebitzinseln in Sommerungen angelegt (Tab. 2). Die Maßnahme „Bewirtschaftungsruhe in Sommerungen“ wurde auf 29 Flächen umgesetzt (Tab. 2). Gelegeschutzmaßnahmen wurden in allen Projektregionen zumindest jahrweise durchgeführt. Die Anlage von Kiebitzinseln in Sachsen, die Bewirtschaftungsruhe in Sommerungen im Münsterland sowie der Gelegeschutz im Landkreis Osnabrück erfolgten jeweils im Rahmen von Landesprojekten. In diesen Fällen erfolgte jedoch eine Erfolgskontrolle im Rahmen des Projektes „Sympathieträger Kiebitz“.

Tab. 2: Übersicht zu den umgesetzten Maßnahmen in den Jahren 2015 und 2016.

Region	**Maßnahme**			
	Kiebitzinsel in Winterung	**Kiebitzinsel in Sommerung**	**Bewirtschaftungsruhe in Sommerungen**	**Elektrozaun**
Schleswig-Holstein		2	5	
Mecklenburg-Vorpommern	12	5		
Münsterland	3	9	22	
Raum Braunschweig	1	12		
Lkr. Osnabrück	1			
Hessen				3
Schwäbisches Donaumoos		3	2	
Sachsen	12	1		
Summe	**29**	**32**	**29**	**3**

Eine wesentliche Erkenntnis der Feldversuche war, dass Kiebitzinseln, wenn sie von Kiebitzen angenommen werden, zu sehr hohen Bruterfolgen führen können (Abb. 9). Viele in Mecklenburg-Vorpommern angelegte Kiebitzinseln wurden hingegen nicht von Kiebitzen besiedelt, vermutlich auf Grund einer zu geringen Kiebitzdichte in deren Umgebung. Die Maßnahme „Bewirtschaftungsruhe in Sommerungen" hat im Münsterland zu deutlich geringeren Bruterfolgen als die Anlage von Kiebitzinseln geführt (Abb. 9). Ein Problem dieser Maßnahme könnte in der abrupt einsetzenden Bodenbearbeitung nach dem Ende der Bewirtschaftungsruhe bestehen, durch die junge Kiebitzküken wegen mangelnder Fluchtfähigkeit zu Tode kommen. Hierzu sind weitere Untersuchungen nötig. Lösungsansätze könnten in einem flexiblen Ende der Bewirtschaftungsruhe oder besonderen Maßnahmen zum Schutz noch anwesender Küken bei der Bodenbearbeitung im Mai bestehen.

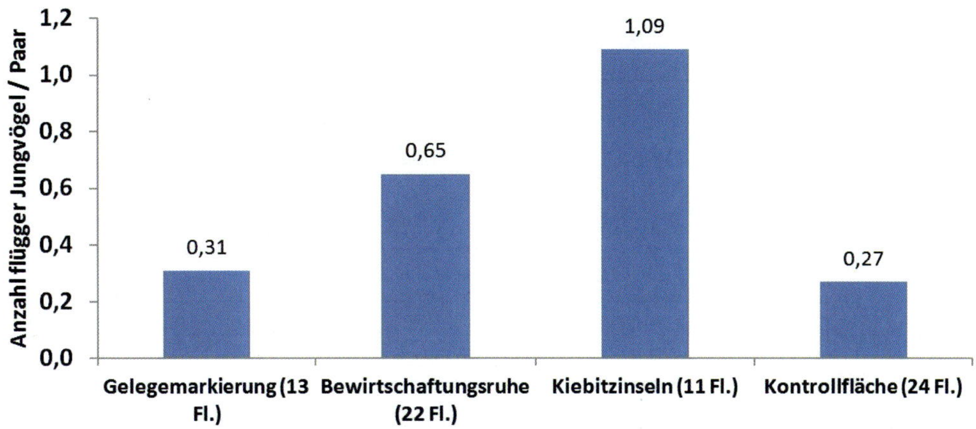

Abb. 9: Bruterfolg von Kiebitzen im Münsterland in Abhängigkeit von verschiedenen Maßnahmen in den Jahren 2015 und 2016.

Der Erfolg des Gelegeschutzes war regional sehr unterschiedlich mit einer Spanne von keinem Bruterfolg bis zu 0,6 flüggen Jungen pro Paar auf einer Probefläche im Kreis Osnabrück. Die höchsten Bruterfolge von mindestens 1,0 bis 1,6 flügge Junge pro Paar wurden auf Brutflächen mit Einzäunung erreicht. Mit Hilfe von Wildkameras konnten in fünf Projektregionen im Jahr 2016 in 17 Fällen Rotfüchse (*Vulpes vulpes*) und in einem Fall ein Mäusebussard (*Buteo buteo*) als Nesträuber nachgewiesen werden. In den übrigen Fällen wurde mit den Kameras ein erfolgreicher Schlupf der Gelege nachgewiesen.

Auf zwanzig Kiebitzinseln (vor allem auf Winterungen) in Ostdeutschland wurden im Jahr 2015 neben den Kiebitzen insgesamt 37 weitere Vogelarten nachgewiesen. Pro Kiebitzinsel wurden bis zu 16 (durchschnittlich sechs) weitere Vogelarten festgestellt. Unter diesen Arten fanden sich mehrere Rote Liste-Arten wie Flussregenpfeifer (*Charadrius dubius*), Braunkehlchen (*Saxicola rubetra*) und Grauammer (*Emberiza calandra*). Auf mehreren Kiebitzinseln bestand für die drei genannten Arten Brutverdacht. Außerdem wurden auf Äckern mit Kiebitzinseln höhere Dichten von Feldlerchen (*Alauda arvensis*) als auf vergleichbaren Kontrollflächen ohne Maßnahme festgestellt. Dies zeigt, dass von der Maßnahme Kiebitzinsel neben dem Kiebitz auch andere Arten profitieren.

2.2 Modul B: Erarbeitung von Agrarumweltmaßnahmen

Damit die im Rahmen des Projektes entwickelten Maßnahmen den negativen Bestandstrend des Kiebitzes bundesweit zukünftig stoppen und umkehren können, müssen diese für eine breite Umsetzung geeignet sein. Ein entscheidendes Kriterium ist hierbei die Eignung als Agarumweltmaßnahme, durch die die teilnehmenden Landwirte als Ausgleich für mit der Maßnahme verbundene

Ertragseinbußen bzw. den Mehraufwand öffentliche Gelder erhalten können. Die Maßnahmen sollten dabei möglichst so ausgelegt sein, dass sie im Rahmen der Gemeinsamen Agrarpolitik der Europäischen Union von der EU-Kommission mitfinanziert werden können.

Ein zentrales Kriterium ist natürlich auch die Umsetzbarkeit der Maßnahmen durch Landwirte. Daher soll in dem Projekt nicht nur die Wirkung der Maßnahmen auf den Kiebitz, sondern auch die praktische Umsetzbarkeit untersucht und erprobt werden. Besonderes Augenmerk liegt dabei auf dem Beratungsbedarf und den entstehenden Kosten.

In einer ersten Befragung (Winter und Frühjahr 2016/17) werden diejenigen Landwirte befragt, die im Rahmen der Feldarbeiten am Projekt beteiligt sind. Ziel ist es, Rahmendaten zu teilnehmenden Betrieben (z.B. Größe, Betriebszweige) und den landwirtschaftlichen Arbeitsschritten auf den Maßnahmenflächen (z.B. Art, Termine und ggf. Aufwandmengen von Düngung, Pestizideinsatz sowie Bodenbearbeitung) zu erfragen Daneben soll erfasst werden, warum die Betriebe sich an dem Projekt beteiligen. Außerdem sollen die Erfahrungen mit den Maßnahmen und die Akzeptanz der Maßnahmen erfragt werden.

Die bisher durchgeführten Befragungen zeigen eine grundlegende Bereitschaft der Landwirte, Maßnahmen zum Kiebitzschutz zu realisieren. Häufig betont wird die Notwendigkeit, entstehende finanzielle Einbußen sowie materiellen und zeitlichen Mehraufwand bei der Bewirtschaftung angemessen zu entschädigen. Die Landwirte wünschen eine flexible Handhabung der Maßnahmen, sodass sie in die üblichen Betriebsabläufe integriert werden können. Darüber hinaus erwarten die bisher befragten Landwirte zumeist frühzeitige und verlässliche Absprachen (Verträge). Kurzfristige Vereinbarungen als Reaktion auf aktuelle Kiebitzvorkommen werden jedoch nicht grundsätzlich abgelehnt. Hierfür muss ein geeigneter Kompromiss aus Spontanität und Planungssicherheit gefunden werden. Es zeichnet sich außerdem der Bedarf ab, dass die Maßnahmen sachkundig begleitet werden und kompetente Ansprechpartner vor und während der Saison für die Landwirte zur Verfügung stehen. Dies scheint die Bereitschaft der Landwirte zur Umsetzung von Maßnahmen deutlich zu erhöhen.

Basierend auf diesen ersten Befragungen und den Ergebnissen der Feldarbeiten werden Vorschläge zum Design der einzelnen Maßnahmen erarbeitet. Diese sollen mit verschiedenen Stakeholdern der Maßnahmen in unterschiedlichen Interviewformen diskutiert werden. Zum einen sind Gruppendiskussionen mit den beteiligten Landwirten aus den unterschiedlichen Projektregionen vorgesehen. Zum anderen sind Einzelinterviews mit Mitarbeitern von Förderinstitutionen und Verwaltungen (u.a. Naturschutz- und Landwirtschaftsverwaltungen aber auch Zahlstellen) geplant. Ziel der Interviews ist es mit explorativen Verfahren die unterschiedlichen Sichtweisen auf die Maßnahmenvorschläge zu beleuchten und das Design der Maßnahmen jeweils entsprechend anzupassen. In einer zweiten Befragung von Landwirten (Winter 2017/18) soll ein größerer Kreis von Landwirten zur Akzeptanz von verschiedenen Maßnahmendesigns befragt werden. Befragungsmethode wird das Choice-Experiment sein. Den Landwirten werden nacheinander verschiedene Maßnahmenoptionen vorgelegt, für die sie sich entscheiden können. Auch die Nicht-Teilnahme an der Maßnahme ist eine Option. Aus den Antworten lässt sich der unabhängige Einfluss der verschiedenen Optionen auf die Maßnahmenakzeptanz ermitteln.

Um die Potenziale für die verschiedenen Maßnahmen und die Populationsentwicklung des Kiebitzes abzuschätzen, soll zudem mit Hilfe eines agrarökonomischen Models (RAUMIS) die zukünftige regionale Verteilung von landwirtschaftlichen Produktionsverfahren mit hoher Bedeutung für den Kiebitz in Abhängigkeit von den Rahmenbedingungen der EU-Agrarpolitik und der Biomasseförderung im Rahmen des Erneuerbare Energien Gesetzes abgeschätzt werden.

2.3 Modul C: Optimierung des Managements in Schutzgebieten

Obwohl ein großer Teil der Kiebitze in Deutschland nach wie vor in der normalen Agrarlandschaft brütet, stellen (Natur-)Schutzgebiete bzw. Wiesenvogel-Reservate häufig wichtige Kerngebiete dar, von denen auch umliegende Brutplätze in der Agrarlandschaft profitieren. So können sich bei guten Bruterfolgen in diesen Kerngebieten „überschüssige“ Jungvögel in späteren Jahren auch außerhalb ansiedeln und dortige Teilbestände stützen. Voraussetzung dafür ist jedoch, dass Schutzgebiete optimal für Kiebitze und andere Wiesenvögel gepflegt werden (Wasser, Beweidung, Mahd und Minimierung menschlicher Störungen). Im Rahmen des Projektes „Sympathieträger Kiebitz“ sollen daher Literaturdaten zu der Frage zusammen getragen werden, wie ein bestmögliches Management erreicht werden kann. Eine weitere wichtige Rolle spielt der Austausch zu diesen Themen mit Wissenschaftlern und Praktikern aus dem In- und Ausland. Neben der Fachtagung Kiebitzschutz im Jahr 2015 ist im September 2017 die Durchführung eines internationalen Workshops zum Thema Ökologie und Schutz des Kiebitzes im Rahmen der Jahrestagung der International Wader Study Group in Prag vorgesehen.

Im Rahmen dieses Moduls soll zudem die Frage bearbeitet werden, welchen Bruterfolg (Anzahl flügger Jungvögel pro Brutpaar und Jahr) Kiebitze erreichen müssen, um mortalitätsbedingte Verluste auszugleichen und damit den Bestand stabil zu halten. Dieser Parameter ist von zentraler Bedeutung, um den Erfolg der Schutzmaßnahmen sowie die Qualität der verbliebenen Kiebitzbrutgebiete in Deutschland beurteilen zu können. Dazu werden in Schleswig-Holstein bereits seit dem Jahr 2007 Alt- und Jungvögeln mit Farbringen individuell markiert (Cimiotti et al. 2017a; Abb. 10), um die dafür notwendigen Parameter Überlebens- und Dispersionsrate zu ermitteln. Insgesamt wurden bis zum Jahr 2016 527 Kiebitze farbberingt. Derzeit wird in Zusammenarbeit mit der Schweizerischen Vogelarte Sempach ein „Integriertes Populationsmodell" erstellt, um die Überlebensraten unter Einbeziehung von Daten zur Reproduktion und Entwicklung der Populationsgröße ermitteln zu können. Die bisherigen Ergebnisse haben gezeigt, dass viele Kiebitze eine geringe Ortstreue aufweisen und sich sowohl als Jungvogel als auch als Altvogel über größere Entfernungen umsiedeln können (Abb. 11).

Abb. 10: Kiebitze werden in Schleswig-Holstein seit dem Jahr 2007 mit individuellen Farbringkombinationen sowie einem Metallring der Vogelwarte Helgoland beringt (Foto: D. Cimiotti).

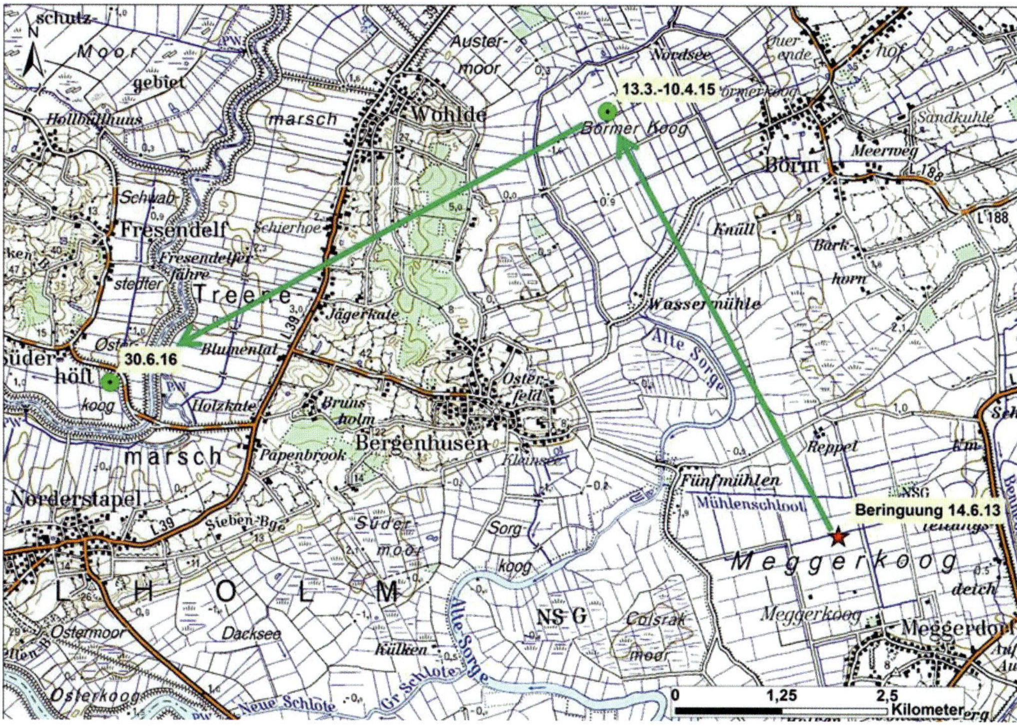

Abb. 11: Beispiel für Umsiedlungen eines individuell beringten Kiebitzes in der Eider-Treene-Sorge-Niederung in Schleswig-Holstein. Der weibliche Vogel war im Jahr 2013 als Jungvogel im Megggerkoog beringt worden, brütete im Jahr 2015 im Börmer Koog und wurde im Juni 2016 mit Jungen auf einem Maisacker nahe der Treene beobachtet.

2.4 Modul D: Öffentlichkeitsarbeit

Durch ihre Auffälligkeit und ihren Bekanntheitsgrad sind Kiebitze gut geeignet, die drängenden Probleme des Schutzes der Biodiversität im Agrarbereich zu kommunizieren. Dies soll durch Citizen-Science-Projekte, Medienarbeit und Projekte vor Ort erreicht werden.

Der NABU hat in den Jahren 2016 und 2017 jeweils dazu aufgerufen Kiebitzbeobachtungen zu melden, um auf den gefährdeten Agrarvogel aufmerksam zu machen. Die Aufrufe erfolgte über Pressemeldungen, die Website des NABU sowie Beiträge in Zeitschriften (Der Falke, NABU-Magazin Naturschutz heute). Sichtungen von Kiebitzen können über die Naturbeobachtungs-Webseiten www.Ornitho.de oder www.NABU-naturgucker.de gemeldet werden. Auf einer Übersichtskarte auf Ornitho.de wurde die Rückkehr des Kiebitzes sichtbar gemacht (Abb. 12). Im Jahr 2016 sind mehr als 15.000 Meldungen von Kiebitzen aus den Monaten Februar und März eingegangen, rund 2.800 Personen haben sich beteiligt.

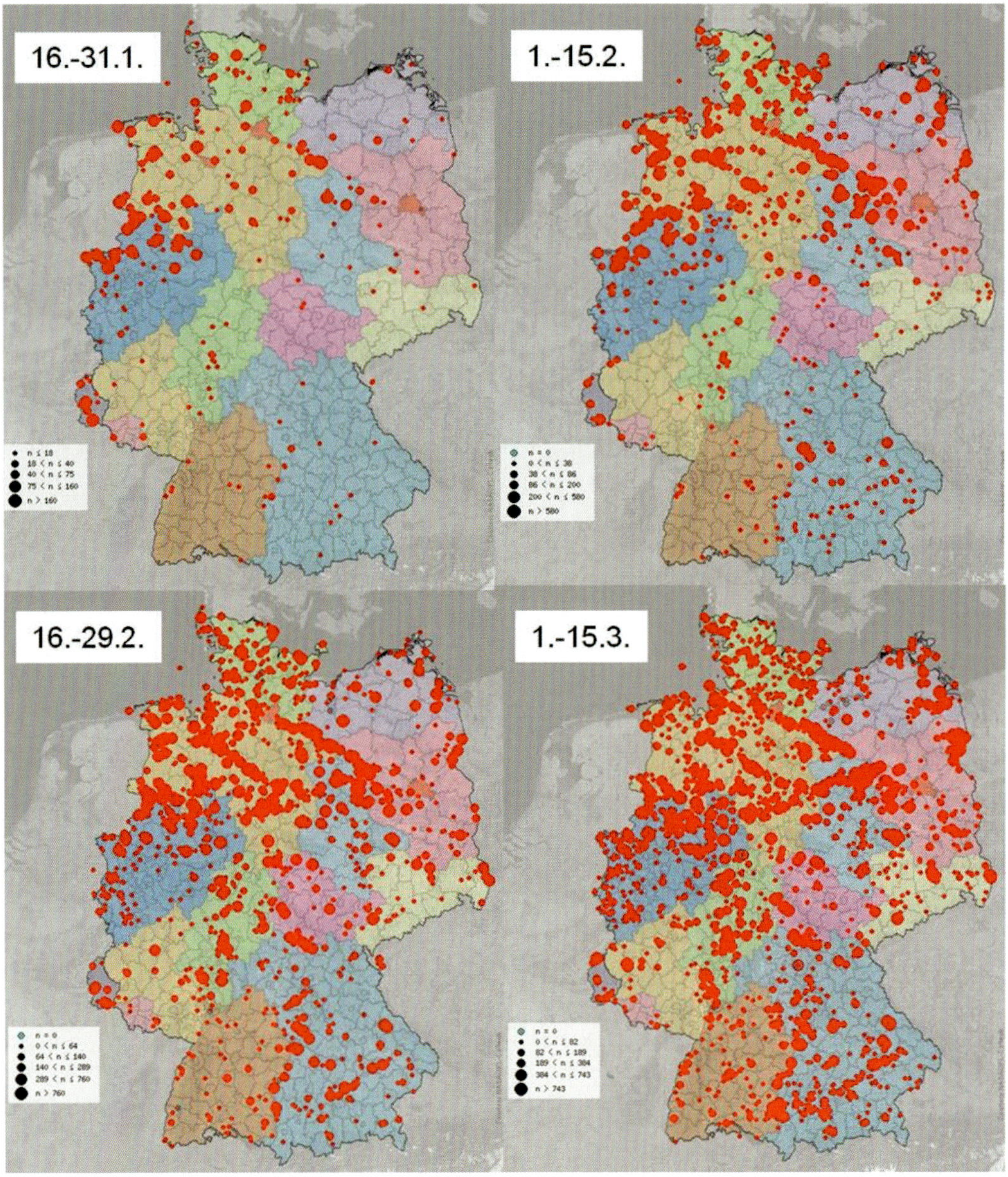

Abb. 12: Rückkehr des Kiebitzes nach Deutschland (und Luxemburg) 2016. Dargestellt sind die Meldungen von Kiebitzen in dem angegebenen Zeitraum. Die Größe der roten Punkte korrespondiert mit der Anzahl der beobachteten Kiebitze (Quelle: Ornitho.de).

Im Jahr 2017 wurde die Melde-Aktion inhaltlich erweitert, indem auch brütende Kiebitze mit Informationen zur Art und zur Lage des Brutplatzes gemeldet werden sollen. Mit den so gewonnen Daten soll unter anderem die Frage beantwortet werden, wie sich die in Deutschland brütenden Kiebitze auf verschiedene Anbaukulturen verteilen und welche Habitatpräferenzen die Kiebitze darüber hinaus haben. Diese Informationen sollen am Thünen-Institut für Ländliche Räume mit Daten und Prognosen zur Entwicklung der Landwirtschaft in Deutschland verschnitten werden, um das Schutzkonzept für die Art in Deutschland zu optimieren.

Darüber hinaus wird das Projekt „Sympathieträger Kiebitz“ seit dem Jahr 2015 in jedem Jahr im Rahmen des „Kiebitzfestes“ des NABU Hamburg an der Carl Zeiss Vogelstation in der Wedeler Marsch vorgestellt. An dieser Veranstaltung, die jeweils an einem Sonntag im April stattfindet, nehmen jeweils mehr als 1.000 Besucherinnen und Besucher teil.

Es wurden neben einer Projekt-Website (www.kiebitzschutz.de, Internetseite zum Projekt) zwei Faltblätter zum Projekt erstellt – das Faltblatt „Gaukeln statt Sturzflug“, das über das Projekt informiert, sowie „Landwirtschaft für den Kiebitz“, das praktische Schutzmöglichkeiten für Landwirte aufzeigt. Letzteres wurde in der Fachzeitschrift „Die Vogelwarte“ als wertvolle Handreichung für alle, die sich aktiv im Kiebitzschutz engagieren, besprochen.

Im Rahmen der Medienarbeit des Projektes wurde unter anderem mehrfach in Funk und Fernsehen über das Projekt berichtet (NDR, ZDF-Mittagsmagazin etc.). In Kooperation mit dem Projekt „GreenCut – Jugend filmt biologische Vielfalt“ wurden zudem bisher zwei Filme über das Kiebitzprojekt produziert, die sich mit den Projektregionen im Münsterland und in Schleswig-Holstein befassen. Die Filme können über die Internetseite des Projektes „GreenCut“ abgerufen werden.

3 Ausblick

Im Zuge des Projektes „Sympathieträger Kiebitz“ soll ein internationaler Workshop zu Ökologie und Schutz des Kiebitzes durchgeführt werden. Es ist geplant, dass dieser im Rahmen der Jahrestagung der International Wader Study Group in Prag (15.-18.9.2017) stattfinden wird. Darüber hinaus ist für das Jahr 2018 eine nationale Abschlusstagung zum Projekt mit agrarpolitischem Schwerpunkt in Berlin vorgesehen. Dabei sollen die Schlussfolgerungen der Projektergebnisse für das behördliche und politische Handeln diskutiert werden (z.B. Förderprogramme).

Die Ergebnisse des Projektes „Sympathieträger Kiebitz“ sollen zusammen mit den Erkenntnissen anderer Untersuchungen aus dem In- und Ausland in einem Handbuch zum Kiebitzschutz zusammengestellt werden. Es ist angedacht, dabei zweigleisig zu verfahren. Neben einem „Praxis-Handbuch“ für Landwirte und Naturschützer soll eine wissenschaftliche Abhandlung zum Kiebitzschutz (möglichst auch englischsprachig) erstellt werden.

Durch das Projekt „Sympathieträger Kiebitz“ konnten bereits zahlreiche lokale Kiebitzschutz-Initiativen aus Deutschland miteinander vernetzt werden. Dieser eingeschlagene Weg sollte auch in Zukunft dringend fortgesetzt werden. Denn wo sich vor Ort Menschen um den Schutz des Kiebitzes kümmern, stellen sich meist zumindest kleine Erfolge ein. Hierzu ist jedoch eine zentrale Koordination dieser Aktivitäten sinnvoll und nötig.

4 Zusammenfassung

Das Projekt „Sympathieträger Kiebitz“ (www.kiebitzschutz.de, Internetseite zum Projekt) zielt darauf ab, den anhaltenden Bestandsrückgang des Kiebitzes (*Vanellus vanellus*) in der Agrarlandschaft durch verschiedene Aktivitäten mit Breitenwirkung zu stoppen. Im Vordergrund steht dabei die Entwicklung von Maßnahmen in „normalen“ Agrarlandschaften und deren Integration in Förderprogramme. Zusätzlich soll das Management für Kiebitze in Schutzgebieten optimiert werden, damit diese zu Populationsquellen werden. Die Aktivitäten werden durch eine Öffentlichkeitskampagne und eine Melde-Aktion begleitet, die den Kiebitz zu einem Botschafter für Biodiversität im Agrarbereich entwickelt. In mehreren Projektregionen werden konkrete Maßnahmen wie die Anlage von Kiebitzinseln, eine Bewirtschaftungsruhe in Sommerungen oder der Gelege- und Kükenschutz erprobt. Nach den bisherigen Ergebnissen wurden insbesondere auf Flächen mit Kiebitzinseln hohe Bruterfolge gemessen.

5 Danksagung

Für die kritische Durchsicht des Manuskriptes zu diesem Beitrag gilt unser Dank Hannah Böhner, Christoph Buschmann, Lisa Dumpe sowie Kristian Mantel.

Das Projekt wird gefördert durch das Bundesamt für Naturschutz mit Mitteln des Bundesministeriums für Umwelt, Naturschutz, Bau und Reaktorsicherheit im Rahmen des Bundesprogrammes Biologische Vielfalt sowie Mitteln des Ministeriums für Energiewende, Landwirtschaft, Umwelt und ländliche Räume des Landes Schleswig-Holstein und der Hanns R. Neumann Stiftung.

6 Literaturverzeichnis

Bellebaum, J. & Bock, C. (2009): Influence of ground predators and water levels on Lapwing *Vanellus vanellus* breeding success in two continental wetlands. – Journal of Ornithology 150: 221-230.

Böhner, H. (2017): Einfluss von Landnutzung, Nahrungsverfügbarkeit und Prädatoren auf das Verhalten von Kiebitzen (*Vanellus vanellus*). – München (Technische Universität München, Masterarbeit): 57 S.

Chamberlain, D., Gough, S., Anderson, G., Macdonald, M., Grice, P. & Vickery, J. (2009): Bird use of cultivated fallow 'Lapwing plots' within English agri-environment schemes. – Bird Study 56: 289-297.

Cimiotti, D.V., Avé, M., Bruns, H.A., Jeromin, H., Kapoun, O., Meyer, N., Schütze, J., Sohler, J. & Hötker, H. (2017a): Populationsstudie am Kiebitz in Schleswig-Holstein – Untersuchungen 2016. – Bergenhusen (Bericht im Rahmen des Kiebitz-Projektes im Bundesprogramm Biologische Vielfalt, Michael-Otto-Institut im NABU): 24 S.

Cimiotti, D., Hötker, H., Avé, M., Bähker, U., Böhner, H., Hönisch, B., Kapoun, O., Kilian, J., Laumeier, T., Mäck, U., Melter, J., Reinhard. A., Röder, N., Sommerhage, M., Sohler, J. & Theiß, H. (2017b): Schutzmaßnahmen für den Kiebitz in der Agrarlandschaft – Ergebnisse der Feldversuche 2016. – Bergenhusen (Bericht im Rahmen des Kiebitz-Projektes im Bundesprogramm Biologische Vielfalt). – Michael-Otto-Institut im NABU: 30 S.

EBCC/European Bird Census Council (2016): Trends of common birds in Europe, 2015 update. – European Bird Census Council. – URL: http://www.ebcc.info/index.php?ID=587 (gesehen am: 25.03.2016).

Eglington, S.M., Bolton, M., Smart, M.A., Sutherland, W.J., Watkinson, A.R. & Gill, J.A. (2010): Managing water levels on wet grassland to improve foraging conditions for breeding northern lapwing *Vanellus vanellus*. – Journal of Applied Ecology 47: 451-458.

Gedeon, K., Grüneberg, C., Mitschke, A. & Sudfeldt, C. (2015): Atlas Deutscher Brutvogelarten. – Münster (Stiftung Vogelmonitoring Deutschland, Dachverband Deutscher Avifaunisten): 800 S.

Glutz von Blotzheim, U.N., Bauer, K.M. & Bezzel, E. (1975) Handbuch der Vögel Mitteleuropas. Band 6: Charadriiformes (1.Teil). – Wiesbaden (Akademische Verlagsgesellschaft): 839 S.

Grüneberg, C., Bauer, H.-G., Haupt, H., Hüppop, O., Ryslavy, T. & Südbeck, P. (2015): Rote Liste der Brutvögel Deutschlands. 5. Fassung, 30. November 2015. – Berichte zum Vogelschutz 52: 19-67.

Hönisch, B., Melter, J. & Raude, N. (2016): Gelege- und Kükenschutzprogramm in Neuenkirchen (Landkreis Osnabrück) 2016. – Belm (Bericht für die Naturschutzstiftung des Landkreises Osnabrück. BIO-CONSULT): 35 S.

Hötker, H., Jeromin, H. & Melter, J. (2007): Entwicklung der Brutbestände der Wiesen-Limikolen in Deutschland – Ergebnisse eines neuen Ansatzes im Monitoring mittelhäufiger Brutvogelarten. – Vogelwelt 128: 49-65.

Kleijn, D., Schekkerman, H., Dimmers, W.J., Van Kats, R.J.M., Melman, D. & Teunissen, W.A. (2010): Adverse effects of agricultural intensification and climate change on breeding habitat quality of Black-tailed Godwits *Limosa l. limosa* in the Netherlands. – Ibis 152: 475-486.

Klomp, H. (1954): De terreinkeus van de Kievit, *Vanellus vanellus* (L.). – Ardea 42: 1-139.

Roodbergen, M., van der Werf, B. & Hötker, H. (2012): Revealing the contributions of reproduction and survival to the Europe-wide decline in meadow birds: review and meta-analysis. – Journal of Ornithology 153: 53-74.

Schmidt, J.U., Eilers, A., Schimkat, M., Krause-Heiber, J., Timm, A., Siegel, S., Nachtigall, W. & Kleber, A. (2017): Factors influencing the success of within-field AES fallow plots as keysites for the Northern Lapwing *Vanellus vanellus* in an industrialized agricultural landscape of Central Europe. – Journal for Nature Conservation 35: 66-76.

Sudfeldt, C., Dröschmeister, R., Frederking. W., Gedeon, K., Gerlach, B., Grüneberg, C., Karthäuser, J., Langgemach T., Schuster, B., Trautmann, S. & Wahl, J. (2013): Vögel in Deutschland – 2013. – Münster (Dachverband Deutscher Avifaunisten, Bundesamt für Naturschutz und Länderarbeitsgemeinschaft der Vogelschutzwarten): 64 S.

Adresse der Autoren:

Dominic Cimiotti und Dr. Hermann Hötker
Michael-Otto-Institut im NABU
Goosstroot 1, 24861 Bergenhusen
E-Mail: dominic.cimiotti@nabu.de

Sicherung und Optimierung von Schreiadler-Lebensräumen: Herausforderungen für den Vertragsnaturschutz

Andreas Kinser, Hilmar Freiherr von Münchhausen, Torsten Ode, Wolfgang Scheller und Peter Wernicke (†)

Abstract

A testing and development project on the Lesser Spotted Eagle in Mecklenburg-Western Pomerania aimed at the exemplary conservation of five selected breeding habitats in the forest and feeding habitats in open landscapes implemented by contractual nature conservation. A species-appropriate management for 149 ha cropland, 71 ha grassland and 225 ha forest has been secured by contract for 10 years. Most contract-based nature conservation measures in open landscapes concern the establishment or securing of grassland as feeding habitat of the Lesser Spotted Eagle. The agreed land use regime combines a raptor-appropriate management with animal protection. The average annual compensation payments were at a level with the public agri-environmental measures. Within the scope of a public contractual nature conservation programme of the Federal State, an investment measure for the renaturation of small water bodies near the breeding forest has been realised. Together with the Mecklenburg-Western Pomeranian state institute of forestry, a treatment guideline for a species-appropriate management of forest conservation areas has been developed and tested in two study areas. In private forests, a complete waiver of utilisation on most of the area of two forest conservation areas has been stipulated for the contract term.

Another target of the project was the development of contractual nature conservation models for the future securing of Lesser Spotted Eagle habitats. In 2014, a guideline on species-appropriate funding in the scope of rural development programmes has been published. It contains concrete concepts for agri-environmental and climate related measures as well as the estimated financial requirements for those measures. Following the start of the current GAP funding period, a manual with practical recommendations on the conservation of raptors has been published in 2016. It comprises available possibilities for the funding of raptor-appropriate agriculture regarding the Greening and contractual nature conservation for Mecklenburg-Western Pomerania and Brandenburg.

1 Einleitung

Schreiadler (*Clanga pomarina*) gehören wie viele andere Greifvogelarten zu den Verlierern des Strukturwandels in unseren Landschaften. Mit dem Umbruch von Dauergrünland, der Nutzungsintensivierung auf verbliebenem Grünland und dem Wegfall der obligatorischen Flächenstilllegung sind für Schreiadler, Rotmilan und Wiesenweihe viele Nahrungsflächen verloren gegangen. Gleichzeitig steigt der Druck auf die verbliebenen Horststandorte in den Wäldern – insbesondere beim Schreiadler, der im Anhang I und damit der höchsten Schutzkategorie der Vogelschutzrichtlinie aufgeführt ist.

Die Zukunft unserer Greife wird von den Flächeneigentümern und Bewirtschaftern ihres Lebensraumes gestaltet. Um den verbliebenen Brutbestand des Schreiadlers von etwa 110 Paaren in Deutschland vor dem Aussterben zu bewahren, hat die Deutsche Wildtier Stiftung zwischen den Jahren 2011 und 2016 in Mecklenburg-Vorpommern untersucht, wie eine Schreiadler-gerechte Landnutzung so zielorientiert und effizient wie möglich in die land- und forstwirtschaftlichen Betriebe integriert werden kann. Das auch vor dem Hintergrund dass jeder Euro, der bei der Honorierung von erfolgreichem Vertragsnaturschutz eingespart werden kann, an anderer Stelle zusätzlich dem Arten- und Naturschutz dienen kann. Grundsatz im Projekt war die Zusammenarbeit mit Land- und Forstwirten auf freiwilliger Grundlage und ein Ausgleich von wirtschaftlichen Nachteilen. Dazu wurden sowohl für das Nahrungshabitat im Offenland als auch für den Brutwald Vertragsnaturschutzmaßnahmen mit einer 10jährigen Laufzeit vereinbart.

Das Projekt mit dem Titel „Sicherung und Optimierung von Lebensräumen des Schreiadlers in Mecklenburg-Vorpommern" (2011 bis 2016; Vorstudie 2007/08) wurde vom Bundesamt für Naturschutz als sogenanntes Erprobungs- und Entwicklungsvorhaben (E+E) mit Mitteln des Bundesumweltministeriums gefördert. Daneben erfolgte eine maßgebliche Förderung durch das Land Mecklenburg-Vorpommern. Es wurde in Zusammenarbeit mit dem Naturpark Feldberger Seenlandschaft, dem SALIX-Büro für Umwelt- und Landschaftsplanung und dem Büro NATURA ET CULTURA durchgeführt.

2 Umsetzung Schreiadler-gerechter Maßnahmen

2.1 Fünf Untersuchungsgebiete

Die Auswahl der Untersuchungsgebiete stützte sich auf eine Studie von Scheller (2005), der für alle Schreiadler-Brutplätze des Landes Mecklenburg-Vorpommern die für einen Horststandort geeigneten Teile der Brutwälder abgegrenzt hat. Diese als Waldschutzareal (WSA) bezeichneten Waldflächen entsprechen den ökologischen Anforderungen des Schreiadlers und besitzen eine Schlüsselstellung für die Wahl des Bruthabitats. Durchschnittlich sind die WSA 50 ha groß. Die Auswahl der fünf WSA, die mit dem angrenzenden Offenland die jeweiligen Untersuchungsgebiete (UG) darstellen, erfolgte nach folgenden Kriterien:

- Waldtyp des Brutwaldes,
- Eigentumsform des Brutwaldes,
- Notwendigkeit von Sicherungs- und Entwicklungsmaßnahmen,
- Stabilität des Brutplatzes.

Bei der Auswahl wurden alle in Frage kommenden Waldtypen (Buchenwald, Erlen-Bruchwald und „Bauernwald") sowie unterschiedliche Eigentumsformen (Privatwald, Landeswald und Stiftungswald) des Brutwaldes berücksichtigt. Als „Bauernwald" werden wenig oder gar nicht genutzte Wälder bezeichnet, die besonders arten-, struktur- und stammzahlreich sind. Die fünf schließlich ausgewählten Untersuchungsgebiete, also jeweils ca. 50 ha WSA zuzüglich ca. 50 ha Nahrungshabitat im angrenzenden Offenland, liegen im Naturpark Feldberger Seenlandschaft (UG 1 bis 4) und im Landkreis Rostock in der Nähe von Teterow (UG 5). Alle ausgesuchten Brutwälder sind mindestens als Europäisches Vogelschutzgebiet (SPA) ausgewiesen, drei WSA unterliegen darüber hinaus einer Naturschutzgebietsverordnung.

Im Nahrungshabitat wurden in allen Untersuchungsgebieten erhebliche Defizite angetroffen, insbesondere hinsichtlich der für die Nahrungsversorgung der Schreiadler wichtigen Grünlandflächen. Nur im UG 5 war noch ein ausreichend hoher Grünlandanteil auf Niedermoorstandorten vorhanden. Allerdings entsprachen auch diese Flächen nicht mehr dem Optimalzustand, da sie tiefgründig entwässert sind und zum größten Teil einer intensiven Nutzung unterlagen. In den anderen Brutgebieten wurden nur noch Reste von Grünland festgestellt. Ihr Anteil am Offenland lag im Jahr 2010 zwischen 3 und 12 %. Viele umliegende Flächen wurden bis 2007 als Stilllegungsfläche oder für Ackerfutter genutzt und sind nach dem Wegfall der obligatorischen Flächenstilllegung wieder zum Marktfruchtanbau genutzt worden (Kinser et al. 2011).

2.2 Umgesetzte Maßnahmen im Offenland

Vertragsnaturschutz im Rahmen des E+E-Hauptvorhabens

Ein wesentliches Ziel des E+E-Hauptvorhabens war die modellhafte Bewahrung von fünf ausgewählten Bruthabitaten im Wald und Nahrungshabitaten des Schreiadlers im Offenland durch Vertragsnaturschutz. Bei ersten Gesprächen mit den betroffenen Grundeigentümer und Bewirtschafter im UG 5 wurde deutlich, dass die im Rahmen der Vorstudie (SCHELLER et al. 2008) berechneten Entschädigungsleistungen zu gering angesetzt waren. Wesentliches Problem war dabei nicht der kalkulierte Grundbetrag der jährlichen Entschädigung von Ertragsverlusten, sondern das zu dem Zeitpunkt zur Diskussion stehende Modell der Kapitalisierung der einmalig auszahlbaren, 10-jährigen Entschädigungsleistung nach der sogenannten „Entschädigungsrichtlinie Landwirtschaft (LandR 78)". Da die LandR 78 einen derzeit unrealistischen Zinsfuss von 4 % vorgibt, waren die kalkulierten Entschädigungen für die Bewirtschafter unattraktiv. Die Entschädigungsleistungen wurden schließlich in allen Verträgen mit der Barwertmethode kapitalisiert, das heißt es wurde der gegenwärtige Wert von Zahlungen, die in der Zukunft liegen, ermittelt. Der Zinsfuss wurde dabei marktüblich angepasst.

Die Verhandlungen im UG 5 wurden Ende 2011 vorerst unterbrochen, da große Teile der betroffenen Flurstücke in die Flächenkulisse des Nationalen Naturerbes gefallen waren. Im Jahr 2012 wurde in diesem Rahmen ein großer Grünlandkomplex an eine gemeinnützige Stiftung übertragen. Im Jahr 2014 wurde schließlich mit der gemeinnützigen Stiftung die extensive Nutzung auf einem 50 ha großen Dauergrünlandkomplex in unmittelbarer Nähe zum Brutwald vereinbart. Im Jahr 2016 wurde per Änderungsvertrag zusätzlich zu den bereits verabredeten Maßnahmen eine Staffelmahd für die betroffenen Flächen vereinbart.

Im UG 2 konnten bereits im Jahr 2012 die ersten Maßnahmen im Offenland vertraglich vereinbart werden. Hier wurden mit zwei Betrieben Verträge über die Schreiadler-gerechte Bewirtschaftung eines Waldrandstreifens entlang des Brutwaldes (15 ha) und die Einrichtung von insgesamt rund 26 ha temporären Grünland- bzw. Ackerfutterflächen abgeschlossen. In einem Vertrag wurde für die 10jährige Vertragslaufzeit die Rotation der Maßnahme auf drei jeweils ca. 15 ha großen Feldblöcken vereinbart, wobei die jeweiligen Feldblöcke mindestens in drei aufeinanderfolgenden Jahren gemäß der vereinbarten Bewirtschaftungsvariante behandelt werden müssen.

Im UG 3 wurden 2015 und 2016 mit einem ökologisch und einem konventionell wirtschaftenden Betrieb Verträge über die Schreiadler-gerechte Bewirtschaftung von Acker- und Grünlandflächen abgeschlossen. Insgesamt umfassen die Vertragsflächen ca. 90 ha. Mit einem Betrieb wurde die Rotation von drei Maßnahmenflächen von je ca. 20 ha nach jeweils drei Jahren vereinbart, wodurch die jährliche Nettofläche der Maßnahmen im UG 3 insgesamt etwa 49 ha beträgt.

Tab. 1: Im E+E-Hauptvorhaben umgesetzte Maßnahmen für den Schreiadler (Deutsche Wildtier-Stiftung 2016).

	Summe (ha)	**durchschnittliche Ausgleichszahlung (€/(ha*Jahr)**
Maßnahmen auf Ackerland*	149	311 €
Maßnahmen auf Grünland*	71	100 €
Maßnahmen im Wald	225	160 €

(*inkl. Kauf von 14 ha Grünland und 7 ha Ackerland)

Im UG 4 wurde im Jahr 2013 mit einem Eigentümer ein Vertrag über die Schreiadler-gerechte Einrichtung von Grünland auf Ackerflächen abgeschlossen. Mit einem weiteren Betrieb in diesem Untersuchungsgebiet wurden über vier Jahre Vertragsverhandlungen zur Sicherung der Grünlandnutzung im Horstumfeld des Schreiadlers geführt, die letztendlich durch die fehlende Bereitschaft der Bewirtschafter zum Vertragsabschluss beendet werden mussten.

Im Jahr 2015 hat der Projektträger ca. 16 ha Grünland, 4,5 ha Ackerland und 2,5 ha sonstige Fläche im UG 1 erworben. Dadurch konnte erprobt werden, wie sich unterschiedliche Nutzungseinschränkungen und deren Intensität auf die Entwicklung des Pachtpreises auswirken. Der bisherige Ansatz von Vertragsnaturschutz verfolgt ausschließlich die Entschädigung von Nutzungsausfällen und betrifft damit den Bewirtschafter. Denkbar wäre aber auch, dem Grundeigentümer, der seine Flächen mit Schreiadler-gerechten Auflagen verpachtet, eine Entschädigung für entgangene Pachteinnahmen durch diese Auflagen zu zahlen. Es ist durchaus denkbar, dass diese Variante des Vertragsnaturschutzes für den Naturschutz-Akteur kostengünstiger ist, da die Verpachtung der Flächen nach wie vor durch das Prinzip von Angebot und Nachfrage gesteuert wird. Zur Sicherung ihrer naturschutzfachlichen Qualität wurden die erworbenen Ackerflurstücke im UG 1 in Dauergrünland umgewandelt und diese Maßnahme grundbuchlich gesichert. In Ergänzung zum Flächenkauf wurde im UG im Jahr 2016 die temporäre Nutzung eines ca. 5 ha großen Ackerflurstückes als Brache vereinbart.

Abb. 1: Unmittelbar nach dem Kauf wurde im UG 1 eine Ackerfläche zu Dauergrünland umgewidmet (Foto: A. Kinser).

Modellhafte Umsetzung öffentlicher Vertragsnaturschutzprogramme

Im Rahmen des E+E-Hauptvorhabens sollte geprüft werden, ob die öffentlichen Vertragsnaturschutzprogramme dazu geeignet sind, die Lebensräume des Schreiadlers kurzfristig aufzuwerten. Aus Sicht des Projektteams kam dazu in der vergangenen Förderperiode der Gemeinsamen Agrarpolitik der EU

(GAP) (2007-2013) in Mecklenburg-Vorpommern vor allem die Richtlinie zur Förderung der nachhaltigen Entwicklung von Gewässern und Feuchtlebensräumen – kurz FöRiGeF – in Frage. Förderfähig waren darin vor allem investive Maßnahmen zur nachhaltigen Entwicklung in erster Linie von Gewässern und deren Ufer-, Auen- und Niederungsbereichen sowie zum Hochwasserschutz.

Als Ergebnis der Vorstudie des E+E-Vorhabens wurden 2008 für alle fünf Untersuchungsgebiete Maßnahmen zur Förderung durch die FöRiGef vorgeschlagen (Scheller et al. 2008). Davon wurde lediglich eine Maßnahme durchgeführt. Vier geplante Maßnahmen konnten nicht umgesetzt werden, da die Bewirtschafter bzw. Eigentümer der betroffenen Flächen ihre Mitwirkungsbereitschaft im Laufe des Verfahrens zurückgezogen haben. In zwei Untersuchungsgebieten geschah dies erst nach der Durchführung einer Machbarkeitsstudie bezüglich der geplanten Vernässung eines Brutwaldes (IB LAWA 2012) bzw. nach einer Vermessung mit Blick auf eine geplante Wasserstandanhebung im Offenland.

Tab. 2: Ablauf und Ergebnis von geplanten Maßnahmen zur Förderung durch die FöRiGef (Deutsche Wildtier Stiftung 2016).

	UG 2	UG 1	UG 4	UG 3	UG 5
Maßnahme	**Aufwertung von vier Kleingewässern/Flächenumwandlung**	**Aufwertung von fünf Kleingewässern**	**Aufwertung von zwei Kleingewässern**	**Aufwertung eines Moores und Schaffung von Kleingewässern**	**Wasserstandanhebung im Brutwald**
1. Schritt	Abstimmungen mit betroffenen Landwirten/Eigentümern zwischen 2007 und 2013				
	(Darlegen von Fördermöglichkeiten, Vor- und Nachteilen der Maßnahmen)				
Ergebnis	Maßnahmen sollen weiter geprüft werden	Mitwirkungsbereitschaft 2011 nicht mehr gegeben		Maßnahmen sollen weiter geprüft werden	Maßnahmen sollen weiter geprüft werden
2. Schritt	FöRiGeF-Antrag (2011)			FöRiGeF-Antrag (2011)	Machbarkeitsstudie (2012)
	Planung (2013)			Vermessung (2013)	Ablehnung durch Bewirtschafter
	Ausschreibung (2014)			Ablehnung durch Bewirtschafter	
Ergebnis	Umsetzung 2014	**Verzicht auf Umsetzung**		**Verzicht auf Umsetzung**	**Verzicht auf Umsetzung**

Die schließlich durchgeführte Maßnahme im UG 2 war ursprünglich zur Aufwertung und Vernetzung mehrerer Kleingewässer sowie zur Schaffung eines neuen Kleingewässers in Brutwaldnähe geplant. Anfang 2011 wurde dafür ein Antrag auf Förderung über die FöRiGeF beim zuständigen Staatlichen Amt für Landwirtschaft und Umwelt (StALU) gestellt. Die Maßnahmen wurden zwischen 2011 und 2013 mehrfach mit dem StALU, den Bewirtschaftern und der Landgesellschaft Mecklenburg-Vorpommern als Eigentümer einiger betroffener Flurstücke abgestimmt und immer wieder angepasst. Insgesamt drei Mal wurden durch den Projektträger die formalen Anträge zur Förderung bei der Bewilligungsbehörde eingereicht. Im August 2013 wurde schließlich ein Antrag, der sich nunmehr lediglich auf die Aufwertung von vier Kleingewässern beschränkte, positiv beschieden. Als Zeitrahmen für Planung, Ausschreibung, technische Umsetzung und Abrechnung wurden jedoch nur zwei Monate vorgegeben. So kurzfristig stand keine Fachfirma für die Umsetzung zur Verfügung. Daher wurde ein Antrag auf verzögerte Umsetzung der Maßnahme im Jahr 2014 beim StALU gestellt und bewilligt. Nach Ausschreibung und Zuschlagserteilung begannen nach der Ernte 2014 die baulichen Maßnahmen an den Kleingewässern. Sie beinhalteten:

- Böschungsabflachungen,
- Entnahme von Makrophyten und Schlamm und
- Rodungsarbeiten.

Bis Ende August 2014 wurden die baulichen Maßnahmen weitgehend umgesetzt, sodass eine technische Überprüfung vor Ort erfolgte.

Abb. 2a & b: Kleingewässer vor (links) und nach der baulichen Maßnahme mit Pufferstreifen (Fotos: T. Ode).

Die vorgesehene Vernetzung der Kleingewässer durch einen Grünlandkomplex konnte aufgrund des temporären Charakters der Maßnahme nicht durch die FöRiGef umgesetzt werden. Das Land Mecklenburg-Vorpommern hat für diese Maßnahme daher zusätzliche Mittel aus dem Ersatzgeldfonds bereitgestellt. Dadurch wurde eine 10-jährige Nutzungsänderung von Marktfruchtanbau zu Ackergras auf insgesamt über 11 ha Ackerfläche umgesetzt. Die Nutzungsänderungen wurden auf einer arrondierten Teilfläche in Brutwaldnähe sowie auf jeweils 6 m breiten Pufferstreifen um die renaturierten Kleingewässer realisiert. Zur dinglichen Sicherung des Vorhabens über die Laufzeit von 10 Jahren wurden mit den Eigentümern der betroffenen Flächen Gestattungsverträge abgeschlossen bzw. die Eintragungen von Grunddienstbarkeiten vereinbart. Daraus ergibt sich für die Eigentümer ein Verkehrswertverlust ihrer Flächen. Denn im Falle einer Veräußerung sind die Flächen nicht als Acker sondern lediglich als extensiv zu nutzendes Grünland zu bewerten. Potentielle

Käufer sind verpflichtet, in die vertraglichen Vereinbarungen einzutreten. Über die dingliche Sicherung der Inanspruchnahme der Flächen für Naturschutzzwecke über einen Zeitraum von 10 Jahren wurde mit den Eigentümern der betroffenen Flächen eine Entschädigung vereinbart.

2.3 Bewirtschaftungsauflagen im Offenland

Die meisten im E+E-Projekt abgeschlossenen Vertragsnaturschutzmaßnahmen betreffen die Einrichtung bzw. Sicherung von Grünland als Nahrungshabitat des Schreiadlers. Das vereinbarte Nutzungsregime folgt dabei folgenden im Rahmen des Projektes entwickelten Grundsätzen, die eine Greifvogelgerechte Bewirtschaftung mit Aspekten des Tierschutzes kombinieren:

- Bei der Mahd sollten zwei Schnitte bis Ende Juli durchgeführt werden. Die erste Mahd sollte frühestmöglich, spätestens jedoch am 10. Juni erfolgen.
- Zweiter Mahdtermin sollte frühestens der 01. Juli und spätestens der 31. Juli sein.
- Düngung sollte nur im Bedarfsfall als Grunddüngung oder mit Festmist unter feuchten Bedingungen (amphibienschonend) erfolgen. Zwischen dem 01. März und dem 15. August sollte nicht gedüngt werden. Auf 20 m breiten Streifen um Sölle und Oberflächengewässer sollte gar nicht gedüngt werden.
- Auf den Einsatz von chemischen Pflanzenschutzmitteln sollte verzichtet werden.
- Mähgut-Aufbereiter sollten zum Schutz von Insekten und Amphibien nicht eingesetzt werden.
- Eine Schnitthöhe von 10 Zentimetern sollte nicht unterschritten werden.
- Bei Flächen, die größer als 10 ha sind, sollte eine Staffelmahd erfolgen.
- Um Verluste von Bodenbrütern und Jungwild zu minimieren, sollten die Flächen grundsätzlich von innen nach außen gemäht und auf eine Mahd während der Nacht verzichtet werden.
- Eine frühestmögliche Beweidung mit max. 2 GVE/ha wäre sinnvoll. Ab dem 01. Juni sollte die Besatzdichte 1,4 GVE/ha nicht überschreiten.
- Bei Beweidung sollten Parzellen mit unterschiedlichen Wuchshöhen abgetrennt werden, in denen Amphibien und Kleinsäuger Deckung finden.

Flächen, die kein Dauergrünland sind und nicht im Rahmen von Agrarumwelt- und Klimamaßnahmen (AUKM) oder ökologischen Vorrangflächen (ÖVF) als Grünland bzw. Brache genutzt werden, müssen im derzeitigen gesetzlichen

Rahmen während eines 5-Jahres-Zeitraums mindestens einmal Bestandteil der Fruchtfolge sein. Andernfalls werden die Flächen automatisch als Dauergrünland klassifiziert, wodurch dem Eigentümer ein wesentlicher Wertverlust entsteht. Im Rahmen der im Projekt abgeschlossenen Verträge mit 10-jähriger Zweckbindungsfrist wurde daher ein einmaliger Umbruch der Flächen erlaubt.

2.4 Umgesetzte Maßnahmen im Wald

Im Gegensatz zum Nahrungshabitat des Schreiadlers lässt sich die Eignung des Brutwaldes am einfachsten durch einen vollständigen Nutzungsverzicht sichern. In Mecklenburg-Vorpommern und Brandenburg existieren daher Horstschutzzonen, in denen es im 100-Meter-Radius um die Nester der Schreiadler verboten ist, die Bestockung zu entfernen oder den Charakter des Gebietes zu verändern. Langfristig benötigt der Schreiadler jedoch auch jenseits der Horstschutzzone geeignete Waldbestände zum Bau eines Horstes und für eine störungsarme Brut. Für beide Bundesländer wurden daher mit den sogenannten Wald- oder Schreiadler-Schutzarealen die noch geeigneten Bestände im Brutwald des Schreiadlers definiert. Mit Ausnahme eines Verschlechterungsverbotes für Schreiadler-Schutzareale in Mecklenburg-Vorpommern, die innerhalb von SPA liegen, sind mit der Festlegung dieser Gebiete bisher keine Konsequenzen für die Bewirtschaftung verbunden.

Die nachhaltige Eignung von Brutwäldern des Schreiadlers ist nicht zwangsläufig mit einem totalen Nutzungsverzicht verbunden. Vielmehr ist die Art und Weise der Bestandesbehandlung dafür ausschlaggebend, ob die Eignung erhalten bleibt bzw. ob ein Bestand zukünftig als Brutwald geeignet sein wird. Im E+E-Projekt wurde gemeinsam mit der Landesforstanstalt Mecklenburg-Vorpommern (LFA MV) im Jahr 2011 eine Behandlungsrichtlinie zur Schreiadler-gerechten Bewirtschaftung von WSA entwickelt. Die Behandlungsrichtlinie entspricht der Vereinbarung gemäß Vermerk der LFA MV vom 06.06.2011 (AktZ. 7464.14). Grundsätzliches Ziel der Nutzungseinschränkungen in den Brutwäldern ist demnach, Laubbaumbestände mit einem hohen Volumenschlussgrad (> 1,0) zu erhalten bzw. heranwachsen zu lassen. Dies kann erreicht werden, wenn

- die Anzahl zu fördernder Bäume deutlich reduziert wird (15 bis 25 Z-Bäume je ha),
- Bestände in einem Abstand von mind. 40 Metern durch Rückegassen erschlossen werden und
- Erschließung und Pflege zeitlich getrennt werden.

Im Jahr 2011 schloss der Projektträger drei Verträge mit der LFA MV über die Einrichtung und Schreiadler-gerechte Bewirtschaftung je eines WSA in drei Untersuchungsgebieten. Zulässige Eingriffe in den Baumbestand der WSA wurden seither kooperativ zwischen dem Projektteam und der LFA MV abgestimmt und durch ein Monitoring begleitet. Unter anderem wurde auf der Grundlage der vereinbarten Behandlungsrichtlinie eine gemeinsame Probeauszeichnung für einen geplanten Pflegeeingriff in mittelalten Eichenbeständen durchgeführt.

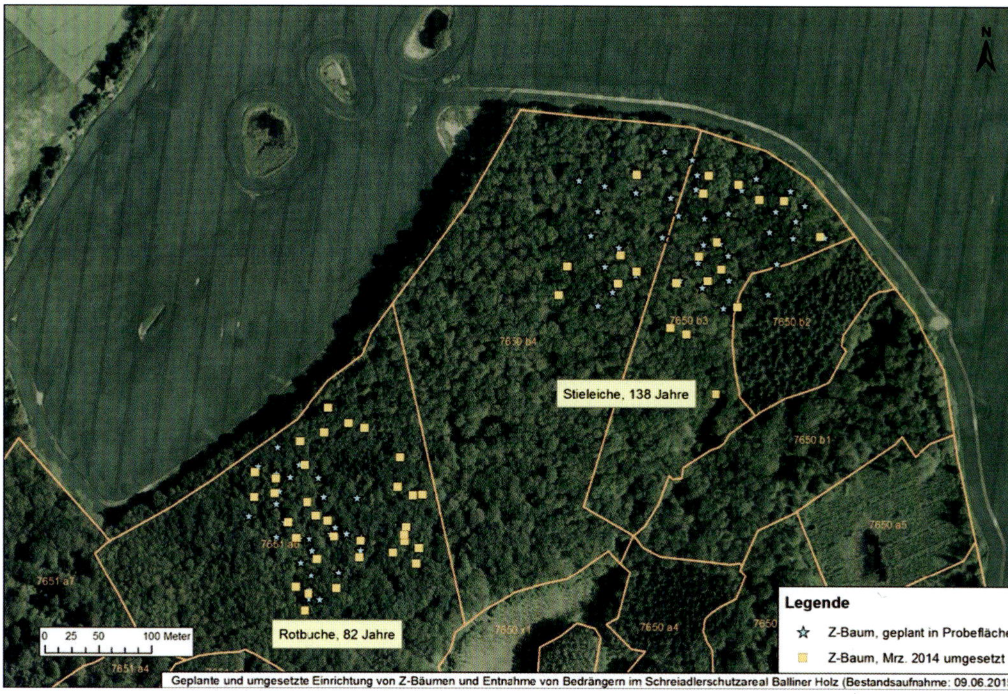

Abb. 3: Geplante und umgesetzte Pflege von Z-Bäumen in einem Waldschutzareal (SALIX-Büro für Umwelt- und Landschaftsplanung).

Parallel zu der Behandlungsrichtlinie entwickelte der Projektträger einen Vertragsentwurf über die Einrichtung von WSA. Erstmals wurde 2011 mit einem Privatwaldbesitzer im UG 2 dieser Vertrag geschlossen. In diesem WSA ist der Eigentümer berechtigt, jährlich maximal 40 Festmeter Brennholz ausschließlich zur eigenen Verwendung zu werben.

Für das WSA im UG 5 hat sich der Projektträger mit dem Grundeigentümer Ende 2013 auf einen 10-jährigen Nutzungsverzicht geeinigt. Als Ausnahme können Eschen (*Fraxinus excelsior*), die durch Eschentriebsterben abgängig sind, aus konkret benannten Teilflächen entnommen werden, wenn es sich dabei

- um Reinbestände der Esche handelt, bei denen es auch ohne einen aktiven Eingriff zum Totalverlust des Bestandes kommen würde, oder
- um Mischbestände mit hohem Eschenanteil handelt, bei denen es auch ohne aktiven Eingriff zu einer Absenkung des Schlussgrades auf unter 0,6 kommen würde.

Die Entnahme abgängiger Eschen steht im Einklang von Vorschlägen nach Scheller & Köpke (2012) zum Umgang mit dem Eschentriebsterben in WSA.

3 Förderempfehlungen zum praktischen Schreiadlerschutz

3.1 Hintergrund

Neben der beispielhaften Bewahrung von fünf Brut- und Nahrungshabitaten war es Ziel des E+E-Hauptvorhabens, Vertragsnaturschutzmodelle zur zukünftigen Sicherung von Schreiadler-Lebensräumen zu entwickeln. Um die Ergebnisse des Pilotprojekts möglichst nachhaltig im Mainstream zu etablieren, sollten die Vorschläge konkret mit Blick auf die öffentlichen Vertragsnaturschutzprogramme der EU bzw. der Länder formuliert werden. Denn die Entwicklungsprogramme der Bundesländer (z.B. EPLR M-V und EPLR BB) und die daraus abgeleiteten Förderrichtlinien sind die wichtigsten Grundlagen für die Förderung der ländlichen Entwicklung – und damit nicht zuletzt des Vertragsnaturschutzes. Die öffentlichen Förderprogramme in Naturschutz und Landschaftspflege bauen in Deutschland meist auf dem Europäischen Landwirtschaftsfonds für die Entwicklung des ländlichen Raums (ELER) und dem Gesetz über die Gemeinschaftsaufgabe zur Verbesserung der Agrarstruktur und des Küstenschutzes (GAK) auf. Sie führen damit die 2. Säule der GAP und die Agrarpolitik des Bundes zusammen (DVS 2010).

Die Deutsche Wildtier Stiftung hat im Rahmen des Projektes Vorschläge zur Schreiadler-gerechten Förderung im Rahmen der Entwicklungsprogramme für den ländlichen Raum entwickelt (Kinser et al. 2014). In dem Leitfaden sind konkrete Entwürfe für Agrarumwelt- und Klimamaßnahmen formuliert und ihr überschlägiger Finanzbedarf auf der Basis eines Gutachtens (Friedrichs 2013) berechnet. Nach Beginn der aktuellen Förderperiode der GAP wurde im Rahmen des Projektes 2016 schließlich ein Handbuch mit Praxisempfehlungen für den Schreiadler und andere Greifvögel veröffentlicht (Deutsche Wildtier Stiftung 2016). In ihm sind die derzeit vorhandenen Möglichkeiten zur Förderung einer Greifvogel-gerechten Landbewirtschaftung mit Blick auf Greening und

Vertragsnaturschutz für die Länder Mecklenburg-Vorpommern und Brandenburg zusammenfassend dargestellt.

Abb.4: Ein Handbuch mit Praxis- und Förderempfehlungen zum praktischen Greifvogelschutz kann über die Internetseite www.Schreiadler.org bezogen werden (Deutsche Wildtier Stiftung 2016).

3.2 Empfehlungen für Grünland-Standorte

Grünland ist nicht gleich Grünland. Je nach Bewirtschaftung findet der Schreiadler dort mehr oder weniger Nahrung. Nach dem starken Rückgang von Grünland in den vergangenen Jahrzehnten ist es umso wichtiger, dass Schreiadler auf den verbliebenen Flächen ausreichend Nahrung finden. Eine optimale Nahrungsfläche liegt maximal einen Kilometer vom Brutwald entfernt, wird selten durch Fußgänger oder vorbeifahrende Autos gestört, bietet reichlich Beutetiere und lässt sich vor allem in der ersten Brutphase (Mai bis Juni) gut vom Schreiadler bejagen. Als Nutzungsregime besonders geeignet ist eine mehrschürige Grünlandbewirtschaftung, bei der Pflanzenschutz und Düngung im Vergleich zur intensiven Bewirtschaftung deutlich reduziert werden.

Innerhalb einer Förderkulisse und auf speziellen Standorten können Flächen in Mecklenburg-Vorpommern über das Förderprogramm „Naturschutzgerechte Grünlandnutzung“ (Mahd oder Beweidung) mit bis zu 340 €/ha/a gefördert werden. Außerhalb der Förderkulisse kann Grünland in Mecklenburg-Vorpommern nach der Förderrichtlinie „Extensive Dauergrünlandbewirtschaftung“ mit bis zu bis zu 220 €/ha/a gefördert werden. Weitere AUKM in Mecklenburg-Vorpommern eignen sich indirekt für eine Schreiadler-freundliche Grünlandbewirtschaftung. Informationen zu den AUKM gibt es bei den StALU.

3.3 Empfehlungen für Acker-Standorte

Viele erfolglose Bruten und aufgegebene Horste des Schreiadlers werden auf Nahrungsmangel im Umfeld des Brutwaldes zurückgeführt. Die wichtigste Maßnahme zum Schutz des Schreiadlers ist daher, neues Grünland oder Brachen temporär oder dauerhaft anzulegen. Dafür sollten durch Selbstbegrünung, Einsaat regionaler, standortangepasster Saatgutmischungen oder Mulchauftrag auf bestehenden Ackerflächen Streifen oder Teilflächen bzw. ganze Schläge als Grünland eingerichtet werden. Im Fall der Brache kann auch eine Selbstbegrünung zugelassen werden. Das Grünland oder die Brachen auf Acker-Standorten sollten analog zu den Grünland-Standorten möglichst extensiv bewirtschaftet werden.

Gerade in Mischbetrieben, die sowohl Marktfrüchte anbauen als auch Vieh halten, ergibt sich oft die Gelegenheit, Ackerflächen in der Nähe eines Schreiadler-Brutwaldes für einen begrenzten Zeitraum als Grünland, Weide oder Ackerfutterfläche zu nutzen. Bewirtschaftet der Betrieb genügend Flächen, könnte die Fruchtfolge im Horstumfeld langfristig so geplant werden, dass dem Schreiadler jedes Jahr Nahrungsflächen zur Verfügung stehen. Wenn jede Fläche dabei mindestens einmal in einem 5-Jahres-Zeitraum Bestandteil der landwirtschaftlichen Fruchtfolge ist, behalten die Flächen den Ackerstatus.

In Mecklenburg-Vorpommern wird die dauerhafte Umwandlung von Acker in Dauergrünland auf überflutungsgefährdeten Flächen in den Flusstälern über AUKM angeboten. Die Förderung kann aber nur innerhalb einer Förderkulisse in Anspruch genommen werden. Der Fördersatz beträgt 1.300 €/ha/a über einen Zeitraum von fünf Jahren, mit dem die dauerhafte Umwandlung abgegolten ist.

Ein- oder mehrjährige Blühflächen fördern Kleinsäuger, Singvögel sowie Großinsekten und damit auch den Schreiadler. Sie werden in Mecklenburg-Vorpommern mit bis zu 680 €/ha/a gefördert. Der Anbau von Leguminosen wird hier im Rahmen der Anbaudiversifizierung mit bis zu 85 €/ha/a gefördert. In Mecklenburg-Vorpommern werden Gewässer- und Erosionsschutzstreifen mit bis zu 610 €/ha/a im Rahmen der AUKM honoriert. Selbstbegrünende Schonstreifen werden mit bis zu 540 €/ha/a honoriert. Alle Maßnahmentypen können in Mecklenburg-Vorpommern mit ökologischen Vorrangflächen (ÖVF) kombiniert werden.

3.4 Empfehlungen zur Biotopverbesserung

Die verbliebenen Nahrungshabitate des Schreiadlers sind häufig Offenlandschaften, in denen zwar Grünland vorhanden ist, die aber insgesamt eher monoton strukturiert und dadurch artenarm sind. Um die Artenvielfalt und damit auch die Nahrungsverfügbarkeit für den Schreiadler zu erhöhen, bieten sich gezielte Maßnahmen zur Biotopverbesserung innerhalb des 1-Kilometer-Radius um einen Schreiadler-Brutwald an. Der größte Effekt lässt sich durch die Pflege oder Neuanlage von Amphibien-Laichgewässern erzielen. Diese sollten nahe der Sommerlebensräume der Amphibien, also im Grünland oder an Hecken und Waldrändern, liegen. Maßnahmen, die sich ebenfalls günstig auf die Nahrungssituation des Schreiadlers auswirken, sind Pflanzung und Pflege von Solitärbäumen, Hecken und Baumreihen mit heimischen Gehölzen und die Anlage und Pflege von Ackerrainen oder die Gestaltung mehrstufiger Waldränder.

Abb. 5: In Mecklenburg-Vorpommern werden Beratungskosten zur biologischen Vielfalt bis zu 100 % erstattet (Foto: A. Kinser).

In Mecklenburg-Vorpommern können aktuell vorrangig investive Maßnahmen für den Moorschutz, in Natura 2000-Gebieten oder zur Renaturierung von Söllen und Hecken mit 100 % aus der „Richtlinie für die Förderung von Vorhaben des Naturschutzes (NatschFöRL)“ gefördert werden. Darüber hinaus können Landschaftspflegeverbände in Mecklenburg-Vorpommern den Erhalt und die Entwicklung naturnaher Kulturlandschaften und dabei insbesondere von wertvollen Biotopen bis zu 100 % fördern lassen.

3.5 Professionelle Beratungsleistungen in Anspruch nehmen

In Mecklenburg-Vorpommern und Brandenburg stehen verschiedene Förderinstrumente zur Verfügung, die dabei helfen können, die Qualität der Schreiadler-Lebensräume zu verbessern. Häufig werden vorhandene Vertragsnaturschutzmittel jedoch nicht effizient eingesetzt oder erst gar nicht mobilisiert. Zukünftig können daher Kosten, die durch die Inanspruchnahme von Beratungsleistungen im Agrarbereich anfallen, vom Land Mecklenburg-Vorpommern erstattet werden. Ein Beratungsschwerpunkt ist zum Beispiel die biologische Vielfalt in der Landwirtschaft. Je Beratung werden maximal 1.500 € als Förderung ausgezahlt. Es sind je Landwirt drei geförderte Beratungen im Jahr möglich. Die Förderung beläuft sich je nach Förderschwerpunkt auf 60-90 % der Ausgaben, die Erstberatung wird mit bis zu 100 % gefördert.

Um eine Beratung in Anspruch zu nehmen, wenden sich Landwirte an eines der zugelassenen Beratungsunternehmen. Das Antragsverfahren und die Förderung werden über diese sogar abgewickelt.

4 Fazit und Ausblick

Die letzten ca. 110 Brutpaare des Schreiadlers brüten in Deutschland in Kulturlandschaften, die im Vergleich zu anderen Landschaften eher extensiv bewirtschaftet werden. Damit sind Vertragsnaturschutzprogramme sehr gut geeignet, um Schreiadler-Lebensräume zu sichern und zu optimieren. Durch das E+E-Projekt des BfN wurde mit Mitteln des BMUB für 149 ha Ackerland, 71 ha Grünland und 225 ha Wald eine Schreiadler-gerechte Bewirtschaftung über einen Zeitraum von 10 Jahren vertraglich gesichert. Die durchschnittlichen jährlichen Ausgleichzahlungen lagen dabei in etwa auf dem Niveau der öffentlichen Agrarumweltmaßnahmen. Das Modell des Projektes könnte damit grundsätzlich auf alle noch vorhandenen Brutgebiete in Deutschland übertragen werden. Leider wurden jedoch für die aktuelle Förderperiode der GAP (2014-2020) weder in Mecklenburg-Vorpommern noch in Brandenburg wirklich gut geeignete Förderinstrumente für den Greifvogelschutz programmiert. Die notwendigste Maßnahme, nämlich die temporäre Umwandlung von Acker zu Grünland, fehlt in beiden Bundesländern. Die Erfahrungen des E+E-Hauptvorhabens zeigen auch, dass die Fördermöglichkeit für biotopverbessernde Maßnahmen zwar häufig gegeben ist, die Mitwirkungsbereitschaft der Bewirtschafter aber durch lange Bearbeitungszeiten und mangelnde Flexibilität seitens der Fördermittelstelle stark strapaziert wird.

Trotzdem stehen im Rahmen des öffentlichen Vertragsnaturschutzes verschiedene Instrumente zur Verfügung, die die Situation in den Schreiadler-Lebensräumen verbessern könnten. Neben den Brachen und Pufferstreifen im Rahmen des Greenings gehören dazu auch die Fördermöglichkeiten im Rahmen von Agrarumweltmaßnahmen. Ein Hindernis ist jedoch oft die Vermittlung von Naturschutzansätzen an die Flächenbewirtschafter. Dadurch werden vorhandene Vertragsnaturschutzmittel häufig nicht effizient eingesetzt oder erst gar nicht mobilisiert. Ein wichtiger Schritt wäre daher getan, wenn die landwirtschaftliche Betriebsberatung zukünftig deutlich stärker als bisher auch in Artenschutzfragen berät.

Der Schutz des Schreiadlers kann bei alledem nicht allein Aufgabe der betroffenen Land- und Forstwirte sein, sondern ist auch eine zu honorierende

Dienstleitung von Landnutzern für die gesamte Gesellschaft. Mit der aktuellen Förderperiode der GAP wurde es jedoch leider versäumt, die Agrarpolitik konsequent auf ökologische und soziale Ziele auszurichten. Das Greening hat in der 1. Säule zwar eine Brücke zwischen Agrarsubventionen und Umweltstandards geschlagen; den Verlust an Biodiversität in unseren Agrarlandschaften hat es jedoch keinesfalls gestoppt. Der positive Effekt des gut gedachten Greenings hat vor allem durch die Aufnahme von Zwischenfrüchten als Ökologische Vorrangfläche (ÖVF) massiv an Bedeutung verloren. Das Instrument der ÖVF muss daher qualitativ verbessert werden.

Wirklich substanzielle Veränderungen in der Art der Landbewirtschaftung werden jedoch erst gelingen, wenn Natur- und Artenschutz nicht als Randeffekt der Direktzahlungen, sondern als echter Einkommenseffekt aus freiwilligen betriebswirtschaftlichen Entscheidungen der Betriebe begriffen werden. Dafür muss jedoch die 2. Säule der GAP entsprechend attraktive AUKM auf freiwilliger Basis anbieten. Und dafür bedarf es einer Umschichtung wesentlicher Finanzmittel aus der 1. in die 2. Säule der GAP.

5 Zusammenfassung

Ziel eines E+E-Hauptvorhabens zum Schreiadler in Mecklenburg-Vorpommern war die modellhafte Bewahrung von fünf ausgewählten Bruthabitaten im Wald und Nahrungshabitaten im Offenland durch Vertragsnaturschutz. Dazu wurden für 149 ha Ackerland, 71 ha Grünland und 225 ha Wald eine Schreiadler-gerechte Bewirtschaftung über einen Zeitraum von 10 Jahren vertraglich gesichert. Die meisten Vertragsnaturschutzmaßnahmen im Offenland betreffen die Einrichtung bzw. Sicherung von Grünland als Nahrungshabitat des Schreiadlers. Das vereinbarte Nutzungsregime kombiniert eine Greifvogel-gerechte Bewirtschaftung mit Aspekten des Tierschutzes. Die durchschnittlichen jährlichen Ausgleichzahlungen lagen auf dem Niveau der öffentlichen Agrarumweltmaßnahmen. Eine investive Maßnahme zur Renaturierung von Kleingewässern in Brutwaldnähe wurde im Rahmen eines öffentlichen Vertragsnaturschutzprogramms des Landes umgesetzt. Für den Wald wurde gemeinsam mit der Landesforstanstalt Mecklenburg-Vorpommern eine Behandlungsrichtlinie zur Schreiadler-gerechten Bewirtschaftung von Waldschutzarealen entwickelt und in zwei Untersuchungsgebieten erprobt. Im Privatwald wurde für die Vertragslaufzeit ein vollständiger Nutzungsverzicht auf der weit überwiegenden Fläche von zwei Waldschutzarealen vereinbart.

Ein weiteres Ziel des Vorhabens war, Vertragsnaturschutz-Modelle zur zukünftigen Sicherung von Schreiadler-Lebensräumen zu entwickeln. 2014 wurde dazu ein Leitfaden zur Schreiadler-gerechten Förderung im Rahmen der Entwicklungsprogramme für den ländlichen Raum veröffentlicht. Darin sind konkrete Entwürfe für Agrarumwelt- und Klimamaßnahmen formuliert und ihr überschlägiger Finanzbedarf berechnet. Nach Beginn der aktuellen Förderperiode der GAP wurde 2016 ein Handbuch mit Praxisempfehlungen zum Greifvogelschutz veröffentlicht, in dem die vorhandenen Möglichkeiten zur Förderung einer Greifvogel-gerechten Landbewirtschaftung mit Blick auf Greening und Vertragsnaturschutz für die Länder Mecklenburg-Vorpommern und Brandenburg dargestellt sind.

6 Literaturverzeichnis

Deutsche Wildtier Stiftung (Hrsg.) (2016): Praxisempfehlung Schreiadler: ein Ratgeber zum praktischen Greifvogelschutz. – Hamburg (Eigenverlag): 27 S. (ISBN 978-3-936802-19-1)

DVS/Deutsche Vernetzungsstelle Ländliche Räume (Hrsg.) (2010): DVS-Förderhandbuch für den ländlichen Raum. – Bonn: 117 S.

Friedrichs, J.-C. (2013): Bewertung wirtschaftlicher Nachteile im Rahmen einer Schreiadler gerechten Bewirtschaftung von Ackerland und Grünland. – Sievershausen (Gutachten 33-13 im Auftrag der Deutschen Wildtier Stiftung (Hrsg.) BB Göttingen GmbH): 21 S.

IB/Ingenieurbüro LAWA (2012): Machbarkeitsstudie zur Ermittlung der Auswirkungen einer Wasserstandsanhebung in einem Bruchwaldkomplex und von Renaturierungsmaßnahmen am Levitzower Bach. – Güstrow, Studie im Auftrag des StALU Mittleres Mecklenburg: 32 S.

Kinser, A., Münchhausen, H. Freiherr von, Ode, T., Scheller, W., Wernicke, P. & Herold, B. (2014): Schreiadler-gerechte Förderung – Vorschläge für geeignete Agrar- und Waldumweltmaßnahmen im Rahmen der GAP nach 2014. – Hamburg (Hrsg.: Deutsche Wildtier Stiftung,): 46 S.

Kinser, A., Scheller, W., Wernicke, P. & Münchhausen, H. Freiherr von (2011): Sicherung und Optimierung von Lebensräumen des Schreiadlers in Mecklenburg-Vorpommern. – Natur und Landschaft 86 (8): 350-354.

Scheller, W. (2005): Schreiadlerschutzareale in den Wäldern Mecklenburg-Vorpommerns. – Güstrow (Unveröff. Gutachten im Auftrag des LUNG Mecklenburg-Vorpommern): 115 S.

Scheller, W., Kinser, A., Ode, T., Münchhausen, H. Freiherr von & Wernicke, P (2008): E+E-Vorhaben „Sicherung und Optimierung von Lebensräumen des Schreiadlers in Mecklenburg-Vorpommern“. – Vorstudie im Auftrag des BfN, Endbericht. – Hamburg: 148 S.

Scheller, W. & Köpke, G. (2012): Bedeutung des Eschentriebsterbens für die Waldschutzareale des Schreiadlers in Mecklenburg-Vorpommern. – Güstrow (Unveröff. Gutachten im Auftrag des LUNG Mecklenburg-Vorpommern).

Adressen der Autoren:

Dr. Andreas Kinser und Hilmar Freiherr von Münchhausen
Deutsche Wildtier Stiftung
Christoph-Probst-Weg 4, 20251 Hamburg
E-Mail: A.Kinser@DeWiSt.de; H.v.Muenchhausen@DeWiSt.d

Torsten Ode
NATURA ET CULTURA
Büro für Umweltplanung und Umweltbildung
Wilhelm-Külz-Platz 1, 18055 Rostock
E-Mail: t.ode@natura-cultura.de

Dr. Wolfgang Scheller
SALIX-Büro für Umwelt- und Landschaftsplanung
Danschowstraße 16, 17166 Teterow
E-Mail: scheller@salix-teterow.de

Pfeifengraswiesen auf kalkreichem Boden (FFH-LRT 6410): Praxisbeispiel für den Erhalt durch eine Umsiedlung

Dietmar Zacharias, Varinia Lietsch und Henning Harder

Abstract

The habitat type 'Molinia meadows on calcareous, peaty or clayey-silt-laden soils (Molinion caeruleae)' (EU-code 6410) is listed in annex I of the Habitats Directive of the European Union. It is characterised by species as *Betonica officinalis*, *Galium boreale* or *Serratula tinctoria* and highly endangered. Due to the dramatic loss of species in agricultural landscape and this habitat type functioning as a biodiversity hotspot, the remnants of this habitat should be conserved even outside of protected areas.

As part of a compensation measure relating to the building of a new highway A 39 (district Wolfenbüttel), a Molinia meadow was transplanted including 30-40 cm of topsoil in the winter half year 2005/2006 successfully. The City University of Applied Sciences Bremen has advised and monitored the procedure for ten years. This article summarizes the results.

The translocated area, with a size of 0.6 ha, can be cultivated traditionally as hay meadow today and is classified as habitat type code 6410. Half of the acreage includes indicator species of disturbance and of other grassland habitats. The other half already shows a favourable degree of conservation. Characteristic endangered vascular plant species of Molinia meadows, survived the transplantation as well as all other original species. The population size of the threatened species in 2014 was at the same level as in 2005 at the beginning of the project. The usage of a wheel loader with round shaped bucket for transplantation resulted in gaps between and underneath the grass turf. These gaps, which filled up until today, are responsible for the occurrence of indicator species of disturbance.

Overall, the compensation measure of the Molinia meadow (habitat type code 6410) was successful. Due to consequent post-project measures (no fertilizer, mowing and removing of biomass), a constant positive development could be achieved combined with a decline of indicator species of disturbance. The preservation of biodiversity hotspots in the agricultural landscape must have absolute priority. If this is not possible even after consideration of all opportunities, it might be reasonable to transplant a habitat, e.g. grassland, to preserve high merits of nature.

1 Einleitung

1.1 Erhalt von Hotspots der Biodiversität in der Agrarlandschaft

Der Biodiversitätsverlust ist seit den 1950er Jahren, in von Äckern und Grünland geprägten Landschaften Deutschlands dramatisch (Leuschner 2014). Dies gilt insbesondere für Räume außerhalb von Schutzgebieten („Normallandschaft"), in denen die Anzahlen sowohl der Rote-Liste-Arten als auch der biotop- und standortspezifischen Taxa und der Artenvielfalt insgesamt abnehmen (z.B. Immoor et al. 2017). Hieraus lassen sich für die Agrarlandschaft zwei Notwendigkeiten ableiten, soll dieser Artenverlust gestoppt und die Diversität hier wieder erhöht werden:

1. Der Erhalt von rezent noch vorhandenen überregional wertvollen Vorkommen gefährdeter Arten und Biotope auch außerhalb von Schutzgebieten.
2. Die (Re-)Etablierung von Nutzungsformen in der Landschaft, die dem Erhalt und der Förderung der biologischen Vielfalt dienen.

Aus Sicht des Naturschutzes hat in jedem Fall eine Vermeidung der Beeinträchtigung oder Zerstörung entsprechender Räume mit noch vorhandenen Hotspots der Biodiversität Vorrang vor jeglichen Planungen, die den Naturschutzwert dieser Bereiche gefährden.

Es kann jedoch im Einzelfall sinnvoll sein seltene und hochgradig gefährdete Biotoptypen umzusiedeln, falls ihre Standorte durch nicht abwendbare Baumaßnahmen zerstört würden. In dem in dieser Arbeit vorgestellten Beispiel war es nicht vermeidbar, dass die Trasse einer Neubaustrecke der Bundesautobahn A 39 einen wertvollen Wiesenbereich von ca. 2 ha Größe mit Vorkommen von Pfeifengraswiesen auf kalkreichem Boden (Lebensraumtyp (LRT) 6410 nach Anhang I Fauna-Flora-Habitat-Richtlinie (FFH-RL)) zerschnitt.

Das Vorkommen von Pflanzengemeinschaften ist an jeweils spezifische Standortfaktoren gebunden (Dierschke & Briemle 2002, Ellenberg & Leuschner 2010), deren Veränderung in der Folge eine Dynamik und den Umbau der Artenzusammensetzung auslöst. Insofern ist es ein Schlüsselfaktor für den Erhalt spezifischer Artengemeinschaften die entsprechenden Standortbedingungen zu erhalten bzw. wieder herzustellen. Dies beinhaltet die edaphischen Bedingungen ebenso wie die Faktoren Nutzung oder Störungsregime. Will man bei der Umsiedlung eine Wiesengesellschaft mit einer charakteristischen Artenkombination weitestgehend erhalten, so wird dies vor allem dann gelingen, wenn die Standortbedingungen am Zielort denen des Herkunftsortes entsprechen. Ein möglicher Ansatz ist das Versetzen der Vegetation gemeinsam mit dem Boden als zentralem Standortfaktor. Entsprechende Ansätze der Sodentransplantation von Wiesengesellschaften und deren Erfolgskontrolle stellen Klötzli (1980, 1987) oder Bruelheide & Flintrop (2000) dar.

In dem hier vorgelegten Artikel wird ein Projekt vorgestellt und bewertet, bei dem im Rahmen des Baus der Bundesautobahn A 39 zwischen Braunschweig und Wolfsburg als Kompensationsmaßnahme eine direkt auf der Neubautrasse befindliche ca. 0,6 ha große Pfeifengraswiese im Winterhalbjahr 2005/2006 durch Sodentransplantation auf eine angrenzende Ackerfläche umgesiedelt wurde. Eine weitere angrenzende Ackerfläche wurde in ein extensiv genutztes ein- bis zweischüriges, ungedüngtes Grünland umgewandelt, wobei diese Fläche mit Heu der Pfeifengraswiese angeimpft wurde. Der so entstandene gesamte über vier ha große Wiesenbereich wurde mit einer Hecke umpflanzt, um den Eintrag von Pestiziden oder Nährstoffen aus angrenzenden Ackerflächen zu verringern. Die umfangreichen Daten und Auswertungen des zehnjährigen begleitenden Monitorings dieser Maßnahme sind bei Lietsch (2014) dokumentiert.

Die Maßnahme wurde von der Niedersächsischen Landesbehörde für Straßenbau und Verkehr (NLStBV) in Kooperation mit der Unteren Naturschutzbehörde Wolfenbüttel durchgeführt. Eine wissenschaftliche Beratung und Erfolgskontrolle fand durch die Arbeitsgruppe Angewandte und Ökologische Botanik der Hochschule Bremen statt. Diese umfasste eine Voruntersuchung zur Bestandsaufnahme in 2005 und nach der Umsiedlung ab 2007 bis 2014 ein langfristiges Monitoring.

Die jährlichen Bestandsaufnahmen der Flora und insbesondere der Rote-Liste-Arten dienten dabei zur kontinuierlichen Optimierung des Managements und letztlich zur Beantwortung der Frage, inwieweit die Umsiedlung der Pfeifengraswiese erfolgreich in Bezug auf den Erhalt des Biotoptyps, den Erhalt der für Pfeifengraswiesen typischen Pflanzenarten und den Erhalt der Bestandszahlen der Rote Liste Arten war.

1.2 Pfeifengraswiesen des FFH-LRT 6410

Pfeifengraswiesen zählen mit zu den artenreichsten mitteleuropäischen Grünlandgesellschaften (Burkart et al. 2004). Ihre Hauptvorkommen liegen im Alpenvorland, wo sie als „artenreiche, ungedüngte Wiesen auf wechselfeuchten bis nassen Standorten mit relativ hoch anstehendem oft stark schwankendem Grundwasser“ charakterisiert werden (Kapfer 1995) und dem Verband Molinion caeruleae (Koch 1926) zugerechnet werden. In der traditionellen Nutzungsform dienten sie zur Streugewinnung und wurden einschürig durch eine Herbstmahd bewirtschaftet. Daneben finden sich in Norddeutschland Ausbildungen auf Böden, die durch sehr hohe Tongehalte wechselfeuchte- bis wechseltrockene Bedingungen aufweisen und die bei extensiver Nutzung ohne Düngung eher zur Heugewinnung dienten und bei denen neben der traditionellen Herbstmahd auch eine gelegentliche Mahd im Sommer durchgeführt wurde (Zacharias et al. 1988, NLWKN 2011).

Deutschlandweit ist der Bestand an Pfeifengraswiesen seit der Mitte des 20. Jahrhunderts aufgrund von Nutzungsintensivierung (Entwässerung, Düngung) oder Nutzungsaufgabe stark zurückgegangen (Burkart et al. 2004, NLWKN 2011). Sie sind in Deutschland stark gefährdet und gelten im niedersächsischen Berg- und Hügelland als vom Aussterben bedroht (Rennwald 2000). Sie werden als Biotoptyp „Basenreiche nährstoffarme Nasswiese (GNK)“ nach § 30 des BNatSchG als schützenswert aufgeführt und entsprechen auf europäischer Ebene dem FFH-LRT 6410 „Pfeifengraswiesen auf kalkreichem Boden, torfigen und tonig-schluffigen Böden (Molinion caeruleae)“.

Charakterarten der Pfeifengraswiesen in Niedersachsen (Zacharias et al. 1988, Preising et al. 1997), die als gefährdet oder stark gefährdet eingestuft werden (Garve 2004) sind beispielsweise Heilziest (*Betonica officinalis*), Nordisches Labkraut (*Galium boreale*), Weidenblättriger Alant (*Inula salicina*), Wiesen-Silge (*Selinum carvifolia*), Färber-Scharte (*Serratula tinctoria*) oder Wiesen-Silau (*Silaum silaus*) (Abb. 1).

Abb. 1: Charakteristische Arten der Pfeifengraswiesen des FFH-LRT 6410, die als gefährdet eingestuft werden (v.l.o.n.r.u.) Heilziest (*Betonica officinalis*), Weidenblättriger Alant (*Inula salicina*), Wiesen-Silge (*Selinum carvifolia*) und Färber-Scharte (*Serratula tinctoria*) (Fotos: D. Zacharias).

2 Material und Methode

2.1 Untersuchungsgebiet

Das Untersuchungsgebiet liegt ca. 13 km östlich von Braunschweig nahe der Ortschaft Schandelah im Landkreis Wolfenbüttel in Niedersachsen (Abb. 2). Es befindet sich naturräumlich in der Region Börden des Hügel- und Berglandes. Über Juraton hat sich als Boden ein Pseudogley mit einem sehr hohen Tongehalt ausgebildet, der je nach Niederschlagsverteilung einen ausgesprochenen Wechsel von feuchten und trockenen Phasen, in denen dann tiefe Trockenrisse auftreten können, aufweist.

Von der ursprünglichen Pfeifengraswiese blieben östlich und westlich der heutigen Autobahntrasse zwei Teilflächen erhalten. Die ehemals direkt auf der heutigen Trasse befindliche Pfeifengraswiese (Spenderfläche, ca. 0,6 ha) wurde im Winterhalbjahr 2005/2006 mit einem Radlader auf eine unmittelbar westlich an den erhaltenen Wiesenbereich angrenzende ehemalige Ackerfläche (Zielfläche) in Form von Soden umgesiedelt (Abb. 3). Der geologische Untergrund der Spender- wie der Zielfläche ist identisch. Von der Ackerfläche wurden zunächst ca. 40 cm des durch die Bewirtschaftung aufgedüngten Oberbodens entfernt (vgl. Hölzel & Otte 2003) und die Soden der Spenderfläche etwa gleicher Bodentiefe (30 bis 40 cm) aufgetragen. Aufgrund schlechter Witterungsbedingungen vor der Transplantation sammelte sich Wasser auf der bereits ausgekofferten Empfängerfläche. Hierdurch und durch den Einsatz eines Radladers für die Transplantation bedingt, entstanden teilweise Hohlräume und breitere Zwischenräume zwischen den umgesetzten Soden, die im Nachgang durch nährstoffarmen Ober- und Unterboden der Spenderfläche gefüllt wurden. Anschließend wurde die sehr unebene Zielfläche durch Befahren mit einem Kettenbagger so weit eingeebnet, dass anschließend eine Bewirtschaftung der umgesiedelten Fläche mit konventionellen Treckern und Mähwerken möglich war (Abb. 4).

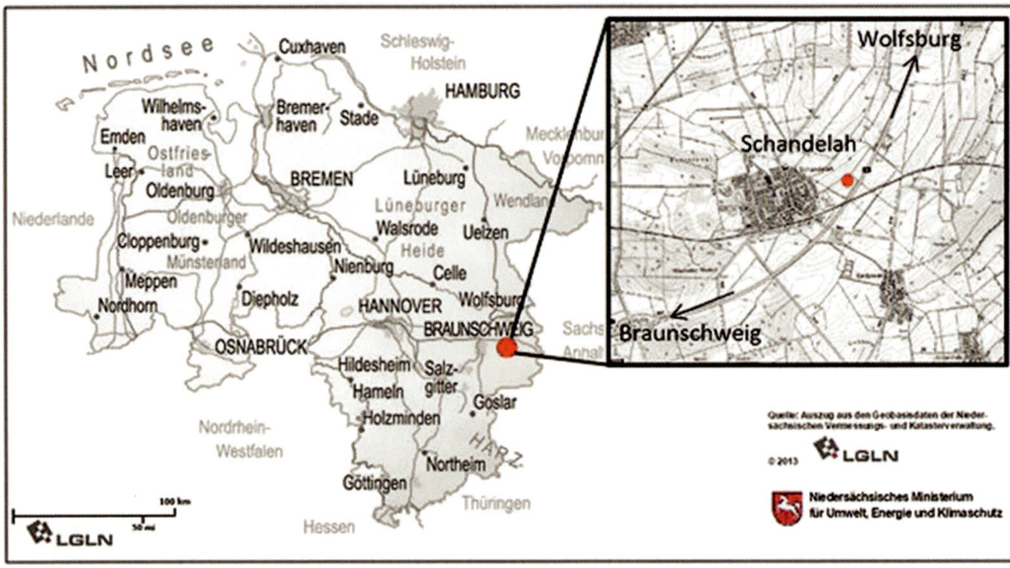

Abb. 2: Lage des Untersuchungsgebietes in Niedersachen östlich der Ortschaft Schandelah unmittelbar an der heutigen Trasse der Bundesautobahn A 39 (Umweltkarten Niedersachsen 2014).

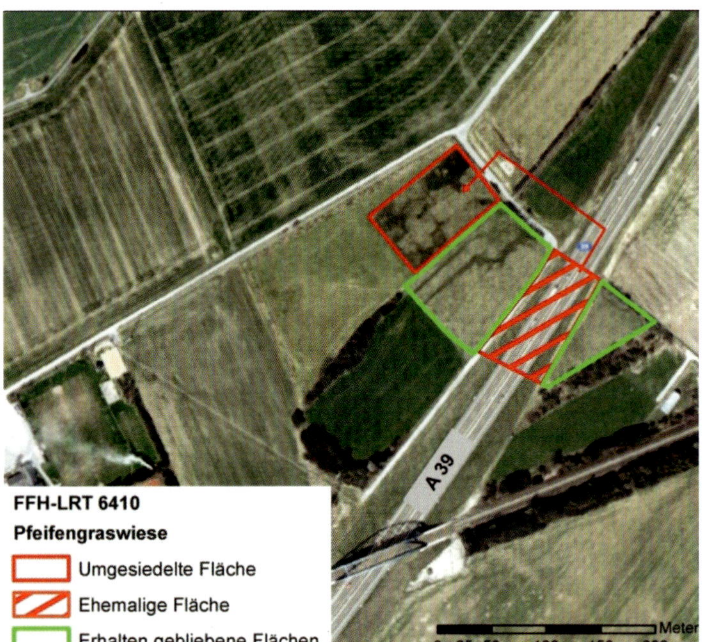

Abb. 3: Nach dem Autobahnbau erhalten gebliebene Restflächen der ehemals zusammenhängenden Pfeifengraswiese sowie die umgesiedelte Wiese des heutigen Trassenbereiches in ihrer Lage zueinander und zu der heutigen Autobahn A 39 (Google Maps; Kartendaten©2017Geobasis-DE/BKG(©2009), Google).

Abb. 4: Transplantierte Soden im Mai 2006, bevor die entstandenen Zwischenräume mit nährstoffarmem Ober- und Unterboden der Spenderfläche aufgefüllt und anschließend die Zielfläche mit einem Kettenbagger eingeebnet wurde (Foto: D. Zacharias).

2.2 Untersuchungsmethoden

Vor Beginn der Baumaßnahmen wurde im Jahr 2005 die gesamte Pfeifengraswiese, getrennt nach den Teilflächen „Wiese auf der Trasse der späteren A 39“ (Spenderfläche), „Wiesenteil östlich der späteren A 39“ und „Wiesenteil westlich der späteren A 39“ untersucht. Erfasst wurden jeweils der Bestand an Gefäßpflanzenarten (qualitativ, Nomenklatur nach Garve 2004) und die Anzahl der nach Garve (2004) in Niedersachsen gefährdeten Arten, wobei für jede Teilfläche die Anzahl der Individuen/Sprosse in Anlehnung an Schacherer (2001) gezählt wurden. Von 2007 bis 2014 wurden die Untersuchungen in unterschiedlichem Umfang jährlich im Mai bzw. Juni wiederholt. Zusätzlich wurden 2005 vegetationskundliche Dauerflächen auf den später verbleibenden Wiesenteilflächen (sechs Flächen) eingerichtet und 2007 auf der umgesiedelten Wiese (fünf Flächen). Die Flächengröße betrug jeweils vier mal vier Meter und die Erfassung der Artmächtigkeit der Pflanzenarten erfolgte in Anlehnung an Dierschke (1994) (Tab. 1). Die Einordnung der Teilflächen zu Biotoptypen erfolgte nach Drachenfels (2011).

Tab. 1: Angaben der Artmächtigkeit in den Vegetationsaufnahmen.

Deckungsgrad	Artmächtigkeit	
r	1 Individuum	Deckung < 5 %
+	2-5 Individuen	Deckung < 5 %
1	6-50 Individuen	Deckung < 5 %
2m	> 50 Individuen	Deckung < 5 %
2a	Individuenzahl beliebig	Deckung 5-15 %
2b	Individuenzahl beliebig	Deckung > 15-25 %
3	Individuenzahl beliebig	Deckung > 25-50 %
4	Individuenzahl beliebig	Deckung > 50-75 %
5	Individuenzahl beliebig	Deckung > 75-100 %

Das Monitoring durch die Arbeitsgruppe Angewandte und ökologische Botanik der Hochschule Bremen fand mit Unterstützung durch und in Absprache mit der Niedersächsischen Landesbehörde für Straßenbau und Verkehr (NLStBV), der Unteren Naturschutzbehörde Wolfenbüttel und dem Bewirtschafter der Flächen statt. Eine zusammenfassende Auswertung aller Daten fand durch Lietsch (2014) statt.

Im Sommer 2005 wurde eine erste Bestandsaufnahme der damals noch unzerschnittenen Pfeifengraswiese bei Schandelah durchgeführt (ca. 2 ha). Nach der Transplantation der Soden der Pfeifengraswiese (ca. 0,6 ha) Ende 2005/ Anfang 2006 wurde das Monitoring im Sommer 2007 fortgesetzt. Zur Auswertung der Ergebnisse wurden die Arten in Anlehnung an Ellenberg et al. (1992) soziologischen Gruppen zugeordnet: Kennarten der Pfeifengraswiese (k), Feuchtgrünlandarten (f), weitere Grünlandarten (g), typische Grünlandbegleiter (t) und Gruppe der Störzeiger bzw. sonstiger Arten (s). Die mittleren Zeigerwerte für Feuchte und Stickstoff wurden nach Ellenberg et al. (1992) ermittelt.

3 Ergebnisse

3.1 Gesamtartenbestand an Gefäßpflanzen und Rote Liste Arten

Auf der ca. 2 ha großen Pfeifengraswiese wurden vor Beginn der Baumaßnahmen im Jahr 2005 insgesamt 68 Gefäßpflanzenarten nachgewiesen. Repräsentative Flächen von 4 m x 4 m wurden von jeweils ca. 30 Arten besiedelt, was die Homogenität der gesamten Wiesenfläche verdeutlichte. Mit Heilziest (*Betonica officinalis*), Nordischem Labkraut (*Galium boreale*), Weidenblättrigem Alant (*Inula salicina*), Wiesen-Silge (*Selinum carvifolia*), Färber-Scharte (*Serratula tinctoria*) und Wiesen-Silau (*Silaum silaus*) waren die Kennarten der „basenreichen nährstoffarmen Nasswiese (GNK)“ entsprechend der Definition von Drachenfels (2011) zahlreich vorhanden, so dass die gesamte Fläche nach § 30 des BNatSchG als schützenswert eingestuft und entsprechen dem

FFH-LRT 6410 „Pfeifengraswiesen auf kalkreichem Boden, torfigen und tonig-schluffigen Böden (Molinion caeruleae)“ zugerechnet werden konnte. Den weiteren Grundbestand der Vegetation bildeten vor allem Arten der Feuchtwiesen sowie des mesophilen Grünlandes. Der Bereich, der für die Sodentransplantation vorgesehen war (ca. 0,6 ha, Spenderfläche), enthielt 54 verschiedene Sippen, darunter sieben gefährdete Arten mit über 7.300 Individuen (Tab. 2): 2.849 Exemplare von *Betonica officinalis*, *Galium boreale*, *Selinum carvifolia*, *Serratula tinctoria*, *Silaum silaus* und *Succisa pratensis* sowie 4.461 Pflanzen von *Saxifraga granulata*, die in den Folgejahren nicht bzw. nur unvollständig erfasst werden konnte, da sie sehr früh im Jahr verwelkt und einzieht.

Tab. 2: Individuenzahlen der Rote Liste-Arten der umgesiedelten Wiese (Spenderfläche) im Jahr vor der Maßnahme (2005) und in den Jahren danach (ab 2007); Gefährdungsgrad nach Roter Liste Niedersachsen (Garve 2004): 2 = stark gefährdet, 3 = gefährdet; ? = Bestandsgröße unklar, da Art zum Aufnahmezeitpunkt bereits eingezogen.

Wissenschaftlicher Artname	Deutscher Artname	Rote Liste Status	Jahr und Individuenzahlen							
			2005	2007	2008	2009	2010	2011	2012	2014
Betonica officinalis	Heil-Ziest	3	30	16	50	47	21	38	32	52
Carex panicea	Hirsen-Segge	3	0	0	0	0	0	0	0	11
Carex vulpina	Fuchs-Segge	3	0	0	0	5	8	13	0	0
Dianthus deltoides	Heide-Nelke	3	0	0	5	0	0	0	0	0
Galium boreale	Nordisches Labkraut	3	597	129	239	64	197	275	348	342
Saxifraga granulata	Knöllchen-Steinbrech	3	4461	59	?	?	312	?	?	77
Selinum carvifolia	Kümmel-Silge	3	11	78	27	52	36	27	35	36
Serratula tinctoria	Färber-Scharte	2	965	606	172	288	1292	1371	1065	1000
Silaum silaus	Wiesen-Silge	2	1241	1077	2000	899	670	1063	1031	819
Succisa pratensis	Teufelsabbiss	3	5	1	1	1	1	2	1	6
Summe Individuen (ohne *Saxifraga granulata*)			**2849**	**1907**	**2494**	**1356**	**2225**	**2789**	**2512**	**2266**

Nach der Transplantation nahm die Individuenzahl der gefährdeten Arten zunächst etwas ab, näherte sich mit Schwankungen aber dem Ausgangsniveau an. Keine der 2005 vorhandenen Rote Liste-Arten fiel nach der Transplantation aus. Es traten als neue gefährdete Arten mit geringen Populationsgrößen in einzelnen Jahren dagegen *Carex panicea*, *Carex vulpina* und *Dianthus deltoides* auf.

Nach der Transplantation stieg die Artenzahl der umgesiedelten Wiesenfläche von 54, davon 48 Grünlandarten im weiteren Sinne, im Jahr 2007 auf 102 Arten an, wobei die Anzahl der Störzeiger bzw. sonstigen Arten von 6 auf 39 stark zunahm. Bis 2014 blieb die Gesamtartenzahl der umgesiedelten Fläche mit 108 Arten insgesamt deutlich über dem Ausgangszustand. Während die Anzahl der Störzeiger und sonstigen Arten wieder auf 26 Arten abnahm (6 vor der Umsiedlung), waren im Vergleich zum Ausgangszustand acht Jahre nach der Maßnahme 19 Grünlandarten mehr festzustellen (Abb. 5). Von den ursprünglich vorhandenen Arten fiel keine nach der Maßnahme vollständig aus. Dies galt auch für das Buschwindröschen (*Anemone nemorosa*), einer Art, die aufgrund ihrer hohen Waldbindung (Zacharias 1996) als ein Zeiger für die Ungestörtheit des Bodens gelten kann.

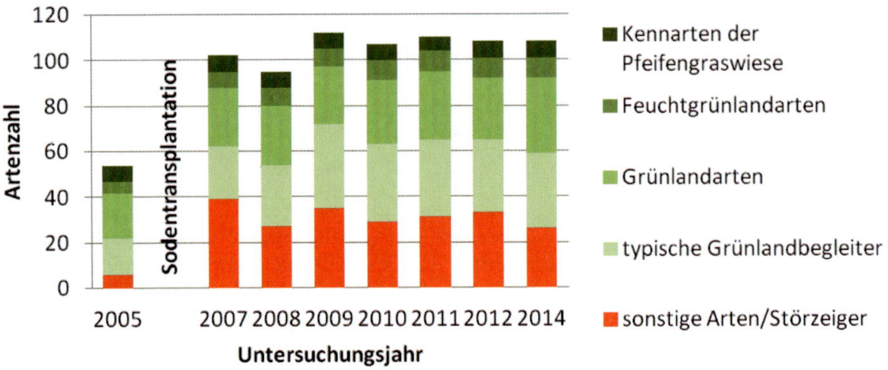

Abb. 5: Entwicklung der Artenzahlen an Gefäßpflanzen der umgesiedelten Pfeifengraswiese vor (2005) und nach (ab 2007) der Transplantation, gegliedert nach soziologisch-ökologischen Artengruppen.

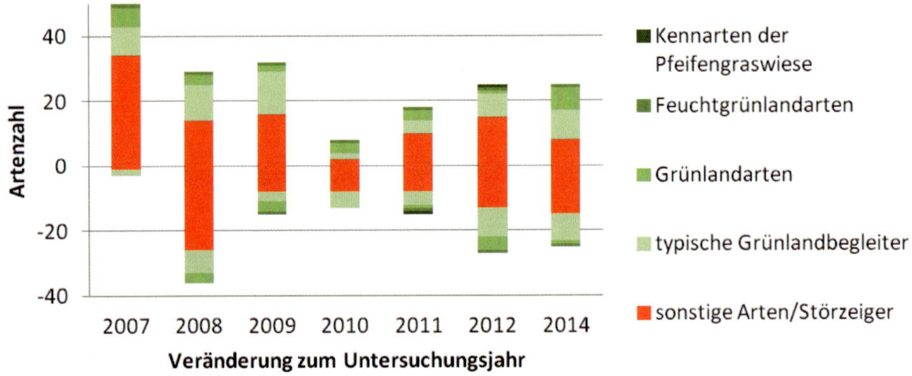

Abb. 6: Zu- und Abnahme von Arten an Gefäßpflanzen der umgesiedelten Pfeifengraswiese jeweils im Vergleich zum Vorjahr (2007 in Vergleich zu 2005, 2008 im Vergleich zu 2007 usw.), gegliedert nach soziologisch-ökologischen Artengruppen. Balkenanteile oberhalb der Nulllinie zeigen Zunahmen, solche unterhalb Abnahmen an.

Bis 2014 war in Bezug auf die Flora von Jahr zu Jahr eine große Dynamik festzustellen (Abb. 6). Für alle Artengruppen, aber insbesondere die Gruppe der sonstigen Arten/Störzeiger konnte jeweils zum Vorjahr das Ausfallen und zugleich neue Auftreten von Arten festgestellt werden.

3.2 Vegetationstypen und Biotoptypen

Vor der Umsiedlung konnte die gesamte auf der späteren Trasse befindliche Wiesenfläche als Biotoptyp „Basenreiche nährstoffarme Nasswiese (GNK)" (Drachenfels 2011) und somit nach § 30 des BNatSchG als schützenswert aufgeführt und entsprechen FFH-Lebensraumtyp 6410 „Pfeifengraswiesen auf kalkreichem Boden, torfigen und tonig-schluffigen Böden (Molinion caeruleae)" zugeordnet werden. Größere Anteile der 0,6 ha großen umgesiedelten Fläche entsprachen auch nach der Maßnahme diesem Biotoptyp, wie er exemplarisch durch die Vegetationsaufnahmen einer dort 2007 eingerichteten Dauerbeobachtungsfläche belegt wird (Tab. 3). Mit über 30 Arten auf der 16 m² großen Fläche war eine vergleichbar große Diversität gegeben wie auf den Ursprungsflächen. Die Kennarten der Pfeifengraswiesen waren konstant über den Untersuchungszeitraum vorhanden, wie auch Feuchtgrünlandarten und zahlreiche Arten des mesophilen Grünlandes. Störzeiger traten auf der Dauerfläche nur vereinzelt auf, die einen Teilbereich der Umsiedlungsfläche mit großen intakten Soden, die ohne Lücken und Hohlräume übertragen werden konnten, repräsentierte. Bis zum Jahr 2014 hatte sich wieder eine geschlossene Grasnarbe mit 90 % Deckung etabliert (Tab. 3). Die übrigen Dauerbeobachtungsflächen zeigten eine ähnliche Entwicklung.

Daneben gab es aber auch Flächenanteile mit größeren Sodenlücken und Störungen, die als LRT 6410 mit hohem Anteil an Störzeigern im Übergang zu mesophilem Grünland einzuordnen waren. Andere Teilbereiche wiesen Mulden auf, in denen sich temporär Regenwasser sammelte und wo sich Flutrasen mit Elementen der Kleinseggenriede und Röhrichte ausbildeten (Abb. 7). Da das Ziel der Maßnahme der Erhalt der Pfeifengraswiese und die Wiederherstellung einer mit konventionellem Gerät bewirtschaftbaren Wiesenfläche war, wurden die nach Sackungen entstandenen Mulden mit noch vorhandenem nährstoffarmen Bodenmaterial der Spenderfläche aufgefüllt, eingeebnet und anschließend mit Heublumensaat in Form von Mahdgutübertragung von der unmittelbar angrenzenden noch erhaltenen Pfeifengraswiese beimpft (Abb. 8). Im Jahr 2014 konnten ca. 50 % der umgesiedelten Fläche als LRT 6410 und der restliche Bereich als Übergang dieses LRT zu mesophilem Grünland mit einem gewissen Anteil an Störzeigern eingestuft werden.

Abb. 7: Mulde auf der umgesiedelten Wiese, in der sich temporär Regenwasser sammelte und die sich zu einem Flutrasen mit Elementen der Kleinseggenriede und Röhrichte entwickelte (Juni 2010) (Foto: D. Zacharias).

Abb. 8: Verfüllung einer Mulde (Abb. 7) auf der umgesiedelten Wiese mit nährstoffarmem Boden von der Spenderfläche und nachfolgende Heublumenansaat durch Mahdgutübertragung von der verbliebenen Pfeifengraswiesenfläche (September 2011) (Foto: D. Zacharias).

Tab. 3: Vegetationsaufnahmen einer Dauerbeobachtungsfläche auf der umgesiedelten Pfeifengraswiese in den Jahren 2007 bis 2014 nach der Umsiedlung im Winterhalbjahr 2005/2006.

Untersuchungsjahr	**2007**	**2008**	**2009**	**2010**	**2011**	**2012**	**2013**	**2014**
Gesamtdeckung (%)	**50**	**65**	**60**	**75**	**65**	**70**	**60**	**90**
Gesamtartenzahl	**34**	**36**	**37**	**30**	**32**	**29**	**35**	**36**
Wissenschaftlicher Artname	Artmächtigkeit							
Kennarten der Pfeifengraswiese								
Silaum silaus	1	1	1	1	1	1	2m	1
Selinum carvifolia	1	1	+	1	1	1	1	1
Serratula tinctoria	1	1	1	1	1	1		1
Feuchtgrünlandarten								
Silene flos-cuculi	1	1	1	2m	1	1	2m	1
Achillea ptarmica	2m	2m	1	1	+	1	1	1
Lotus pedunculatus		1	2m	2m	2m	2m	2a	2a
Juncus conglomeratus		1	+	1	1	2m	2m	2m
Cardamine pratensis	1	+	1			1	1	1
Juncus effusus	r		+					
Succisa pratensis							r	+
Grünlandarten und typische Grünlandbegleiter								
Centaurea jacea	2a	2a	2a	2m	2a	2a	2a	3
Festuca rubra	2a	2a	2a	2a	2m	2m	2a	2a
Alopecurus pratensis	2a	2m	2m	2m	2m	2a	2m	2m
Deschampsia cespitosa	2a	1	+	+	2a	2m	1	1
Anthoxanthum odoratum	2m	2m	2m	2m	1	2m	1	2m
Holcus lanatus	2m	2m	2m	1	2m	+	2m	
Lathyrus pratensis	1	1	2m	2m	+	2m	2m	
Potentilla anserina	1	2m	2m	2m	2m	1	1	1
Ranunculus acris	1	1	1	2m	1	1	2m	1
Achillea millefolium	1	2m	1	1	+	1	1	1
Agrostis stolonifera	2b	1	2a	2m	+	2a	2m	
Trifolium dubium	1	1	2m	2m	1	1		1
Ranunculus repens	1	1	2m	+	1		1	1
Rumex acetosa	1	1	1	1	r		+	1
Cerastium holosteoides	1		+	1	1	+	1	r
Agrostis canina		2b	2b	2b	2a	2a	2a	2a
Lysimachia nummularia		1	1	1	1	1	1	1
Trifolium pratense	1			1	+	1	1	1
Trifolium repens		1	2m	+	r	2m		1
Poa trivialis		r	1	2m			1	1

Untersuchungsjahr	2007	2008	2009	2010	2011	2012	2013	2014
Gesamtdeckung (%)	**50**	**65**	**60**	**75**	**65**	**70**	**60**	**90**
Gesamtartenzahl	**34**	**36**	**37**	**30**	**32**	**29**	**35**	**36**
Wissenschaftlicher Artname	Artmächtigkeit							
Grünlandarten und typische Grünlandbegleiter								
Festuca pratensis			1	+	1		2m	1
Veronica serpyllifolia	+	1	+			1		
Lolium perenne	r	1	1		+			
Stellaria graminea			r		r		1	1
Carex otrubae				+	+		+	r
Plantago major	1	+	r					
***Ranunculus auricomus* agg.**	r	1	r					
Poa pratensis	1	r						
Agrostis capillaris		1	1					1
Bellis perennis				+			r	
Lathyrus nissolia							r	1
Plantago lanceolata		r						
Vicia cracca		r						
Phleum pratense							r	
Vicia tetrasperma								2m

3.3 Ökologische Zeigerwerte und Standortcharakteristika

Mit der Sodentransplantation wurden sowohl der Oberboden als auch ein gewisser Anteil des geologischen Untergrundes aus Juraton übertragen. Durch den hohen Anteil an Ton auch im Oberboden war die Übertragungsfläche wie der Ursprungsbereich als Pseudogley ohne anstehendes Grundwasser einzustufen. Nach der Sodenübertragung nahm insbesondere in den entstandenen Mulden der Einfluss von Stauwasser zu, das sich dort temporär auch oberflächlich sammelte. Wie im Ausgangszustand wies der Boden in längeren Trockenphasen Risse auf, in denen für die Pflanzen ein Mangel an verfügbarem Bodenwasser herrschte. Die Standortbedingungen, abgeleitet aus den ungewichteten mittleren Zeigerwerten für Feuchte, Reaktivität und Stickstoff (nach Ellenberg 1992) zeigten nach der Maßnahme keine Abnahme des Feuchtewertes, der ebenso wie der Stickstoffwert 2014 dem Ausgangszustand 2005 entsprach (Tab. 4). Der Stickstoffwert war im ersten Jahr nach der Umsiedlung deutlich erhöht, sank in den Folgejahren aber schnell wieder ab. Der Wert für Reaktivität des Bodens blieb über den gesamten Zeitraum nahezu konstant.

Tab. 4: Ungewichtete mittlere Zeigerwerte für Feuchte, Reaktion und Stickstoff (nach Ellenberg et al. (1992) der umgesiedelten Wiese auf der Grundlage des jeweiligen gesamten Artenbestandes vor (2005) und ab 2007 nach der Maßnahme.

Jahr	2005	2007	2008	2009	2010	2011	2012	2014
Feuchte	5,6	5,4	6,0	6,0	6,0	6,0	5,9	5,8
Reaktion	6,0	6,2	5,8	6,2	6,0	6,2	6,2	6,1
Stickstoff	4,6	5,4	4,9	4,9	4,8	4,9	5,0	4,7

4 Diskussion

Die Umsiedlung der durch den Autobahnbau gefährdeten Pfeifengraswiese ist in der Summe im Grundsatz als erfolgreich einzustufen. Der vollständige Verlust der auf der heutigen Trasse der A 39 befindlichen Wiese des FFH-Lebensraumtyps 6410 „Pfeifengraswiesen auf kalkreichem Boden, torfigen und tonig-schluffigen Böden (Molinion caeruleae)“ konnte verhindert werden, wobei folgende Ergebnisse in Bezug auf die Umsiedlungsmaßnahme festgestellt wurden:

Positiv

- Die ca. 0,6 ha große Umsiedlungsfläche ist heute ein geschlossener Wiesenbereich, der mit konventionellen Geräten als Heuwiese bewirtschaftet werden kann.
- Ca. 50 % der umgesiedelten Fläche konnten 2014 als LRT 6410 eingestuft werden.
- Die gefährdeten oder stark gefährdeten Gefäßpflanzenarten, welche in 2005 vor der Transplantation dokumentiert wurden, waren ebenso wie die übrigen Ursprungsarten auch nach der Umsiedlung vorhanden.
- Die Populationsgrößen der ursprünglich vorhandenen gefährdeten Gefäßpflanzenarten lagen 2014 auf dem Niveau des Ausgangszustandes.
- Auf Teilflächen entspricht die heutige Vegetationszusammensetzung derjenigen des Ausgangszustandes.
- Die aktuelle Flora der Fläche zeigt in der Summe der Eigenschaften aller Arten an, dass die heutigen Bodeneigenschaften keine starken Abweichungen vom Ausgangszustand annehmen lassen.
- Störzeiger, wie die Acker-Kratzdistel (*Cirsium arvense*), nehmen durch die regelmäßige Nutzung als ein- bis zweischürige Mähwiese ohne Düngung kontinuierlich ab und waren 2014 zwar in der Summe noch mit zahlreichen Arten vorhanden, ohne jedoch größere Artmächtigkeiten aufzuweisen.

- Durch den direkten Anschluss der Umsiedlungsfläche an den größeren der erhalten gebliebenen Pfeifengraswiesenflächen und die Umwandlung weiterer direkt angrenzender Flächen von Acker- bzw. Intensivgrünlandnutzung zu extensiver Wiesennutzung wurde eine neue zusammenhängende Wiesenfläche geschaffen, die in der Summe größer als die Ursprungswiese von 2 ha Fläche ist.

Negativ

- Ca. 50 % der umgesiedelten Fläche wurden 2014 als Übergang des LRT 6410 zu mesophilem Grünland mit einem gewissen Anteil an Störzeigern eingestuft, was als Verschlechterung gegenüber dem Ausgangszustand zu werten ist.
- Die Umsiedlungsfläche weist eine starke Artenzunahme gegenüber der Ursprungsfläche auf, wobei die Zahl der Störzeiger zwar kontinuierlich abnimmt, aber immer noch deutlich gegenüber dem ehemaligen Zustand erhöht ist.
- Durch die Nutzung eines Radladers mit nach unten abgerundeter Schaufel und den Lücken zwischen den neu zusammengesetzten Soden entstand ein Netz von Störflächen und Unebenheiten, die z.T. auch heute noch zu erkennen sind und die eine Ursache für das verstärkte Auftreten von Störzeigern und unspezifischen Grünlandarten sind.

Klötzli (1987) beschreibt eine unbeständige Phase (labile phase) von fünf bis acht Jahren nach Wiesentransplantationen und belegt für die von ihm untersuchten Flächen einen Anstieg des Zeigerwertes für Stickstoff als Folge erhöhter Stickstoffmineralisation durch die Störung während der Sodentransplantation. Für die umgesiedelte Pfeifengraswiese bei Schandelah kann vor diesem Hintergrund angenommen werden, dass diese sich mittlerweile in einem gut etablierten Zustand (reconstitution phase nach Trueman et al. 2007) befindet und dass auch der Nährstoffschub durch die Bodenstörung weitgehend kompensiert ist. Entscheidend hierfür dürfte die konsequent erfolgte Nachpflege durch jährliche Nutzung mit einer ein- bis zweischürigen Mahd ohne Düngung, die einen Nährstoffentzug sicherstellt und die Grünlandarten gegenüber den Störzeigern begünstigt. Für den Erhalt von Pfeifengraswiesen geben auch Kaiser & Wohlgemuth (2002) eine zweischürige Nutzung für Phasen der Aushagerung als Option an. Während Good et al. (1999) eine Übertragungsrate von im Mittel 71 % der Ursprungsarten für die erfolgreiche Transplantation eines krautreichen Grünlandes angeben, konnten in dem untersuchten Beispiel bei Schandelah alle Arten übertragen werden.

Die Vorbereitung der Empfängerfläche, die korrekte Durchführung der Transplantation und die Wetterbedingungen werden als entscheidend für den Erfolg von Umsiedlungsmaßnahmen in der Literatur genannt (Klötzli 1987, Schwickert 1992, Bullock 1998, Good et al. 1999, Trueman et al. 2007). In dem vorgestellten Beispiel entstand durch die Kombination des wasserstauenden Tonbodens mit starken Regenfällen in der Phase der Durchführung der Maßnahme eine sehr ungünstige Situation, die neben dem Einsatz eines Radladers zu einer Übertagung teilweise unvollständiger Soden und einer gewissen Unebenheit der transplantierten Wiese führten. Als eine Folge waren auf Teilbereichen Störzeiger und die Ausbildung von Übergängen des LRT 6410 als Zielhabitattyp zu anderen Biotoptypen festzustellen, die jedoch mit der Fortführung der bisherigen optimalen Nachpflege als reversibel einzustufen sind. Dass die Maßnahme in der Summe dennoch als eindeutig erfolgreich einzustufen ist, basiert auf der engagierten Durchführung der Kompensationsmaßnahme und der damit verbundenen Bauleitung und Nachsorge durch die Niedersächsische Landesbehörde für Straßenbau und Verkehr (NLStBV), die Untere Naturschutzbehörde Wolfenbüttel und deren Beauftragte.

Die Übertagung von möglichst vollständigen Soden mit dem gesamten gewachsenen Boden und Untergrund und ohne die Entstehung von Hohlräumen unter der übertragenen Vegetation sollte bei Transplantationen von Grünland angestrebt werden. Entsprechende Spezialgeräte sind aktuell nicht ohne weiteres erhältlich, was in dem dargestellten Beispiel der Fall war. Dass eine nahezu störungsfreie Übertagung einer Wiese durch Sodentransplantation möglich ist, zeigt das Beispiel der von Bruelheide & Flintrop (2000) untersuchten Umsiedlung einer Bergwiese im Harz, bei der ein Spezialgerät zum Einsatz kam, das nahezu störungsfrei große Soden entnehmen und auf der Zielfläche wieder zusammensetzen konnte (Abb. 9).

Abb. 9: Umsiedlung einer Bergwiese mit *Arnica montana* (gelb blühend) bei Braunlage im Harz unter Verwendung eines Spezialgerätes zur Sodentransplantation (23.06.1993) (Foto: D. Zacharias).

Der Einsatz von Spezialgerät verursacht entsprechende Kosten und häufig auch längere Vorlaufzeiten, sollte aber zur Sicherstellung des Erfolges und letztlich zur Erreichung der angestrebten Landschafts- und Naturschutzziele immer angestrebt werden.

Vorrangig bleibt in jedem Fall aber der Erhalt vorhandener Hotspots von Arten, Biotoptypen oder landschaftlicher Vielfalt in und außerhalb existierender Schutzgebiete. Die Qualität gewachsener, etablierter Strukturen lässt sich in keinem Fall durch Umsiedlung oder Neuanlage identisch wiederherstellen. Gerade bei überregional erhaltenswerten Arten und Lebensraumtypen, wie sie z.B. in den Anhängen I und II der FFH-Richtlinie der EU gelistet werden, sollten Bau- und Entwicklungsmaßnahmen jegliche Beeinträchtigung versuchen zu vermeiden. Eine Umsiedlung kann nur in sehr begründeten Einzelfällen zum Einsatz kommen. Darüber hinaus bleibt jedoch die Entwicklung von Lebensgemeinschaften und Lebensräumen im Grundsatz eine aus heutiger Sicht notwendige Vorgehensweise, um die Biodiversität gerade auch in der von Menschen besiedelten Landschaft zu erhalten und zu fördern (z.B. Conrad & Tischew 2011, Hölzel et al. 2006, Kiehl et al. 2010, Rosenthal & Hölzel 2009).

5 Zusammenfassung

Der in Anhang I der FFH-Richtlinie gelistete LRT 6410 „Pfeifengraswiesen auf kalkreichem Boden, torfigen und tonig-schluffigen Böden (Molinion caeruleae)" zeichnet sich durch eine hohe Artenvielfalt und das Vorkommen von Kennarten wie z.B. Heilziest (*Betonica officinalis*), Nordisches Labkraut (*Galium boreale*) oder Färber-Scharte (*Serratula tinctoria*) aus, die ebenso wie die gesamte Lebensgemeinschaft als in hohem Maße gefährdet eingestuft werden. Vor dem Hintergrund des dramatischen Artenverlustes in der Agrarlandschaft sind die wenigen noch vorhandenen Bestände dieses LRT auch außerhalb von Schutzgebieten als Hotspots der Biodiversität zu erhalten und zu fördern.

In einem Praxisbeispiel einer Kompensationsmaßnahme des Baus der Autobahn A 39 im Landkreis Wolfenbüttel wurde eine entsprechende Pfeifengraswiese erfolgreich durch deren Umsiedlung im Winterhalbjahr 2005/2006 mittels Sodentransplantation mit 30-40 cm Boden bzw. Untergrund erhalten. Die Maßnahme wurde mit einem zehnjährigen Monitoring durch die Hochschule Bremen begleitet und beraten. Die Ergebnisse hierzu werden in dem Beitrag zusammenfassend dargestellt.

Die ca. 0,6 ha große Umsiedlungsfläche ist heute ein geschlossener Wiesenbereich, der mit konventionellen Geräten als Heuwiese bewirtschaftet werden kann und der sich wie beim Ausganszustand als LRT 6410 einzustufen lässt. Ca. 50 % der umgesiedelten Fläche zeigen jedoch noch Übergange zu anderen Grünlandtypen mit einem gewissen Anteil an Störzeigern.

Die gefährdeten oder stark gefährdeten Gefäßpflanzenarten, zugleich Kennarten des LRT 6410, welche 2005 vor der Transplantation dokumentiert wurden, waren ebenso wie die übrigen Ursprungsarten auch nach der Umsiedlung vorhanden. Die Populationsgrößen der gefährdeten Gefäßpflanzenarten lagen 2014 auf dem Niveau des Ausgangszustandes.

Durch die Nutzung eines Radladers mit nach unten abgerundeter Schaufel für die Transplantation und den Lücken zwischen den neu zusammengesetzten Soden entstand ein Netz von Störflächen und Unebenheiten, die z.T. auch heute noch zu erkennen sind und die eine Ursache für das verstärkte Auftreten von Störzeigern und unspezifischen Grünlandarten sind.

In der Summe ist die Maßnahme als erfolgreich einzustufen. Durch die konsequente Nachpflege der Flächen durch eine Bewirtschaftung ohne Düngung und regelmäßige Mahd mit Abräumen des Mähgutes wurde eine bis heute anhaltende positive Entwicklung mit kontinuierlichem Rückgang der Störzeiger erreicht.

Der Erhalt noch vorhandener Hotspots der Biodiversität in der Agrarlandschaft muss bei Planungen immer Vorrang haben. Ist dies in begründeten Einzelfällen auch nach Abwägung aller Möglichkeiten nicht gegeben, kann eine Transplantation des gesamten Ökosystems im Fall von Grünland sinnvoll sein, um hohe Naturschutzwerte zu erhalten.

6 Danksagung

Für die gute Zusammenarbeit und die finanzielle Unterstützung der Freilandarbeiten im Rahmen des Projektes „Umsiedlung einer Pfeifengraswiese als Kompensationsmaßnahme im Rahmen des Neubaus der A 39 bei Schandelah“ danken wir herzlich der Niedersächsischen Landesbehörde für Straßenbau und Verkehr (NLStV), Geschäftsbereich Wolfenbüttel, namentlich Frau Anke Mengel und Herrn Harald Guse sowie der Unteren Naturschutzbehörde Landkreis Wolfenbüttel, namentlich Frau Silke Krause.

Für Auskünfte über die Bewirtschaftung und die Entwicklung der Flächen danken wir der Umweltbeauftragten der Gemeinde Cremlingen, Frau Ina Weber-Schönian, dem Bewirtschafter der Flächen, Herrn Bernd Weber-Schönian (Cremlingen) sowie dem Forstbetrieb Heiko Weber (Schöppenstedt).

Wir danken allen Studierenden der Hochschule Bremen, die im Rahmen des Praktikums „Ökosysteme Praxis“ im Projekt Umsiedlung einer Pfeifengraswiese über zehn Jahre mehrere zehntausend Individuen von Rote Liste Arten gezählt, Artenlisten erstellt, Vegetationsaufnahmen angefertigt und Bodenuntersuchungen durchgeführt haben, namentlich Sarah Altrock, Karin Bäuerle, Marie Beneke, Nathalie Biercamp, Anja Bindewald, Anja Bock, Corinna Boye, Oliver Brockmann, Sabrina Brumme, Jesús Fernández Castro, Maya Daumal,

Agnes Flick, Jana Ebersbach, Ilona Galli, Oliver Gast, Bettina Gehle, Matthias Grugel, Melanie Himler, Maik Kallene, Christine Körner, Mira Kreuzer, Michael Kröncke, Anne-Katrin Manig, André Marques, Gert Miklis, Max Neumann, Stefanie Pietsch, Maike Pohlmann, Janka Reitz, Verena Schäuble, Inka Schönebeck, Vera Sternitzke, Ilka Strubelt, Patrick Thöne, Eva Vogel, Malte Weinacht, Toni Wendt, Sebastian Werner, Dennis Wessels, Julia Wiese, Rieke Winter und Nada Zantout.

7 Literaturverzeichnis

Bruelheide, H. & Flintrop, T. (2000): Evaluating the transplantation of a meadow in the Harz mountains, Germany. – Biological Conservation 92: 109-120.

Bullock, J. (1998): Community translocation in Britain – setting objectives and measuring consequences. – Biological Conservation 84: 199-214.

Burkart, M., Dierschke, H., Hölzel, N., Nowak, B. & Fartmann, T. (2004): Molinio-Arrhenatheretea (E1) Kulturgrasland und verwandte Vegetationstypen: Teil 2: Molinietalia Futter- und Streuwiesen feucht-nasser Standorte und Klassenübersicht Molinio-Arrhenatheretea. – Synopsis der Pflanzengesellschaften Deutschlands 9: 109 S.

Conrad, M.K. & Tischew, S. (2011): Grassland restoration in practice: Do we achieve the targets? A case study from Saxony-Anhalt/Germany. – Ecological Engineering 37: 1149-1157.

Dierschke, H. (1994): Pflanzensoziologie. Grundlagen und Methoden. – Stuttgart (Eugen Ulmer): 683 S.

Dierschke, H. & Briemle, G. (2002): Kulturgrasland: Wiesen, Weiden und verwandte Staudenfluren. – Stuttgart (Eugen Ulmer): 239 S.

Drachenfels, O. von (2011): Kartierschlüssel für Biotoptypen in Niedersachsen unter besonderer Berücksichtigung der geschützten Biotope sowie der Lebensraumtypen von Anhang I der FFH-Richtlinie, Stand März 2011. – Naturschutz Landschaftspflege Niedersachsen A/4: 326 S.

Ellenberg, H. & Leuschner, C. (2010): Vegetation Mitteleuropas mit den Alpen in ökologischer, dynamischer und historischer Sicht. – Stuttgart (Eugen Ulmer): 1357 S.

Ellenberg, H., Weber, H.E., Düll, R., Wirth, V., Werner, W. & Paulißen, D. (1992): Zeigerwerte von Pflanzen Mitteleuropas. – Scripta Geobotanica 18: 258 S.

Garve, E. (2004): Rote Liste der Farn- und Blütenpflanzen in Niedersachsen und Bremen, 5. Fassung, Stand 1.3.2004. – Informationsdienst Naturschutz Niedersachsen 24: 76 S.

Good, J.E.G., Wallace, H.I., Stevens, P.A. & Radford, G.L. (1999): Translocation of Herb-Rich Grassland from a Site in Wales Prior to Opencast Coal Extraction. – Restoration Ecology 7: 336-347.

Hölzel, N., Bissels, S., Donath, T.W., Handke, K., Harnisch, M. & Otte, A. (2006): Renaturierung von Stromtalwiesen am hessischen Oberrhein. – Naturschutz und Biologische Vielfalt 31: 263 S.

Hölzel, N. & Otte, A. (2003): Restoration of a species-rich flood meadow by topsoil removal and diaspore transfer with plant material. – Applied Vegetation Sciene 6: 131-140.

Immoor, A., Zacharias, D., Müller, J. & Diekmann, M. (2017): A re-visitation study (1948-2015) of wet grassland vegetation in the Stedinger Land near Bremen, North-western Germany. – Tuexenia 37: 271-288.

Kaiser, T. & Wohlgemuth, O. (2002): Schutz-, Pflege- und Entwicklungsmaßnahmen für Biotoptypen in Niedersachsen: Beispielhafte Zusammenstellung für die Landschaftsplanung. – Informationsdienst Naturschutz Niedersachsen 22: 169-242.

Kapfer, A. (1995): Streuwiesen und Nasswiesen. – Landesanstalt für Umweltschutz (Hrsg.) – Biotope in Baden-Württemberg 5: 49 S.

Kiehl, K., Kirmer, A., Donath, T., Rasran, L. & Hölzel, N. (2010): Species introduction in restoration projects: Evaluation of different techniques for the establishment of semi-natural grasslands in Central and Northwestern Europe. – Basic and Applied Ecology 11: 285-299.

Klötzli, F. (1980): Zur Verpflanzung von Streu- und Moorwiesen: Erfahrungen von 1969-1980. – ANL-Tagungsbericht 5: 41-50.

Klötzli, F. (1987): Disturbance in transplanted grasslands and wetlands. – In: van Andel, J. (Ed.): Disturbance in Grasslands. – Dordrecht (Dr. W. Junk Publishers): 79-97.

Leuschner, C. (Hrsg.) (2014): Biodiversitätsverluste im Acker- und Grünland. Eine großräumige Bilanzierung in Nord- und Mitteldeutschland seit 1950 und Wege aus der Krise. – Natur und Landschaft 89 (9/10): 385-462.

Lietsch, V. (2014): Erfolgreiche Umsiedlung einer Pfeifengraswiese (Molinion) FFH-LRT 6410 – Ergebnis des botanischen Langzeitmonitorings 2005 – 2014. – Bremen (Hochschule Bremen, Technische und Angewandte Biologie, Masterthesis Internationaler Studiengang, unveröff.): 189 S.

NLWKN/Niedersächsischer Landesbetrieb für Wasserwirtschaft, Küsten- und Naturschutz (2011): Niedersächsische Strategie zum Arten- und Biotopschutz – Vollzugshinweise für Arten und Lebensraumtypen. – URL: www.natura2000.nlwkn.niedersachsen.de > Vollzugshinweise Arten und Lebensraumtypen (gesehen am: 29.06.2017).

Preising, E., Vahle, H.-C., Brandes, D., Hofmeister, H., Tüxen, J. & Weber, H.E. (1997): Die Pflanzengesellschaften Niedersachsens – Bestandsentwicklung, Gefährdung und Schutzprobleme. Rasen-, Fels- und Geröllgesellschaften. – Naturschutz Landschaftspflege Niedersachsen 20/5: 146 S.

Rennwald, E. (Bearb.) (2000): Verzeichnis und Rote Liste der Pflanzengesellschaften Deutschlands. – Schriftenreihe für Vegetationskunde 35: 800 S.

Rosenthal, G. & Hölzel, N. (2009): Renaturierung von Feuchtgrünland, Auengrünland und mesophilem Grünland. – In: Zerbe, S. & Wiegleb, G. (Hrsg.): Renaturierung von Ökosystemen in Mitteleuropa. – Heidelberg (Spektrum Akademischer Verlag Heidelberg): 283-316.

Schacherer, A. (2001): Das Niedersächsische Pflanzenarten-Erfassungsprogramm. – Informationsdienst Naturschutz Niedersachsen 5/01, Supplement Pflanzen: 22 S.

Schwickert, P.W. (1992): Verpflanzen von Pflanzen bzw. Pflanzengesellschaften als Chance für den Naturschutz? Stand der Forschung und jüngste Unternehmungen. – Natur und Landschaft 67 (3): 111-114.

Trueman, I., Mitchell, D. & Besenyei, L. (2007): The effects of turf translocation and other environmental variables on the vegetation of a large species-rich mesotrophic grassland. – Ecological Engineering 31: 79-91.

Zacharias, D. (1996): Flora und Vegetation von Wäldern der Querco-Fagetea im nördlichen Harzvorland Niedersachsens – unter besonderer Berücksichtigung der Eichen-Hainbuchen-Mittelwälder. – Naturschutz Landschaftspflege Niedersachsen 35: 150 S.

Zacharias, D., Janßen, C. & Brandes, D. (1988): Basenreiche Pfeifengras-Streuwiesen des Molinietum caeruleae W. Koch 1926, ihre Brachestadien und ihre wichtigsten Kontaktgesellschaften in Südost-Niedersachsen. – Tuexenia 8: 55-78.

Adresse der Autorin und der Autoren:

Prof. Dr. Dietmar Zacharias und Dipl.-Biol. Henning Harder
Hochschule Bremen, Fakultät Natur und Technik/ISTAB
Arbeitsgruppe Angewandte und Ökologische Botanik
Neustadtswall 30, 28199 Bremen
E-Mail: dietmar.zacharias@hs-bremen.de
henning.harder@hs-bremen.de

M. Sc. Umweltbiol. Varinia Lietsch
Landkreis Goslar
Fachbereich Bauen & Umwelt – Naturschutz/Abfallüberwachung
Klubgartenstr. 6, 38640 Goslar
Email: varinia.lietsch@landkreis-goslar.de

Entwicklung von Grünlandlebensräumen in Auen: Praxisbeispiele aus Sachsen-Anhalt

Annett Baasch, Karina Engst, Konstanze May, Karen Runge, Carola Schuboth und Georg Rast

Abstract

Semi-natural grasslands shelter an important part of Europe's biodiversity. In floodplains, grassland habitats provide additional ecosystem services, e.g. water retention and the protection against soil erosion during flooding events.

However, river regulation and land-use changes caused considerable grassland losses as well as alterations in grassland communities' species composition, structure and functions. Species-rich floodplain and lowland hay meadows are highly endangered habitats of European interest (EU-Habitats 6510 and 6440) and are currently assessed as having an unfavorable conservation status.

Therefore, besides maintaining still existing well-preserved grasslands, the restoration of species-rich grasslands should have top priority in order to fulfil the targets of the EU Biodiversity Strategy to 2020.

Here we present results from two restoration projects carried out at the Middle Elbe biosphere reserve in Saxony-Anhalt. The first project 'Grassland restoration in Natura 2000 areas' used different methods of species introduction (e.g. hay transfer, sowing of threshing material) to restore the structure and composition of species-poor grasslands. In the Life+ project 'Floodplains of the River Elbe at Vockerode' 212 hectares of the former floodplain have been reintegrated into the natural flooding regime and grasslands were established on former arable land.

The success of the applied methods depended on various factors, e.g. the availability of suitable donor sites, the site management as well as stochastic factors such as flooding events. However, the results of both projects show that near-natural grassland restoration measures are appropriate to increase the biodiversity of species-poor grasslands or to convert arable land into grassland habitats and thus should be regularly used in practice.

1 Einleitung

1.1 Grünland und Auen – Wo stehen wir?

Artenreiche Grünlandbestände beherbergen einen herausragenden Anteil an biologischer Vielfalt (z.B. Dengler et al. 2014). Über die Hälfte aller in Deutschland vorkommenden Pflanzenarten sind auf Grünlandlebensräume angewiesen (BMUB 2015). Diese Vielfalt ist jedoch einerseits durch die Intensivierung der Landnutzung (Umbruch in Acker, Intensivierung der Grünlandnutzung) und andererseits durch Unternutzung und insbesondere durch die Aufgabe der Bewirtschaftung beeinträchtigt (z.B. Wesche et al. 2012). Im Zeitraum von 1991 bis 2015 verringerte sich die Fläche an Dauergrünland in Deutschland um 652.453 ha (BMEL 2015). Mit rund 4,7 Millionen ha und einem Anteil von 28 % an der landwirtschaftlichen Nutzfläche ist Grünland zwar nach wie vor ein wesentlicher Bestandteil der Kulturlandschaft (BMEL 2015), artenreiche Bestände mit charakteristischer Artenzusammensetzung sind jedoch selten und 44 % aller auf Grünland vorkommenden Arten gelten aktuell als gefährdet oder bereits verschollen (BMUB 2015, Becker et al. 2014). Neben der hohen Bedeutung als Lebensraum für Pflanzen- und Tierarten werden durch Grünlandbiotope zahlreiche weitere Funktionen übernommen und Ökosystemdienstleistungen bereitgestellt (z.B. Speicherung von CO_2 und anderen Treibhausgasen, Boden- und Erosionsschutz, Landschaftsbild und Erholung; z.B. Matzdorf & Reutter 2014).

In Sachsen-Anhalt beträgt der Anteil von Dauergrünland an der landwirtschaftlichen Nutzfläche nur knapp 15 % (BMEL 2015). Diesbezüglich ist Sachsen-Anhalt in Deutschland das grünlandärmste Flächenland. Besonders schützenswerte Grünlandtypen, wie arten- und strukturreiche Wiesen, Trocken- und Halbtrockenrasen nehmen wiederum weniger als ein Fünftel der gesamten Grünlandfläche ein (LAU 2016a; siehe Abb. 1). Und davon wiederum weist der überwiegende Teil derzeit keinen günstigen Erhaltungszustand auf (LAU 2013).

In Flussauen kommt Grünland eine besondere Bedeutung zu. Im Gegensatz zu Ackerflächen bietet die geschlossene Grasnarbe Schutz vor Bodenerosion bei Hochwasserereignissen und besitzt eine wichtige Puffer- und Filterfunktion für Grund- und Oberflächenwasser. Bei Überschwemmung kann es als Retentionsfläche dienen und dadurch Siedlungen, Deiche und Infrastruktur schützen. Allerdings gelten nur noch 10 % der Flussauen als ökologisch intakt (BMUB 2015). Zwei Drittel der ehemaligen Überschwemmungsgebiete sind in Deutschland durch Deichbau und andere Hochwasserschutzmaßnahmen verloren gegangen, wobei an den großen Flüssen oft sogar nur noch 10-20 % der ehemaligen Überflutungsauen vorhanden sind (Brunotte et al. 2009). Es überwiegen intensive Nutzungsformen. Insbesondere die Altauen, die aktuell durch Hochwasserschutzmaßnahmen vom Überflutungsregime des Flusses abgeschnitten sind, weisen einen hohen Anteil an Ackerflächen auf. In den rezenten Auen nehmen Grünlandbestände noch einen vergleichsweise hohen Anteil an der Gesamtfläche ein. 46 % der überflutbaren Fläche wird als Grünland bewirtschaftet (Becker et al. 2014, BfN 2009).

Auengrünland ist überwiegend durch aktuelle oder in der Vergangenheit erfolgte intensive Nutzung geprägt. Veränderungen der Überflutungsverhältnisse, Aufgabe oder Intensivierung von Mahd oder Beweidung, Düngung und die Verringerung der Grünlandfläche führten dazu, dass auentypische Grünland-Biotoptypen, wie Brenndolden-Auenwiesen (Cnidion dubii) aber auch die in Auen ebenfalls verbreiteten Flachland-Mähwiesen (Arrhenaterion) eine negative Bestandsentwicklung zeigen, was sich auch in einer Verschlechterung des Erhaltungszustandes der entsprechenden FFH-Grünland-Lebensraumtypen (LRT 6440, LRT 6510) widerspiegelt. Demnach befinden sich beide Lebensraumtypen in Deutschland in einem ungünstigen Erhaltungszustand (Ellwanger et al. 2014).

Entsprechend der länderspezifischen Bewertung befinden sich diese Lebensraumtypen in Sachsen-Anhalt in einem ungünstig-unzureichenden Erhaltungszustand (LAU 2013). Der Lebensraumtyp Brenndolden-Auenwiesen (Cnidion dubii) (LRT 6440) wurde im Land bisher auf insgesamt circa 2.700 ha festgestellt, von denen allerdings nur 21 % einen günstigen Erhaltungszustand (EHZ A) aufweisen. Bei dem Lebensraumtyp Magere Flachland-Mähwiesen (LRT 6510) mit insgesamt circa 9.000 ha sind ebenfalls nur 12 % einem günstigen Erhaltungszustand zuzuordnen (LAU 2016b, siehe Abb. 2).

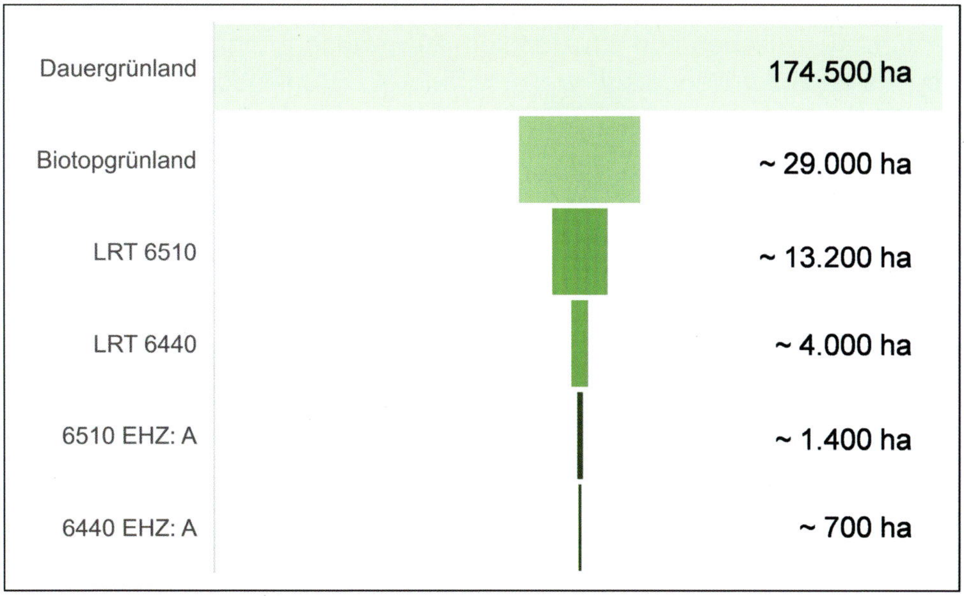

Abb. 1: Flächenkaskade für Grünland in Sachsen-Anhalt (BMEL 2015, LAU 2016a, 2016b; Angaben zu den Lebensraumtypen (LRT): eigene Auswertung auf Grundlage der FFH-Kartierung (Stand: 11/2016, LAU 2016b). Weitere LRT des Biotopgrünlandes sind nicht dargestellt. EHZ A = günstiger Erhaltungszustand, LRT 6440 = Brenndolden-Auenwiesen, LRT 6510 = Magere Flachland-Mähwiesen).

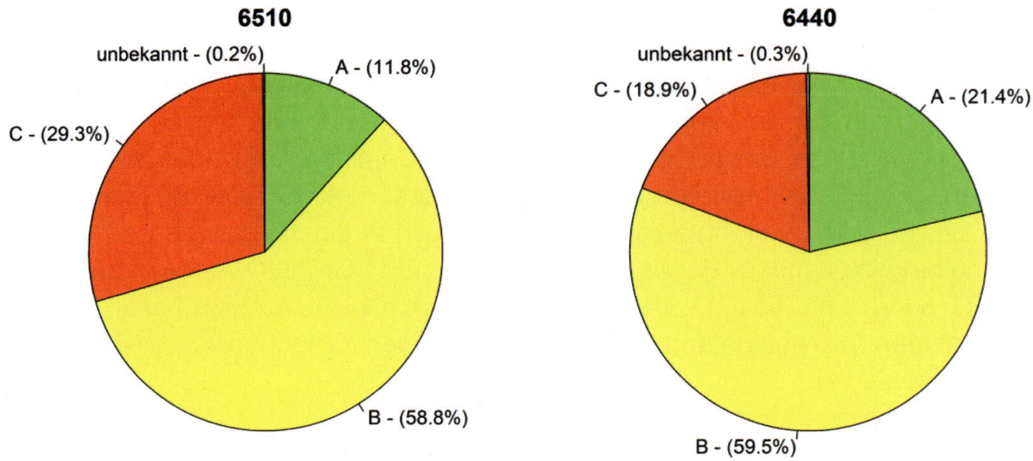

Abb. 2: Erhaltungszustand der Lebensraumtypen 6510 und 6440 im Land Sachsen-Anhalt; Stand: 11/2016 (LAU 2016b).

1.2 Grünland und Auen – Herausforderungen und Chancen

Um der negativen Entwicklung entgegen zu wirken, ist es einerseits zwingend notwendig noch bestehendes artenreiches Grünland durch eine angepasste Nutzung zu erhalten und andererseits Maßnahmen zur Grünlandrenaturierung sowohl zur floristischen und strukturellen Aufwertung artenarmer Grünlandbestände als auch zur Neuanlage von artenreichen Grünlandbeständen auf ehemaligen Ackerstandorten durchzuführen.

Was die Verbesserung bestehender, aber ungünstig ausgeprägter Grünlandflächen betrifft, wird in Sachsen-Anhalt, wie in ganz Deutschland, v.a. auf Förderprogramme zur umweltgerechten Landbewirtschaftung gesetzt. Agrarumweltprogramme nehmen eine ganz zentrale Rolle für z.B. Maßnahmen zur Extensivierung und naturschutzgerechten Bewirtschaftung ein. Im Jahr 2014 unterlag in Sachsen-Anhalt circa 44 % des Grünlandes diversen Agrarumweltmaßnahmen. Allerding stellen sich die charakteristischen Artengemeinschaften oft nicht oder nur in völlig unzureichendem Maße ein. Das ist einerseits auf die Ausgestaltung der Förderprogramme zurückzuführen, welche in Zukunft stärker auf einen echten Mehrwert für die biologische Vielfalt und an positive Wirkungen für das Grünland mit hohem Naturwert ausgerichtet werden sollten („dunkelgrüne“ Agrarumwelt- und Klimamaßnahmen; Becker et al. 2014). Zum anderen sind die oftmals nur sehr geringen Ausbreitungsgeschwindigkeiten vieler Grünlandarten sowie der Mangel an geeigneten Diasporenquellen in der Umgebung ein wesentlicher Grund für die nicht zufriedenstellenden Ergebnisse (Donath et al. 2003, Hölzel et al. 2006, Soons & Heil 2002). Das betrifft auch die Erhaltungszustände von Grünlandlebensräumen in

Schutzgebieten, wie den FFH-Gebieten und anderen Flächen, die seit längerem schon Extensivierungsmaßnahmen unterliegen. In diesen Fällen wird es notwendig sein, nach erfolgreicher Aushagerung und Installierung einer adäquaten Nutzung auch charakteristische Pflanzenarten durch Einbringung in den Bestand aktiv zu fördern. Vor allem in rezenten Flussauen sollten darüber hinaus bestehende Ackerflächen schrittweise in Dauergrünland überführt werden. Zudem müssen Auen als natürliche Retentionsräume und Lebensraum für viele seltene Tier- und Pflanzenarten zurückgewonnen werden. Laut Naturschutz-Offensive des Bundesministeriums für Umwelt, Naturschutz, Bau und Reaktorsicherheit (BMUB 2015) sind verstärkte Anstrengungen gefordert, um Flüssen wieder mehr Raum zu geben. Mit dem Sonderprogramm „Präventiver Hochwasserschutz“ sollen in den nächsten Jahren überregional wirksame Maßnahmen gefördert und bei gleicher Wirksamkeit solche Hochwasserschutzmaßnahmen bevorzugt umgesetzt werden, die Synergieeffekte zwischen Hochwasser- und Naturschutz aufweisen. In diesem Zusammenhang bestehen Chancen auch großflächige Maßnahmen zur Grünlandrenaturierung umzusetzen, welche auch genutzt werden sollten.

1.3 Maßnahmen zur Grünlandrenaturierung

Naturnahe Begrünungen im Offenlandbereich können mit Hilfe unterschiedlicher Methoden, wie z.B. dem Mahdgutübertrag sowie der Einsaat von Wiesendrusch oder durch die Ausbringung gebietseigener Arten mittels Saatgutmischungen oder Pflanzung erfolgreich umgesetzt werden (Kiehl et al. 2010, Török et al. 2011). Dazu liegen zahlreiche Studien und Umsetzungsbeispiele sowohl zur Begrünung auf ehemaligen Ackerstandorten (z.B. Donath et al. 2007, Hölzel & Otte 2003, Hölzel et al. 2006, Prach et al. 2013, Pywell et al. 2011) als auch zu Anwendungen in artenarmen Grünlandbeständen (z.B. Baasch et al. 2016, Engst et al. 2016, Hölzel et al. 2006, Schmiede et al. 2012, Klaus et al. 2016) vor. Zur Überführung der Erkenntnisse in die Praxis stehen für den deutschsprachigen Raum bereits mehrere sehr gute Leitfäden zur Umsetzung naturnaher Begrünungsmaßnahmen zur Verfügung (Harnisch et al. 2014, Kirmer & Tischew 2006, Kirmer et al. 2012). Darüber hinaus gibt es in einigen Bundesländern, wie z.B. in Sachsen-Anhalt, Thüringen, Schleswig-Holstein und Nordrhein-Westfalen, auch Kataster zur Verwaltung und Recherche von geeigneten Spenderflächen zur Gewinnung von diasporenreichen Pflanzenmaterial sowie umfassende Online-Informationssysteme (Hefter et al. 2010, Kirmer & Korsch 2009, Schiffgens 2011).

2 Praxisbeispiele

2.1 Floristische Aufwertung von artenarmen Grünlandbeständen

Hintergrund und Projektziel

Innerhalb von FFH-Gebieten entsprechen gegenwärtig viele Grünlandbestände nicht den Kriterien von Lebensraumtypen nach Anhang I der FFH-Richtlinie oder sie weisen keinen günstigen Erhaltungszustand auf. Die Wiederherstellung eines günstigen Erhaltungszustandes von natürlichen Lebensräumen für Tier- und Pflanzenarten von gemeinschaftlichem Interesse (Art. 2, Anhang I und II) gehört zu den primären Kernpunkten der Fauna-Flora-Habitat-Richtlinie (Europäische Kommission 1992).

Im Zeitraum von 2009 bis 2015 wurden im Rahmen angewandter Forschungsprojekte auf ausgewählten Flächen innerhalb von FFH-Gebieten v.a. in Auenbereichen verschiedene Methoden zur aktiven Einbringung von Zielarten erprobt. Ein zentrales Ziel war es, durch Mahdgutübertrag sowie die Einsaat von Wiesendrusch und regionalen Saatgutmischungen, die Diversität von artenarmen Grünlandflächen zu erhöhen, eine charakteristische Artenzusammensetzung wiederherzustellen und somit langfristig die Bestände in die entsprechenden Lebensraumtypen zu überführen. Darüber hinaus sollten die Maßnahmen derart umgesetzt werden, dass ein Vergleich der unterschiedlichen Varianten möglich ist.

Projektgebiete und Maßnahmenflächen

Alle hier dargestellten Projektgebiete befinden sich in Sachsen-Anhalt im Landkreis Wittenberg (vgl. Abb. 3). Die Maßnahmenflächen wurden gemeinsam mit den Kooperationspartnern nach verschiedenen Kriterien ausgewählt. In der Regel wurden Flächen gewählt, die derzeit nicht den Kriterien von Lebensraumtypen nach Anhang I der FFH-Richtlinie entsprechen, aber kurz- bis mittelfristig durch geeignete Maßnahmen in einen entsprechenden Lebensraumtyp entwickelt werden können (LRT-Entwicklungsflächen) und die bereits einer geeigneten, extensiven Nutzung unterlagen. Eines der Projektgebiete wird im Folgenden beispielhaft näher vorgestellt.

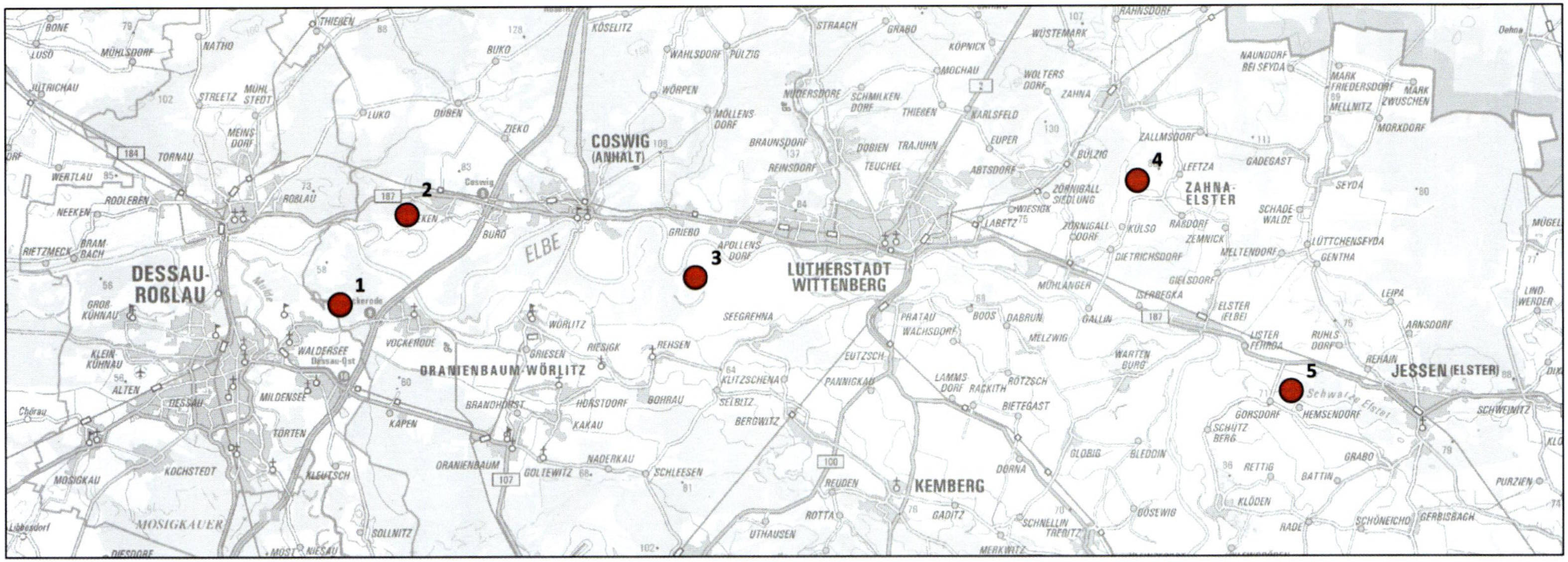

Projektgebiet	1 Cortenswiese	2 Klieken	3 Große Straube	4 Küchenholzgraben	5 Untere Schwarze Elster
FFH-Gebiet	Dessau-Wörlitzer Elbauen	Dessau-Wörlitzer Elbauen	Elbaue zwischen Griebo und Prettin	Küchenholzgraben bei Zahna	Untere Schwarze Elster
Umsetzungsjahr	2011	2014	2010	2009	2009
Varianten	W, WE	M, ME, W, WE	W, WE, E, B	M, ME, W, WE	M, ME, W, WE
Ziel-LRT	6510 (6440)	6440 (6510)	6440	6510	6440
Größe (ha)	5	22	9	5	9

Abb. 3: Überblick über die Projektgebiete im Landkreis Wittenberg. (W = Wiesendrusch, WE = Wiesendrusch + Einsaat, M = Mahdgut, ME = Mahdgut + Einsaat, E = Einsaat, B = nur Bodenbearbeitung) (© GeoBasis-DE/LVermGeo LSA).

Untere Schwarze Elster

Das Projektgebiet „Untere Schwarze Elster“ liegt im Biosphärenreservat Mittelelbe westlich von Jessen (Elbe) und ist Teil des FFH- und gleichnamigen Naturschutzgebietes (EU-Nr.: DE 4143 301, Landes-Nr.: FFH0071; NSG 0001). Es stellt einen Abschnitt der Niederung der Schwarzen Elster bis kurz vor der Mündung des Flusses in die Elbe dar. In der Niederung befinden sich zahlreiche Altarme der Schwarzen Elster. Der Unterlauf der Schwarzen Elster unterliegt einer noch vergleichsweise guten Hochwasserdynamik. Bei den ausgewählten Maßnahmenflächen handelte es sich um ausgehagerte, aber artenarme Flächen im Überflutungsbereich, welche laut FFH-Kartierung keinem Lebensraumtyp zuzuordnen waren, jedoch als Entwicklungsflächen für den FFH-Lebensraumtyp 6440 mit Übergängen zum LRT 6510 geführt wurden.

Versuchsdesign und Maßnahmenumsetzung

Um vergleichende Untersuchungen zu ermöglichen, erfolgte die Umsetzung der Maßnahmen in den meisten Projektgebieten nach einem einheitlichen Versuchsschema (i.d.R. Blockdesign, 4 Varianten, 6 Wiederholungen; siehe Abb. 4 und 5).

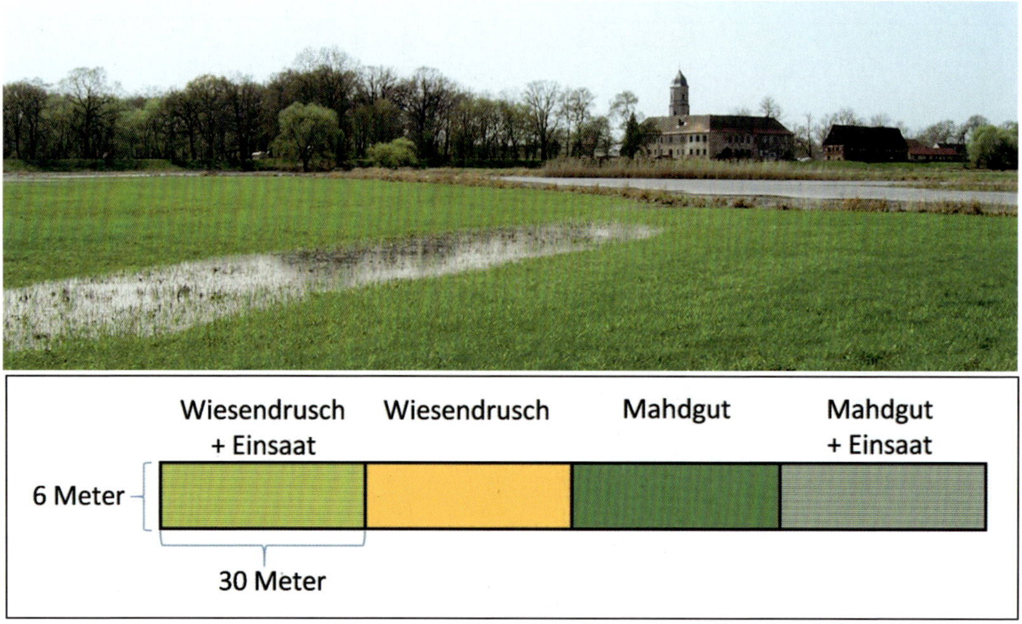

Abb. 4: Blick auf einen Teil der Maßnahmenfläche „Untere Schwarze Elster“ im Jahr 2009 und schematische Darstellung eines Etablierungsstreifens mit vier Varianten (Foto: A. Baasch).

Abb. 5: Maßnahmenumsetzung: links oben: Fräsen und Anwalzen der Etablierungsstreifen; rechts oben: Mähen der Spenderfläche; links unten: Ausbringung des Mahdgutes auf die Etablierungsstreifen; rechts unten: Wiesendrusch mit einem Parzellenmähdrescher (Fotos: R. Schmiede).

Methodik der Erfolgskontrolle

Alle Maßnahmen wurden im Zeitraum von 2010 bis 2017 von Erfolgskontrollen begleitet. Dazu erfolgten einmal im Jahr auf allen Versuchsvarianten sowie auf Kontrollflächen im ungestörten Grünland (Variante K) Vegetationsaufnahmen (Flächengröße: 4 x 4 m).

Die Auswertung der vegetationsökologischen Daten erfolgte anhand von Zielartenkategorien, die für Renaturierungsmaßnahmen konzipiert wurden, welche die floristische Diversifizierung oder eine Neuanlage von Grünland der FFH-Lebensraumtypen 6510 und/oder 6440 als Zielsetzung haben. Für die Analyse der Zielarten wurde jede Art einer der folgenden Gruppen zugeordnet:

- Zielarten im engeren Sinne (Kategorie 1): gefährdete und geschützte Arten (Rote Liste, BArtSchV, Arten mit negativem Entwicklungstrend in Sachsen-Anhalt (Frank & Neumann 1999))
- Zielarten im weiteren Sinne (Kategorie 2). Charakteristische Arten der LRT 6440 und 6510 (LAU 2010) und/oder der entsprechenden Pflanzengesellschaften (Schubert 2001), welche nicht den Kriterien der Kategorie 1 oder 3 entsprechen

- Gewöhnliche Grünlandarten (Kategorie 3): wie Kategorie 2, aber mit Nährstoffzahl (nach Ellenberg et al. 2001) > 6, Mahdzahl (nach Briemle et al. 2002) < 3 oder > 6, Arten des Saatgraslandes nach Schubert (2001); Arten, die zum floristischen Grundbestand der Grünlandgesellschaften zählen, die aber teilweise auch zu problematischen Bestandzuständen (z.B. dichte Hochgrasbestände) führen können.

- Nichtzielarten: alle übrigen Arten.

Innerhalb aller Kategorien wurden die Gräser und Kräuter separat betrachtet.

Darüber hinaus wurde das Arteninventar nach Maßnahmenumsetzung auf Grundlage der durchgeführten Vegetationsaufnahmen in Hinblick auf die Bewertungskriterien nach Kartier-Anleitung für Lebensraumtypen in Sachsen-Anhalt (LAU 2010) bewertet. Auf ausgewählten Flächen fand eine FFH-Wiederholungskartierung statt.

Ergebnisse und Erfolgsbewertung der Maßnahmen

Die Ergebnisse der Versuche wurden bereits in wissenschaftlichen Publikationen veröffentlicht (siehe Baasch et al. 2016, Engst et al. 2016), auf welche an dieser Stelle verwiesen werden soll. Nachfolgend wird ein kurzer Überblick zur Vegetationsentwicklung am Beispiel der floristischen Grünlandaufwertung im Projektgebiet „Untere Schwarze Elster“ gegeben (siehe Abb. 6 und Abb. 7). Im Anschluss erfolgt eine überblicksweise Erfolgsbewertung für alle Projektgebiete.

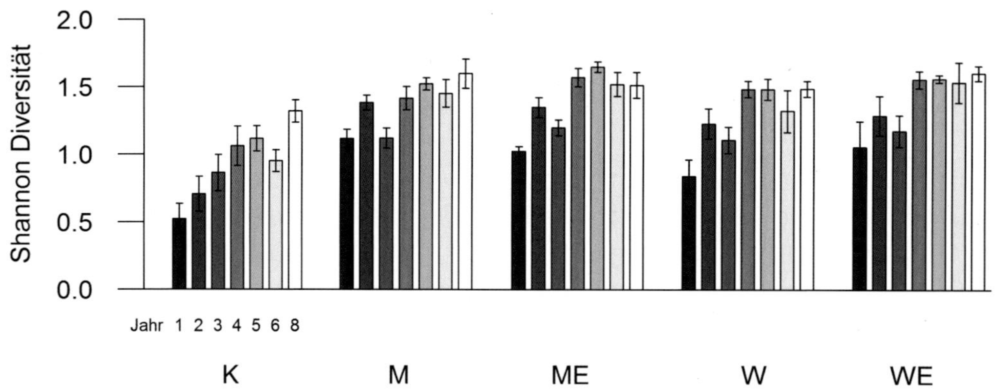

Abb. 6: Shannon-Diversität im Projektgebiet „Untere Schwarze Elster“ (LRT 6440); Aufnahmeflächen: n = 6, 16 m². W = Wiesendrusch, WE = Wiesendrusch + Einsaat, M = Mahdgut, ME = Mahdgut + Einsaat, K = Kontrollfläche.

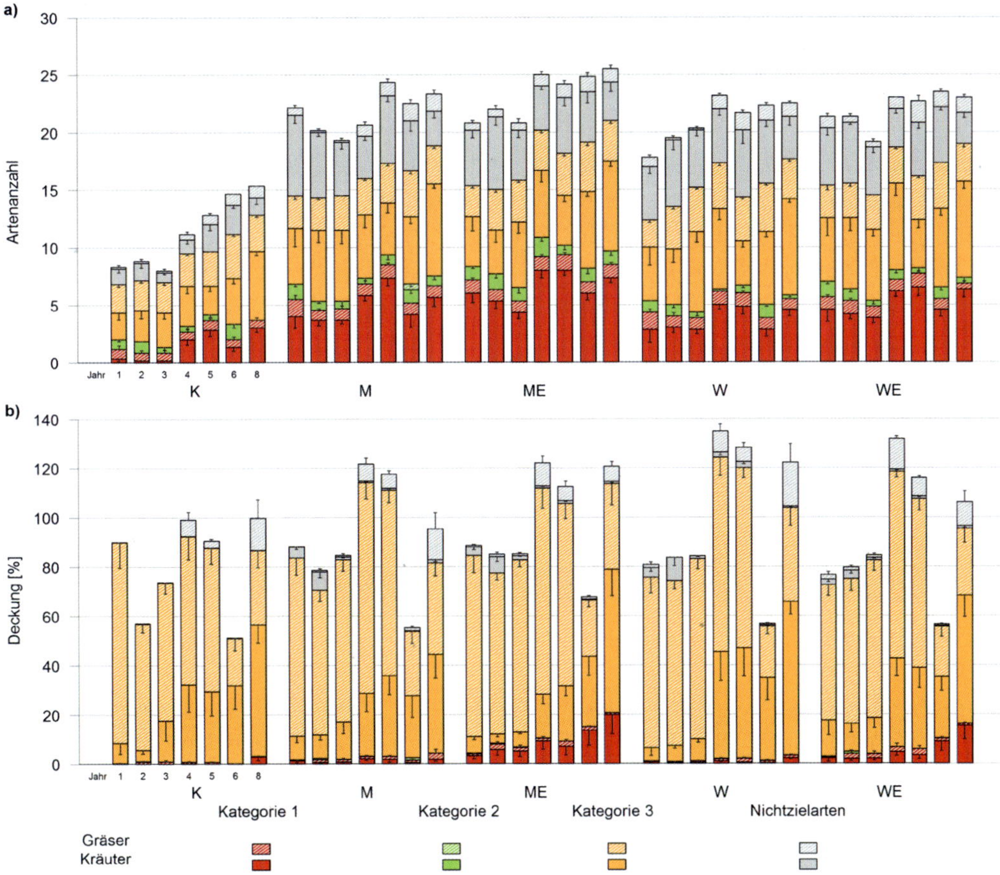

Abb. 7: Vegetationsentwicklung im Projektgebiet „Untere Schwarze Elster". (Kat. 1 = Zielarten i.e. Sinn, Kat. 2 = Zielarten i.w. Sinn, Kat. 3 = Gewöhnliche Grünlandarten), W = Wiesendrusch, WE = Wiesendrusch + Einsaat, M = Mahdgut, ME = Mahdgut + Einsaat, K = Kontrollfläche. Gezeigt werden Artenanzahl und Deckung der Vegetationsaufnahmen (n = 6, 16 m²).

Vegetationsentwicklung und Variantenvergleich: Untere Schwarze Elster

Das Einbringen von Arten führte auf allen Varianten über die Jahre zu einer signifikanten Erhöhung der floristischen Diversität im Grünland (siehe Abb. 6). Die positiven Veränderungen zeigten sich insbesondere auf den Versuchsvarianten, jedoch wurde auch für die unbehandelten Kontrollflächen ein Anstieg der Diversitätswerte festgestellt. Allerdings sind die Diversitätswerte auch nach einigen Jahren noch signifikant geringer als auf den Spenderflächen (siehe auch Engst et al. 2016).

Vor allem hinsichtlich der Anzahl konnte nach Maßnahmenumsetzung ein Anstieg der Kategorie 1-Zielarten verzeichnet werden (siehe Abb. 7). Dazu gehören im Projektgebiet „Untere Schwarze Elster" z.B. Arten wie *Achillea ptarmica*, *Allium angulosum*, *Inula britannica*, *Sanguisorba officinalis, Serratula tinc-*

toria und *Veronica maritima* (siehe Abb. 8). Im Vergleich zu den Kontrollflächen wurde in allen Einbringungsvarianten eine signifikant höhere Anzahl von Zielarten erfasst. Zwischen den unterschiedlichen Einbringungsvarianten Mahdgutübertrag und Wiesendrusch zeigten sich nur geringe Unterschiede. Jedoch zeigten Varianten mit einer zusätzlichen Einsaat gebietseigener Arten bessere Etablierungserfolge (Baasch et al. 2016, Engst et al. 2016). Diese Tendenzen zeigten sich auch in den anderen Projektgebieten.

FFH-Kartierung: Untere Schwarze Elster

Um die Auswirkungen der durchgeführten Renaturierungsmaßnahmen auf die Ausprägung der FFH-Lebensraumtypen zu evaluieren, wurde im Sommer 2014 im Projektgebiet „Untere Schwarze Elster" eine Wiederholungskartierung nach der Kartieranleitung für FFH-Lebensraumtypen (LAU 2010) beauftragt und die Ergebnisse mit der Erstkartierung im Jahr 2007 verglichen (siehe Tab. 1).

Tab. 1: Ergebnisse der FFH-Kartierung im Gebiet „Untere Schwarze Elster".

<table>
<tr><th>Kriterium/Bewertung des Erhaltungszustandes</th><th>Wiederholungskartierung 2014</th><th>Erstkartierung/Status quo 2007</th></tr>
<tr><td>Lebensraumtypische Habitatstrukturen</td><td>C – mittlere bis schlechte Ausprägung</td><td rowspan="4">Keine Einstufung als LRT
Zuordnung: Mesophiles Grünland (GMA), teilweise Rohrglanzgras-Landröhricht (NLB)</td></tr>
<tr><td>Lebensraumtypisches Arteninventar</td><td>B – weitgehend vorhanden</td></tr>
<tr><td>Beeinträchtigungen</td><td>B – mittel</td></tr>
<tr><td>Gesamtbewertung</td><td>LRT 6440, EHG: B (gut)</td></tr>
</table>

Im Jahr 2014 konnte die Maßnahmenfläche als LRT 6440 mit einer Gesamtbewertung des Erhaltungsgrades (EHG) B (gut) kartiert werden. Typische Auenstrukturen, wie Nassstellen, sind auf der Maßnahmenfläche kaum vorhanden. Entsprechend erfolgte eine Einstufung der Habitatstrukturen in die Kategorie C. Das Arteninventar der Maßnahmenfläche wurde mit B bewertet. Zwar wurden die Grenzwerte für eine Einstufung in die Kategorie A erreicht (mindestens 7 charakteristische Arten, davon mindestens 3 lebensraumtypkennzeichnende Arten), jedoch sind viele der Arten immer noch auf die Etablierungsstreifen beschränkt. Ausbreitungstendenzen einiger Zielarten, z.B. *Inula britannica* und *Achillea ptarmica* konnten jedoch gleichfalls nachgewiesen werden.

Abb. 8: Links: Zweitaufwuchs Anfang August 2014 im Projektgebiet „Untere Schwarze Elster“. Deutlich zu erkennen sind die Infloreszenzen von *Achillea ptarmica* und *Allium angulosum* (Foto: T. Engst). Rechts: Zweitaufwuchs Mitte August 2016 mit *Achillea ptarmica*, *Inula britannica* und *Veronica maritima* (Foto: A. Baasch).

Überblick zu den Ergebnissen aller Projektgebiete

Eine Wiederholungskartierung nach FFH-Kartieranleitung wurde außer im Projektgebiet „Untere Schwarze Elster“ bisher nur im Projektgebiet „Küchenholzgraben“ durchgeführt. Um dennoch die Ergebnisse aller Projektgebiete in Hinblick auf das Projektziel vergleichend darstellen zu können, wurde auf Grundlage der Vegetationsaufnahmen eine Bewertung des Kriteriums „Vollständigkeit des lebensraumtypischen Arteninventars“ für den jeweiligen Ziel-LRT vorgenommen (LAU 2010). Der Vergleich zeigt, dass die Maßnahmen nicht in allen Projektgebieten gleichermaßen erfolgreich waren (siehe Abb. 9).

In den Projektgebieten „Küchenholzgraben“ und „Klieken“ konnte über die Jahre eine deutliche Verbesserung des Erhaltungsgrades festgestellt werden. So weisen im letzten Jahr der Erfassung nahezu alle Vegetationsaufnahmen ein Arteninventar auf, welches nach Kartieranleitung den Bewertungsklassen A (hervorragend) oder B (gut) zuzuordnen ist. Für das Gebiet „Küchenholzgraben“ konnte die positive Entwicklung auch durch die beauftragte FFH-Wiederholungskartierung bestätigt werden. Während der Großteil der Maßnahmenfläche im Rahmen der Erstkartierung im Jahr 2005 nicht als Lebensraumtyp erfasst wurde, erfolgte im Jahr 2015 eine Einstufung als LRT 6510 (Gesamtbewertung: Erhaltungsgrad C).

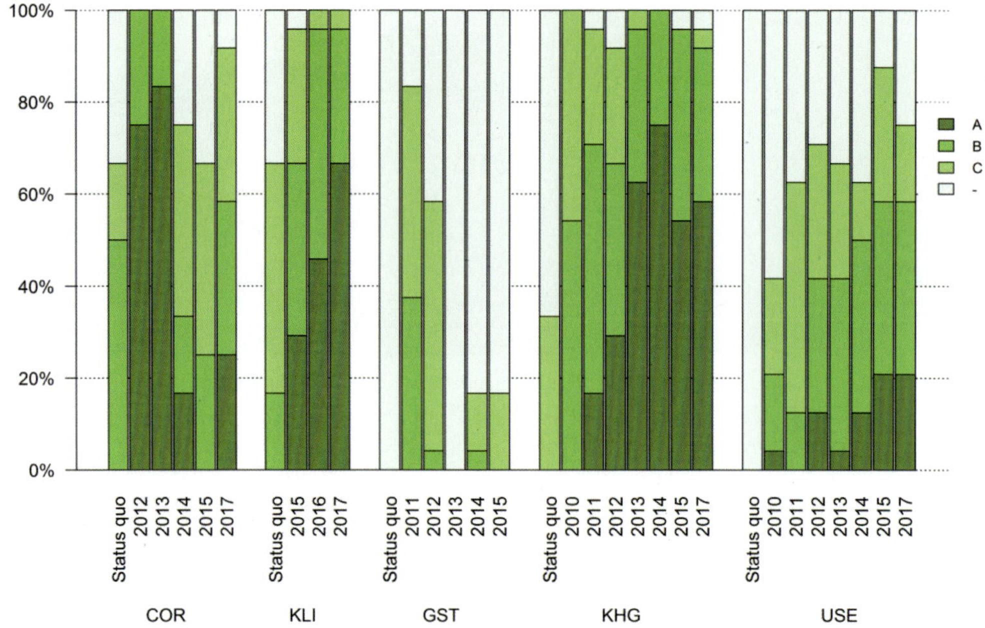

Abb. 9: Bewertung für das lebensraumtypische Arteninventar (A: hervorragende Ausprägung, B: gute Ausprägung, C: mittlere bis schlechte Ausprägung, -: kein EHG) der Ziel-LRT in den Projektgebieten (COR = Cortenswiese, n = 12, LRT 6510; KLI = Klieken, n = 24, LRT 6440; GST = Große Straube, n = 24, LRT 6440; KHG = Küchenholzgraben, n = 24, LRT 6510; USE = Untere Schwarze Elster, n = 24, LRT 6440; Status quo jeweils n = 6).

Hingegen waren die Maßnahmen zur floristischen Grünlanddiversifizierung im Projektgebiet „Große Straube“ im Beobachtungszeitraum nicht wirksam. Sehr negativ wirkten sich die langanhaltenden Hochwasserereignisse im Winter 2011 und Sommer 2013 aus (Vegetationsaufnahmen jeweils nach dem HW), sodass hier keine positive Entwicklung initiiert werden konnte.

Eine außerordentlich positive Entwicklung war in den ersten beiden Jahren nach Maßnahmenumsetzung im Projektgebiet „Cortenswiese“ zu verzeichnen. Ein Großteil der Jungpflanzen ist jedoch während des Rekordhochwassers im Sommer 2013 ausgefallen (Vegetationsaufnahmen 2013 vor dem Hochwasser). Betroffen waren insbesondere (aber nicht ausschließlich) weniger überflutungstolerante Arten, was zu einer Verschiebung im lebensraumtypischen Arteninventar in Richtung des LRT 6440 führte (nicht dargestellt). Diese Entwicklung spiegelt auch die charakteristische Dynamik und enge Verbindung beider FFH-Lebensraumtypen in der Aue wider, welche vom Wechsel und von der Häufigkeit der Überflutungen bestimmt wird.

Im Projektgebiet „Untere Schwarze Elster“ zeigt sich auch in dieser Auswertung eine deutliche Verbesserung des lebensraumtypischen Arteninventars mit insgesamt positivem Entwicklungsverlauf. Jedoch waren auch in diesem Gebiet zwischenzeitlich rückläufige Tendenzen bei den Zielarten nach langanhaltenden Sommerhochwasserereignissen feststellbar (hier v.a. im ersten Jahr nach Umsetzung 2010; Vegetationsaufnahmen erfolgten nach dem Hochwasser).

2.2 Umwandlung von Ackerflächen in der Aue

LIFE+ NATUR-Projekt „Elbauen bei Vockerode“

Zentrale Ziele des vom WWF Deutschland und seinen Kooperationspartnern durchgeführten LIFE+ NATUR-Projektes „Elbauen bei Vockerode“ (2010 bis 2018) sind:

- der Erhalt und die Entwicklung der Auenlandschaft,
- die Rückgewinnung von ehemaligen Überflutungsflächen sowie
- eine nachhaltige Flussgebietsentwicklung und Förderung der Auendynamik.

Das rund 800 ha große Projektgebiet (siehe Abb. 10) liegt im Biosphärenreservat Mittelelbe zwischen Dessau und Vockerode in Sachsen-Anhalt und ist bis auf einen Teilbereich Bestandteil vom FFH-Gebiet „Dessau-Wörlitzer Elbauen“. Das Gebiet ist geprägt durch das Hochwasserregime von Elbe und Mulde. Etwa ein Viertel der Projektfläche war jedoch in der Vergangenheit durch Eindeichung vom Überflutungsregime des Flusses abgeschnitten und teilweise langjährig ackerbaulich bewirtschaftet.

Im Rahmen des Projektes wurde durch die Verlegung der Deichtrasse und Öffnung eines Altdeiches (Gatzer Bergdeich) eine 212 ha große Auenfläche wieder an das Überflutungsgeschehen der Elbe und Mulde angeschlossen (siehe Abb. 11).

Die mit der Öffnung des Deiches verbundene Rückgewinnung von Überflutungsflächen und der Erwerb einer ca. 54 ha großen Ackerfläche durch den WWF ermöglichte die Durchführung von zahlreichen Renaturierungsmaßnahmen.

Auf der ehemaligen Ackerfläche erfolgt seit 2013 eine schrittweise Umwandlung in Auengrünland (ca. 45 ha) und die Etablierung eines standorttypischen Auenwaldes (7 ha). Darüber hinaus wurde die Anlage eines Feuchtbiotops bereits im Jahr 2014 realisiert (siehe Abb. 10) sowie eine Senke leicht vertieft (gesamt ca. 3 ha). Die Grünlandentwicklung wird durch die Hochschule Anhalt in einem Monitoringprogramm wissenschaftlich begleitet und dokumentiert.

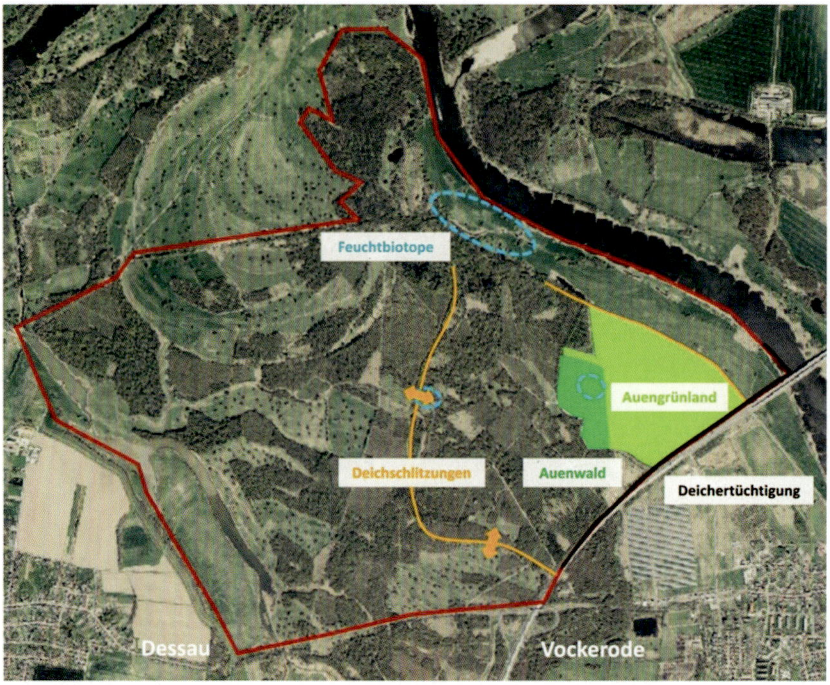

Abb. 10: Projektgebiet des LIFE+ NATUR-Projektes „Elbauen bei Vockerode" (© GeoBasis-DE/LVermGeo LSA).

Abb. 11: Blick auf die Ackerfläche während des Elbehochwassers 2013 (Foto: Stadtarchiv Dessau, Katastrophenschutzstab).

Maßnahmen zur großflächigen Grünlandentwicklung nach Deichöffnung

Für die Umwandlung der Ackerflächen werden verschiedene Begrünungsmethoden wie Mahdgutübertrag und Einsaat mit gebietsheimischen Saatgutmischungen genutzt. Darüber hinaus unterliegen Teilflächen der Selbstbegrünung.

Primäres Ziel ist die Entwicklung eines Mosaiks verschiedener Pflanzengemeinschaften des Grünlandes, wobei der Anspruch besteht bis Projektende in 2018 auf einer Mindestfläche von 5 ha Bestände der FFH-Lebensraumtypen 6440 und 6510 erfolgreich zu etablieren.

Zu Beginn der Maßnahmenumsetzung war geplant, dass ein Großteil der zu begrünenden Fläche mit Mahdgut von artenreichen Spenderflächen beimpft werden sollte. Vorgesehen war die Nutzung von Wiesenbeständen, die großflächig und zahlreich in der näheren Umgebung der Ackerflächen vorhanden sind. Allerdings stellte sich im Rahmen der konkreten Umsetzungsplanung bei der Evaluierung der potenziellen Spenderflächen deutlich heraus, dass viele der Auenwiesen aufgrund eines defizitären Arteninventars (zu wenige wertgebende Arten und/oder geringe Abundanzen der entsprechenden Zielarten) u.a. infolge des Sommerhochwassers 2013 als Spenderflächen ungeeignet waren. Somit standen dem Projekt kaum qualitativ hochwertige Spenderflächen zur Verfügung. Die drei Begrünungsmethoden „Mahdgutübertrag“, „Einsaat mit gebietsheimischem Saatgut“ und „Selbstbegrünung“ wurden seit 2013 sowohl zeitlich als auch räumlich gestaffelt eingesetzt (siehe Abb. 12).

Übertrag von Mahdgut

Mahdgut von Spenderflächen wurde bisher auf insgesamt ca. 12 ha Fläche zur Begrünung aufgetragen. Ein erstmaliger Übertrag fand im Herbst des Jahres 2013 im Teilbereich 1 der Maßnahmenfläche statt. Genutzt wurde eine etwa 3 km Luftlinie entfernte Spenderfläche, welche im Jahr 2013 nicht vom Hochwasser erreicht worden war. Die Spenderfläche wies ein Mosaik der Lebensraumtypen 6440 und 6510 auf, war in Teilbereichen sehr artenreich, jedoch stellenweise auch mit Gräserdominanzen. Nach Bodenvorbereitung (Eggen, Grubbern, Saatbettbereitung) auf der Maßnahmenfläche wurde das frische Mahdgut mit einem Übertragungsverhältnis von 1:2,5 aufgetragen.

Einsaaten

Eine Einsaat mit gebietsheimischen Saatgutmischungen erfolgte bisher insgesamt auf etwa 16 ha Fläche. Hierbei fanden unterschiedlich arten- und diasporenreiche Mischungen Anwendung (18 bis 28 Arten, 1972 bis 2375 Diasporen/m²). Erstmalig erfolgte eine Einsaat im Jahr 2014. Nach Bodenvorbereitung im September mittels eines Vollkombinationsgerätes (Schlegeln, Eggen, Walzen) wurde eine mäßig artenreiche Mischung aus 19 Kräutern und 9 Gräsern (28 Arten, ca. 2.000 Samen/m²) ausgebracht.

Selbstbegrünung

Aktuell unterliegen circa 11 ha der gesamten Ackerfläche der Selbstbegrünung. Im Teilbereich 1 betrifft dies z.B. kleinere streifenförmige Bereiche zwischen anderen Begrünungsformen, im Teilbereich 2 durchaus größere Flächen, insbesondere im Bereich einer ausgeschobenen Senke (Nachbildung einer ehemaligen Flutrinne).

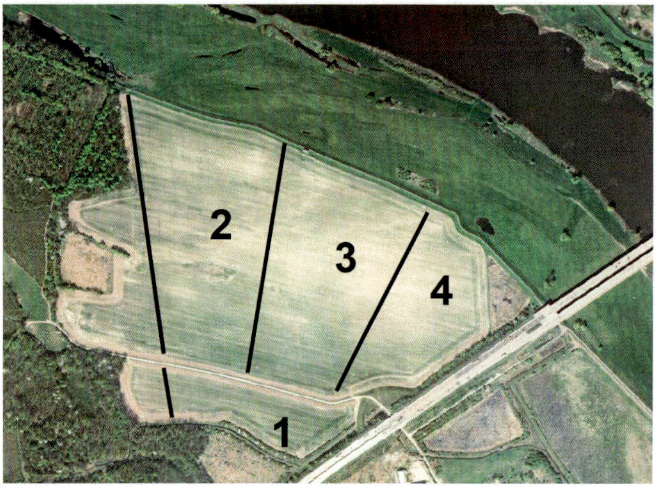

1 ab 2013 – **4 ha**
Mahdgutübertrag: 2,2 ha
Einsaat: 0,7 ha
Selbstbegrünung: 1,1 ha

2 ab 2014 – **17 ha**
Mahdgutübertrag: 4,1 ha
Einsaat: 7,3 ha
Selbstbegrünung: 5,6 ha

3 ab 2015 – **14 ha**
Mahdgutübertrag: 5,5 ha
Einsaat: 3,0 ha
Selbstbegrünung: 5,5 ha

4 ab 2016 – **10 ha**
neue Maßnahmenfläche

Abb. 12: Schrittweise Umwandlung der Ackerfläche seit 2013 in den Teilbereichen 1 bis 4 (Luftbild 2009, © GeoBasis-DE/LVermGeo LSA).

Vegetationsentwicklung in den ersten Untersuchungsjahren

In Abhängigkeit der durchgeführten Maßnahmen (Zeitpunkt, Methode, Qualität der Spenderfläche, Einsaatmischung) entwickeln sich die behandelten Teilbereiche unterschiedlich gut. Aktuell ist ein sehr vielgestaltiges Mosaik unterschiedlichster Entwicklungsphasen auf der Ackerfläche vorzufinden (siehe Abb. 13). Während Mahdgutauftragsflächen im ersten Jahr nach Umsetzung sowie auch Selbstbegrünungsflächen sehr stark durch aus der Diasporenbank aufgelaufene Ackerbeikräuter (z.B. *Tripleurospermum inodorum* und *Chenopodium album*) dominiert werden, weisen ältere Begrünungsflächen nunmehr bereits eine mehr oder weniger geschlossene Grasnarbe auf. Großflächige Selbstbegrünungsbereiche sind vergleichsweise artenarm mit erwartungsgemäß sehr wenigen Zielarten der charakteristischen Grünlandtypen. In einigen Teilen treten problematische Dominanzbestände unterschiedlicher Arten, wie z.B. *Cirsium* spec., *Plantago lanceolata* oder *Taraxacum* sect. *Ruderalia* auf. Auf den im Jahr 2013 durch Mahdgutübertrag begrünten Flächen konnten im dritten Entwicklungsjahr insgesamt 76 Arten (59 Kräuter/14 Gräser) erfasst werden. Von den auf der Spenderfläche vorkommenden Arten sind ca. 60 % auf der Maßnahmenfläche festgestellt worden.

Teilbereich 4

Letzte Anbaufläche mit Mais vor Maßnahmenumsetzung.

Teilbereich 3

Grünlandentwicklung im ersten Jahr nach Mahdgutübertrag mit Blühaspekt von Ackerwildkräutern und Grünlandarten.

Teilbereich 2

Grünlandentwicklung im zweiten Jahr nach Einsaat einer regionalen Saatgutmischung mit Blühaspekt von *Leucanthemum vulgare* und *Lychnis flos-cuculi.*

Teilbereich 1

Grünlandentwicklung im dritten Jahr nach Mahdgutübertrag mit Blühaspekt von *Centaurea jacea.*

Abb. 13: Ehemaliger Ackerstandort in der Elbaue bei Vockerode im Jahr 2016. Grünlandentwicklungsstadien in den Teilbereichen 1 bis 4 (Fotos: K. Runge).

Insbesondere Arten der Flachland-Mähwiesen haben sich gut etabliert, während charakteristische Arten der Brenndolden-Auenwiesen nur sehr begrenzt vorkommen (Anzahl der charakteristischen Arten nach Kartieranleitung auf der Fläche: LRT 6440: 5, LRT 6510: 40). Die Gesamtdeckung der Krautschicht betrug im letzten Untersuchungsjahr 80 %, wobei Gräser (insbesondere *Agrostis capillaris*, *Deschampsia cespitosa*, *Holcus lanatus*) gegenüber den krautigen Arten deutlich dominieren (Deckungsverhältnis ca. 3:1). Die Erfolgskontrolle auf den im Jahr 2014 angesäten Flächen ergab, dass im zweiten Entwicklungsjahr 89 % der 28 eingesäten Arten auf der Fläche auftreten (17 Kräuter, 8 Gräser). Auch hier war zu beobachten, dass sich in der Mischung enthaltene Arten der Brenndolden-Auenwiesen weniger gut etablierten.

Abbildung 14 zeigt die Bewertung für das lebensraumtypische Arteninventar auf Grundlage der Vegetationsaufnahmen für den LRT 6510. Es wird deutlich, dass durch Mahdgutübertrag und Einsaat im Gegensatz zur Selbstbegrünung Initiale für die Entwicklung des Lebensraumtyps gesetzt werden konnten, während Selbstbegrünungsflächen kein ausreichendes Arteninventar diesbezüglich aufweisen.

Für die Entwicklung der Flächen ist eine intensive Beobachtung der Entwicklung und ein darauf angepasstes, flexibles Pflegemanagement von hoher Bedeutung. Aktuell wird die gesamte Maßnahmenfläche zweimal im Jahr gemäht. Jedoch wäre ein auf die Teilbereiche angepasstes Pflegemanagement für die Flächenentwicklung optimaler (Teilbereiche öfter mähen oder auch andere Mahdzeitpunkte), dies ist jedoch aus technologischen und betriebswirtschaftlichen Gründen derzeit kaum umsetzbar. Für die Zukunft soll die Bewirtschaftung auf die naturschutzfachliche Zielsetzung optimiert werden.

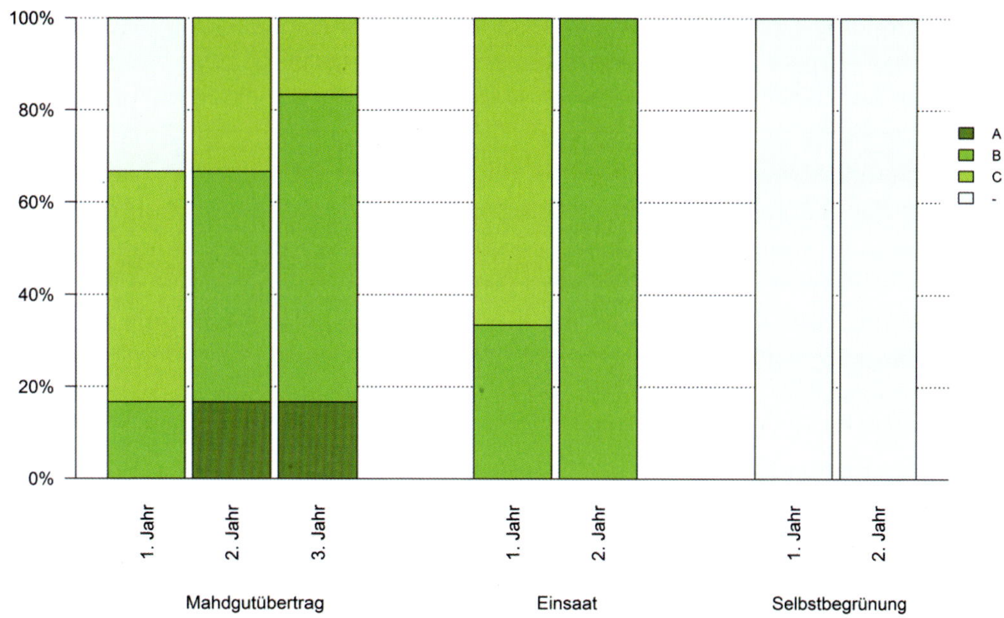

Abb. 14: Bewertung des lebensraumtypischen Arteninventars (A: hervorragende Ausprägung, B: gute Ausprägung, C: mittlere bis schlechte Ausprägung, -: kein EHG) auf Grundlage der Vegetationsaufnahmen (LRT 6510).

3 Schlussfolgerungen

Die Ergebnisse der dargestellten Projekte zeigen, dass naturnahe Begrünungsmaßnahmen sehr gut geeignet sind, um artenarmes Grünland floristisch aufzuwerten als auch Ackerflächen in Grünland umzuwandeln. Diese Ergebnisse stehen im Einklang mit zahlreichen anderen Studien zur Grünlandrenaturierung, welche ebenfalls positive Entwicklungen durch die aktive Einbringung von Zielarten aufzeigen konnten (z.B. Donath et al. 2007, Edwards et al. 2007, Mitchley et al. 2012, Prach et al. 2013, Pywell et al. 2002 & 2007, Schmiede et al. 2012, Török et al. 2010). Artenreiche Grünlandbiotope gelten nach Zerstörung als nur schwer regenerierbar (15 bis 150 Jahre Regenerationszeit; Finck et al. 2017). Vor dem Hintergrund der akuten Gefährdung vieler Grünlandbiotoptypen und -arten sollten deshalb naturnahe Begrünungsmethoden aufgrund höherer Erfolgsaussichten und kürzerer Entwicklungszeiträume verstärkt zur Wiederherstellung von artenreichen Grünlandbiotopen genutzt werden. In Abhängigkeit der gegebenen Rahmenbedingungen und Möglichkeiten werden dennoch nicht alle Maßnahmen zur Renaturierung von artenreichen Grünlandbiotopen gleichermaßen schnell und erfolgreich zum Ziel führen. Das gilt für die Renaturierung von Grünland in Flusslandschaften aufgrund des dort herrschenden hochkomplexen Faktorengefüges in besonderem Maße.

Sowohl in den Projekten zur floristischen Grünlandaufwertung als auch im WWF-Life+-Projekt beeinflussten Hochwasserereignisse den Projektverlauf und/oder den Erfolg durchgeführter Maßnahmen. Obgleich eine periodische Überflutung eine Grundvoraussetzung für die Existenz und den Erhalt etablierter Wechselfeuchtwiesen darstellt, kann eine Überstauung, die weitere Entwicklung der durch Renaturierungsmaßnahmen eingebrachten Zielarten nachhaltig negativ beeinflussen bzw. verzögern. Insbesondere langanhaltende Sommerhochwasser und Überflutungsereignisse im Keimlings- bzw. Juvenilenstadium der Zielarten können zu hohen Ausfallraten führen (vgl. z.B. Gattringer et al. 2017). Derartig nachteilige Auswirkungen waren in einem Teil der Projektgebiete, in denen Maßnahmen zur floristischen Aufwertung von artenarmen Grünlandbeständen erfolgten, deutlich feststellbar (Untere Schwarze Elster, Cortenswiese, Große Straube). Im WWF-Life+-Projekt hingegen führte das Rekordhochwasser im Jahr 2013 zu einer Verschärfung der ohnehin schon bestehenden Spenderflächenknappheit, was dazu führte, dass Maßnahmen nicht in der Art und in dem Umfang durchgeführt werden konnten, wie sie ursprünglich geplant waren.

Insgesamt musste bei vielen der durchgeführten Maßnahmen konstatiert werden, dass kaum mehr geeignete Spenderflächen in der näheren Umgebung der Maßnahmenflächen vorzufinden waren und selbst viele der aufgrund von Datenrecherche oder Expertenaussagen in Frage kommenden „guten" Auenwiesen aufgrund eines defizitären Arteninventars (zu wenige wertgebende Arten und/oder geringe Abundanzen der entsprechenden Zielarten) als Spenderflächen nicht (mehr) geeignet waren. Dies verdeutlicht den Handlungsbedarf in besonderer Weise, denn obgleich die letzten Rekordhochwasser zu dieser Entwicklung beigetragen haben, sind sie doch ganz sicher nicht alleinige Ursache für den Rückgang an wertgebenden Arten. Vielmehr dürfte neben überwiegender Intensivnutzung, v.a. für die verbleibenden artenreicheren Auenwiesen auch eine nicht förderliche Unternutzung (z.B. durch zu späte/seltene Mahd, teilweise Ersatz der zweiten Mahd durch Mulchschnitte usw.) ein wesentlicher Einflussfaktor sein. Die Sicherstellung einer ausreichenden Nutzung bzw. Pflege dieser Flächen hat daher größte Bedeutung sowohl für den Erhalt als auch für die Entwicklung von artenreichen Grünlandbeständen. Um jedoch qualitative Veränderungen im Auengrünland und die zugrundeliegenden Ursachen sicher erfassen und bewerten zu können, wäre die Auswertung von Datenreihen notwendig. Darüber hinaus könnte ein gezielt eingesetztes Beobachtungs-System (Monitoring), wie es z.B. im Grünlandreport des BfN (Becker et al. 2014) gefordert wird, zur Bewertung und Optimierung von Agrarumweltmaßnahmen beitragen.

Die hier präsentierten Ergebnisse zeigen, dass von den Maßnahmen zur Grünlanddiversifizierung die Varianten mit zusätzlicher Einsaat von gebietseigenen Arten (z.B. Mahdgut + Einsaat und Wiesendrusch + Einsaat) besonders erfolgreich waren. Insbesondere in Gebieten, in denen keine qualitativ hochwertigen Spenderflächen zur Verfügung stehen, werden neben dem aus naturschutzfachlicher Sicht präferierten Übertrag von diasporenreichem Pflanzenmaterial (Mahdgut, Wiesendrusch etc.) auch Einsaaten bzw. Zusaaten von gebietseigenen Saatgutmischungen notwendig sein. Weiterhin können mit der zusätzlichen Einsaat auch Arten etabliert werden, die beispielsweise bereits im Frühjahr ihre Samen streuen, sodass sie mit einer Mahdgutübertragung Ende September schlechter übertragbar sind.

In den hier vorgestellten Projekten wurden wichtige Voraussetzungen und Initiale für eine positive Flächenentwicklung geschaffen. Im Rahmen des WWF-Life+ Projektes konnte eine 212 ha große Altaue wieder an die aktive Aue angeschlossen und eine über 50 ha große Fläche aus der ackerbaulichen Nutzung entlassen und einer naturnäheren Entwicklung zugeführt werden. Mittels naturnaher Begrünungsmethoden wurden Initiale für die Entwicklung von auentypischen Grünlandlebensräume gesetzt, wobei das Potenzial der Methoden aus verschiedenen Gründen (z.B. unvorhersehbare Ereignisse, vertragliche, finanzielle Restriktionen) nicht vollständig ausgeschöpft wurde. Die weitere Flächenentwicklung in den nächsten Jahren/Jahrzehnten wird hier v.a. auch durch Möglichkeiten und Grenzen eines räumlich und zeitlich flexiblen Pflegemanagements bestimmt werden (vgl. z.B. Tischew et al. 2012).

Artenarme Grünlandbestände können durch die aktive Einbringung von Zielarten floristisch aufgewertet werden. Durch Mahdgutübertrag oder andere geeignete naturnahe Begrünungsmaßnahmen können hier nach streifenweiser Narbenstörung, Zielarten erfolgreich etabliert und so Initiale bzw. Ausbreitungsinseln geschaffen werden (vgl. z.B. Klaus et al. 2016, Rayburn & Laca 2013). Obgleich eine Auswanderung der Zielarten in angrenzende ungestörte Grünlandbereiche vergleichsweise langsam erfolgt (Baasch et al. 2016, Donath et al. 2003, Jongepierová et al. 2007), kann die Diversität von artenarmen Grünlandflächen nachhaltig erhöht und die Bestände können langfristig in die entsprechenden Lebensraumtypen überführt werden. Die Anwendung in der Praxis sollte daher stärker erfolgen und durch entsprechende Anreize gefördert werden.

4 Danksagung

An dieser Stelle sei allen Projekt- und Kooperationspartnern der Projekte herzlichst gedankt. Ebenso danken wir allen Landwirten und Flächennutzen, welche zum Gelingen der Projekte beigetragen haben. Die Forschungsprojekte zur Aufwertung artenarmen Grünlandes wurden durch das Landesverwaltungsamt Sachsen-Anhalt im Rahmen der ELER-Förderung (Verordnung (EG) Nr. 1698/2005 des Rates vom 20. September 2005) finanziert. Besonderer

Dank gilt Prof. Dr. Sabine Tischew als Initiatorin des ersten Projektes zur Grünlandaufwertung sowie Mareike von der Mehden (M.Sc.) und Dipl.-Geogr. Ralf Schmiede als engagierte ehemalige Mitarbeiter im Projekt. Das Projekt „Aufwertung und langfristige Sicherstellung im Natura 2000-Gebiet Dessau-Wörlitzer Elbauen“ wurde im Rahmen des Programms LIFE+ NATUR von der Europäischen Gemeinschaft gefördert.

5 Literaturverzeichnis

Baasch, A., Engst, K., Schmiede, R., May, K. & Tischew, S. (2016): Enhancing success in grassland restoration by adding regionally propagated target species. – Ecological Engineering 94: 583-591.

BfN/Bundesamt für Naturschutz (2014): BfN Grünland-Report: Alles im Grünen Bereich? – URL:. http://www.bfn.de/fileadmin/MDB/documents/presse/ 2014/ PK_Gruenlandpapier_30.06.2014_final_layout_barrierefrei.pdf (gesehen am: 28.11.2017)

BfN/Bundesamt für Naturschutz (2009): Auenzustandsbericht – Berlin und Bonn: 36 S.

BMEL/Bundesministerium für Ernährung und Landwirtschaft (2015): Statistisches Jahrbuch, verschiedene Jahre. – URL: http://www.bmelv-statistik.de/de/statistisches-jahrbuch/ (gesehen am: 09.10.2017).

BMUB/Bundesministerium für Umwelt, Naturschutz, Bau und Reaktorsicherheit (2015): Naturschutz-Offensive 2020 – Für biologische Vielfalt! Referat Öffentlichkeitsarbeit – Berlin. – URL: http://www.bmub.bund.de /fileadmin/Daten_BMU/Pools/Broschueren/ naturschutz-offensive_2020 _broschuere_bf.pdf (gesehen am: 09.10.2017)

Briemle, G., Nitsche, S. & Nitsche, L. (2002): Nutzwertzahlen für Gefäßpflanzen des Grünlandes. BIOLFLOR – Eine Datenbank zu biologisch-ökologischen Merkmalen der Gefäßpflanzen in Deutschland. – Schriftenreihe für Vegetationskunde 38: 203-225.

Brunotte, E., Dister, E., Günther-Diringer, D., Koenzen, U. & Mehl, D. (2009): Flussauen in Deutschland – Erfassung und Bewertung des Auenzustandes. Naturschutz und Biologische Vielfalt 8: 244 S.

Dengler, J., Janišová, M., Török, P., Wellstein, C. (2014): Biodiversity of Palaearctic grasslands: a synthesis. – Agriculture, Ecosystems and Environment 182: 1-14.

Donath, T.W., Bissels, S., Hölzel, N. & Otte, A. (2007): Large scale application of dias-pore transfer with plant material in restoration practice – Impact of seed andmicrosite limitation. – Biological Conservation 138: 224-234.

Donath, T.W., Hölzel, N. & Otte, A. (2003): The impact of site conditions and seed dispersal on restoration success in alluvial meadows. – Applied Vegetation Science 6: 13-22.

Edwards, A.R., Mortimer, S.R., Lawson, C.S., Westbury, D.B., Harris, S.J., Woodcock, B.A. & Brown, V.K. (2007): Hay strewing, brush harvesting of seed and soil disturbance as tools for the enhancement of botanical diversity in grasslands. – Biological Conservation 134: 372-382.

Ellenberg, H., Weber, H.E., Dull, R., Wirth, V. & Werner, W. (2001): Indicator values of plants in Central Europe. – Scripta Geobotanica 18: 262 S.

Ellwanger, G, Ssymank, A., Buschmann, A., Ersfeld, M., Frederking, W., Lehrke, S., Neukirchen, M., Raths, U., Sukopp, U. & Vischer-Leopold, M. (2014): Der nationale Bericht 2013 zu Lebensraumtypen und Arten der FFH-Richtlinie. Ein Überblick über die Ergebnisse. – Natur und Landschaft 89 (5): 185-192.

Engst, K., Baasch, A., Erfmeier, A., Jandt, U., May, K., Schmiede, R. & Bruelheide, H. (2016): Functional community ecology meets restoration ecology: Assessing the restoration success of alluvial floodplain meadows with functional traits. – Journal of Applied Ecology 53: 751-764.

Europäische Kommission (1992): Richtlinie 92/43/EWG des Rates vom 21. Mai 1992 zur Erhaltung der natürlichen Lebensräume sowie der wildlebenden Tiere und Pflanzen. – Brüssel.

Finck, P., Heinze, S., Raths, U., Riecken, U. & Ssymank, A. (2017): Rote Liste der gefährdeten Biotoptypen Deutschlands. Dritte Fortgeschriebene Fassung 2017. – Naturschutz und Biologische Vielfalt 156: 637 S.

Frank, D. & Neumann, V. (1999): Bestandssituation der Pflanzen und Tiere Sachsen-Anhalts. – Stuttgart (Ulmer Verlag): 469 S.

Gattringer, J.P., Donath, T.W., Eckstein, R.L., Ludewig, K., Otte, A. & Harvolk-Schöning, S. (2017): Flooding tolerance of four floodplain meadow species depends on age. PLoS ONE 12 (5), e0176869. – doi: 10.1371/journal.pone.0176869.

Harnisch, M., Otte, A., Schmiede, R. & Donath, T.W. (2014): Verwendung von Mahdgut zur Renaturierung von Auengrünland. – Stuttgart (Ulmer Verlag): 150 S.

Hefter, I., Jünger, G., Baasch, A. & Tischew, S. (2010): Gebietseigenes Wildpflanzensaatgut in Begrünungs- und Renaturierungsvorhaben fördern – Aufbau eines Spenderflächenkatasters und Informationssystems. – Natur und Landschaft 42 (11): 330-340.

Hölzel, N., Bissels, S., Donath, T.W., Handke, K., Harnisch, M. & Otte, A. (2006): Renaturierung von Stromtalwiesen am hessischen Oberrhein. – Naturschutz und Biologische Vielfalt 31: 266 S.

Hölzel, N. & Otte, A. (2003): Restoration of a species-rich flood meadow by topsoilremoval and diaspore transfer with plant material. – Applied Vegetation Science 6: 131-140.

Jongepierová, I., Mitchley, J. & Tzanopoulos, J. (2007): A field experiment to recreatespecies rich hay meadows using regional seed mixtures. – Biological Conservation 139: 297-305.

Kiehl, K., Kirmer, A., Donath, T.W., Rasran, L. & Hölzel, N. (2010): Species introduction in restoration projects – evaluation of different techniques for the establishment of semi-natural grasslands in Central and Northwestern Europe. – Basic and Applied Ecology 11: 285-299.

Kirmer, A. & Korsch, H. (2009): Spenderflächenkataster zur Gewinnung von autochthonem Grünland-Saatgut für Thüringen – Methodik, Stand und Perspektiven. – Jena (Thüringer Landesanstalt für Umwelt und Geologie): 92 S.

Kirmer, A., Krautzer, B., Scotton, M. & Tischew, S. (Hrsg.) (2012): Praxishandbuch zur Samengewinnung und Renaturierung von artenreichem Grünland. – Irdning, Österreich (Eigenverlag Lehr- und Forschungszentrum Raumberg- Gumpenstein): 221 S.

Kirmer, A. & Tischew, S. (Hrsg.) (2006): Handbuch naturnahe Begrünung von Rohböden. – Wiesbaden (B.G. Teubner): 195 S.

Klaus, V. H., Schäfer, D., Kleinebecker, T., Fischer, M., Prati, D. & Hölzel, N. (2016): Enriching plant diversity in grasslands by large-scale experimental sward disturbance and seed addition along gradients of land-use intensity. – Journal of Plant Ecology 10 (4): 581-591.

LAU/Landesamt für Umweltschutz Sachsen-Anhalt (2010): Kartieranleitung Lebensraumtypen Sachsen-Anhalt Teil Offenland – Zur Kartierung der Lebensraumtypen nach Anhang I der FFH-Richtlinie. – Halle/Saale: 166 S. + Anhang.

LAU/Landesamt für Umweltschutz Sachsen-Anhalt (2013): FFH-Bericht 2013. – URL: https://lau.sachsen-anhalt.de/naturschutz/natura-2000/ffh-berichte-2007-und-2013/ (gesehen am: 09.10.2017).

LAU/Landesamt für Umweltschutz Sachsen-Anhalt (2016a): Verbreitung der besonders schützenswerten Grünlandtypen in Sachsen-Anhalt und Möglichkeiten für die Pflege und den Erhalt dieser Flächen. – Grünlandtag, Bernburg, Vortrag (29.03.2016).

LAU/Landesamt für Umweltschutz Sachsen-Anhalt (Hrsg.) (2016b): Datenbank Lebensraum- und Biotoptypen Sachsen-Anhalt seit 2004 (Stand: 2016). – Halle (Saale)

Matzdorf, B., & Reutter, M. (2014): Leistungen des Grünlandes – eine Auseinandersetzung mit dem Konzept der Ökosystemleistungen im Bereich der Landwirtschaft. – In: Schröter-Schlaack, C., Wittmer, H., Mewes, M. & Schniewind, I. (Hrsg.): Der Nutzen von Ökonomie und Ökosystemleistungen für die Naturschutzpraxis: Workshop IV Landwirtschaft. – Bonn (BfN): 45-60.

Mitchley, J., Jongepierova, I. & Fajmon, K. (2012): Regional seed mixtures for there-creation of species-rich meadows in the White Carpathian Mountains: results of a 10-yr experiment. – Applied Vegetation Science 15: 253-263.

Prach, K., Jongepierová, I. & Řehounková, K. (2013): Large-Scale Restoration of Dry Grasslands on Ex-Arable Land Using a Regional Seed Mixture: Establishment of Target Species. – Restoration Ecology 21: 33-39.

Pywell, R.F., Bullock, J.M., Hopkins, A., Walker, K.J., Sparks, T.H., Burke, M.J.W. & Peel, S. (2002): Restoration of species-rich grassland on arable land: assessing the limiting processes using a multi-site experiment. – Journal of Applied Ecology 39: 294-309.

Pywell, R.F., Bullock, J.M., Tallowin, J.B., Walker, K.J., Warman, E.A. & Masters, G. (2007): Enhancing diversity of species-poor grasslands: an experimental assessment of multiple constraints. – Journal of Applied Ecology 44: 81-94.

Pywell, R.F., Meek, W.R., Loxton, R.G. Nowakowski, M., Carvell, C. & Woodcock, B.A. (2011): Ecological restoration on farmland can drive beneficial functional responses in plant and invertebrate communities. – Agriculture, Ecosystems and Environment 140: 62-67

Rayburn, A.P. & Laca, E.A. (2013): Strip-seeding for grassland restoration: pastsuccesses and future potential. – Ecological Restoration 31: 147-153.

Schiffgens, T. (2011): Das Fachinformationssystem Mahdgutübertragung des LANUV – Praxisinformationen und Spenderflächenkataster. – Natur in NRW 2/2011: 17-19.

Schmiede, R., Otte, A. & Donath, T.W. (2012): Enhancing plant biodiversity in species-poor grassland through plant material transfer – the impact of sward disturbance. – Applied Vegetation Science 15: 290-298.

Schubert, R. (2001): Prodromus der Pflanzengesellschaften Sachsen-Anhalts. Mitteilungen zur floristischen Kartierung Sachsen-Anhalts Sonderheft, 2: 688 S.

Soons, M.B. & Heil, G.W. (2002): Reduced colonization capacity in fragmented populations of wind-dispersed grassland forbs. – Journal of Ecology 90: 1033-1043.

Statistisches Bundesamt (2015): Bodennutzung der Betriebe (Struktur der Bodennutzung) 3 (2.1.2.). – URL: https://www.destatis.de/DE/Publikationen/Thematisch/LandForstwirtschaft/Bodennutzung/Bodennutzung2030212157005.xls?__blob=publicationFile (gesehen am: 09.10.2017).

Tischew, S., Baasch, A., Krautzer, B. & Mann, S. (2012): Entwicklungspflege, Folgenutzung und Erfolgskontrolle. – In: Kirmer, A., Krautzer, B., Scotton, M., Tischew, S. (Hrsg.) Praxishandbuch zur Samengewinnung und Renaturierung von artenreichem Grünland. – Irdning, Österreich (Eigenverlag Lehr- und Forschungszentrum Raumberg-Gumpen-stein): 99-107.

Török, P., Deák, B., Vida, E., Valkó, O., Lengyel, S. & Tóthmérész, B. (2010): Restoring grassland biodiversity: sowing low-diversity seed mixtures can lead to rapid favourable changes. – Biological Conservation 143: 806-812.

Török, P., Vida, E., Deák, B., Lengyel, S. & Tóthmérész, B. (2011): Grassland restoration on former croplands in Europe: an assessment of applicability of techniques and costs. – Biodiversity and Conservation 20: 2311-2332.

UBA/Bundesumweltamt: Daten zur Umwelt. – URL: http://www.umwelt bundesamt.de/daten (gesehen am: 09.10.2017).

Wesche, K., Krause, B., Culmsee, H. & Leuschner, C. (2012): Fifty years of change in Central European grassland vegetation: large losses in species richness and animal-pollinated plants. – Biological Conservation150: 76-85.

Adresse der Autorinnen und des Autors:

Annett Baasch, Karina Engst, Konstanze May und Karen Runge
Hochschule Anhalt, Fachbereich Landwirtschaft, Ökotrophologie
und Landschaftsentwicklung
06406 Bernburg
E-Mail: Annett.Baasch@hs-anhalt.de

Carola Schuboth und Georg Rast
WWF Deutschland, Fachbereich Naturschutz Deutschland
LIFE+ Projekt „Elbauen bei Vockerode“
06844 Dessau-Roßlau

Wege im Ackerwildkrautschutz: Schutzäcker, Schonstreifen und ökologische Landwirtschaft - Erfahrungen und Perspektiven in Nordostdeutschland

Frank Gottwald, Jörg Peil, Karin Stein-Bachinger, Martin Flade und Stefan Meyer

Abstract

During the past decades, the arable flora of Europe has suffered dramatic losses due to agricultural intensification. A large proportion of typical arable plant species are now listed as endangered on the German Red Lists.

We summarize the activities for the conservation of these species and arable plant communities and make suggestions for future strategies. Field reserves comprise the most valuable sites of arable flora. Low-intensity agricultural practices on these fields are safeguarded by long term contracts or ownership structure. Field margin strips are financed by agri-environmental schemes and promote rare species on small areas. Studies on organic farms showed a high diversity of arable plant species on a large scale suggesting that this farming system can contribute substantially to preserve a rich segetal flora in north-eastern Germany.

The effective implementation of arable plant conservation programs needs i) profound knowledge about the distribution and ecology of relevant species and ii) advice for the farmers about adequate farming practices. We outline two projects which developed and implemented nature conservation schemes on a whole farm level.

We conclude that agricultural policy must focus more on ecosystem services of agricultural practices. The diversity of arable plant species can serve as a reliable indicator in assessing farming systems. Farming practices on arable fields, dedicated to conservation goals, must be integrated into Natura 2000 management schemes.

1 Einleitung

Die jahrzehntelange Intensivierung in der Landwirtschaft hat zu einem dramatischen Rückgang der Ackerwildflora geführt. So schätzen Meyer et al. (2014), dass viele ehemals charakteristische Arten seit den 1950er/60er Jahren um 95-99% im Bestand abgenommen haben. Bundesweit gelten ungefähr ein Drittel der etwa 350 in Deutschland auf Äckern vorkommenden Arten als gefährdet (Hofmeister & Garve 2006). Von 118 Arten, die ihr Hauptvorkommen in Mitteleuropa auf Ackerflächen besitzen (Segetalarten im engeren Sinne), stehen 36 % auf der Roten Liste Deutschlands (Albrecht 2003). Die Hauptursachen für die neuzeitliche Abnahme und Gefährdung sind der flächendeckende Einsatz von Herbiziden in der Landbewirtschaftung, hohe Düngung mit in Folge dichten Kulturbeständen sowie das Auflassen ertragsschwacher Standorte oder deren Umwandlung in Grünland. Weiterhin wurden die Fruchtfolgen vereinfacht, Standortspektren durch bodenverbessernde Maßnahmen nivelliert und die Saatgutreinigung perfektioniert (Meyer et al. 2015, Markgraf 2011, van Elsen et al. 2006). Der sofortige Umbruch der Stoppel nach der Ernte unterbindet die Reproduktion von spätblühenden Arten. Der Rückgang der Ackerwildkräuter hat weitreichende Folgen für die Biodiversität in der Agrarlandschaft, da die Ackerflora Nahrungsgrundlage und Deckung für Insekten, Feldvögel und Feldhasen darstellt (Holzschuh et al. 2007, van Elsen & Loritz 2013, Heydemann 1983).

Vor allem seit den 1950er/60er Jahren beschleunigte sich der Rückgang der Segetalflora rasant und gleichzeitig kam es zu vielfältigen Schutzbemühungen, z.B. in Form von Ackerrandstreifen (Wicke 2007, van Elsen 1989, Schumacher 1984) oder Feldflorareservaten (Hilbig 2007, Illig & Kläge 1996). Aufgrund des weiterhin dramatischen Rückgangs vieler Arten wurde unter Mithilfe vieler Akteure im Projekt „100 Äcker für die Vielfalt“ ein Netzwerk von sogenannten Schutzäckern geschaffen, um die gefährdeten Arten in Deutschland auf ausgewählten Standorten dauerhaft zu sichern (Meyer & Leuschner 2015, Meyer et al. 2008). Für den globalen Erhalt von 25 Arten hat Deutschland eine große bzw. sehr große Verantwortung. Dazu zählen z.B. der stark gefährdete Gelbe Hohlzahn (*Galeopsis segetum*) und der Glanzlose Ehrenpreis (*Veronica opaca*) (vgl. Meyer 2016).

Viele Untersuchungen zeigten, dass die Artenvielfalt im ökologischen Landbau in der Regel um ein Vielfaches höher liegt als auf konventionell bewirtschafteten Äckern (Kohler 2015, Frieben et al. 2012, Rahmann 2011, Romero et al. 2008, Hole et al. 2005, van Elsen 2000), vor allem aufgrund des Verzichts auf Herbizide und Insektizide sowie dem in der Regel geringeren Ertragsniveau (Thies et al. 2010). Für bestimmte Segetalarten mit speziellen Ansprüchen (z.B. Spätblüher) sind allerdings auch im ökologischen Landbau Schutzmaßnahmen nötig (Mayer et al. 2012, Gottwald 2010, van Elsen 1996). Der ökologische Landbau hatte 2015 in Mecklenburg-Vorpommern einen Anteil von 9,4 % an der landwirtschaftlich genutzten Fläche, in Brandenburg waren es 10,3 % (UBA 2016). Das erklärte Ziel der Bundesregierung ist es, mittelfristig eine deutliche Erhöhung der ökologisch bewirtschafteten Fläche auf bundesweit 20 % zu erreichen (BMEL 2017). Damit wird die Frage nach der Bedeutung dieser Wirtschaftsweise für den Ackerwildkrautschutz zunehmend relevant.

Im Folgenden stellen wir die verschiedenen Schutzansätze und Ergebnisse für den nordostdeutschen Raum seit dem Jahr 2000 dar und ziehen daraus ein

Fazit für zukünftig zu empfehlende Strategien im Ackerwildkrautschutz. Die Ausführungen beruhen auf mehreren Projekten in Nordbrandenburg und Mecklenburg-Vorpommern sowie den Aktivitäten im Rahmen des Vertragsnaturschutzes (VNS) im Biosphärenreservat Schorfheide-Chorin (BRSC). Details zu den Projekten finden sich in Stein-Bachinger et al. (2010) (E+E-Vor-haben Naturschutzhof Brodowin), Meyer & Leuschner (2015) (DBU-Projekt „100 Äcker für die Vielfalt") sowie Gottwald & Stein-Bachinger (2016, 2017) (Projekt „Landwirtschaft für Artenvielfalt").

2 Strategien im Ackerwildkrautschutz

2.1 Schutzäcker und Feldflorareservate

Der Begriff Schutzäcker wurde im DBU-Projekt „100 Äcker für die Vielfalt" geprägt. Darunter werden Flächen mit herausragendem botanischem Arteninventar verstanden, deren ackerwildkrautfreundliche Bewirtschaftung langfristig – z.B. durch Verträge oder Eigentum von Naturschutzverbänden – gesichert ist. Die verschiedenen Sicherungsstrategien sind in Meyer & Leuschner (2015) detailliert dargelegt.

In Nordostdeutschland ist das Feldflorareservat Luckau eines der bekanntesten Gebiete mit langjähriger Geschichte (Illig & Kläge 1994). Es ist eine der artenreichsten Schutzackerflächen in Brandenburg mit der höchsten Konzentration von seltenen und gefährdeten Arten. Bisher wurden mehr als 20 Arten der Roten Liste Brandenburg nachgewiesen, unter anderem das Sommer-Adonisröschen (*Adonis aestivalis*) und das Rundblättrige Hasenohr (*Bupleurum rotundifolium*). Die außergewöhnlich hohe Artenvielfalt entstand durch eine langjährige Pflegebewirtschaftung nach dem kulturhistorischen Vorbild der Dreifelderwirtschaft, die seit 2012 über eine Kompensationsmaßnahme für den Windpark Dubener Platte finanziert wird (Details in Meyer & Leuschner 2015).

Im Rahmen des Schutzackerprojektes konnte die Sicherung von sieben weiteren bedeutsamen Ackerflächen im Norden Brandenburgs mit einer Gesamtfläche von 45,8 ha begleitet werden, darunter die ebenfalls bekannten und traditionsreichen Gebiete Oderhänge bei Mallnow und Nigella-Acker bei Gerswalde. Vier dieser Schutzäcker entstanden als Folge der Übertragung von Ackerflächen aus der Kulisse des Nationalen Naturerbes (NNE) an Naturschutzorganisationen, die mit den Bewirtschaftern der Äcker neue Verträge mit angepasster Bewirtschaftung abschlossen. Je nach Zielart und Standort wurden dabei neben dem Verzicht auf Herbizide und andere Pestizide weitere Verfahren festgelegt z.B. zur Fruchtfolge, reduzierten Stickstoffdüngung, Aussaatstärke oder Bodenbearbeitung.

Bei drei der Schutzäcker liegt der Fokus auf der Förderung des stark gefährdeten Acker-Schwarzkümmels (*Nigella arvensis*), eine für Nordostdeutschland charakteristische, aber seltene Art auf sandig-basischen, trockenen Böden (Abb. 13). Neben den Vorkommen in mitteldeutschen Trockengebieten stellen die verstreuten Populationen in Nordostdeutschland ein gesamtdeutsches Verbreitungszentrum dieser Art dar. Aufgrund der späten Blütezeit benötigt der Acker-Schwarzkümmel eine Reifeperiode auf der abgeernteten Stoppel im Sommer, was in der Regel durch den üblichen Stoppelsturz in der modernen Landwirtschaft nicht mehr gegeben ist. Eine Übersicht über die hochgradig gefährdeten Arten der sieben Schutzäcker gibt (Tab. 1).

Abb. 1: Acker-Schwarzkümmel (*Nigella arvensis*) auf dem Schutzacker bei Crussow (Landkreis Uckermark) (Fotos: F. Gottwald).

Tab. 1: Segetalarten der Roten Liste Kategorie 1 (vom Aussterben bedroht) und 2 (stark gefährdet) auf Schutzäckern in Nordbrandenburg (Landkreise Uckermark, Barnim, Märkisch-Oderland). D = Deutschland (nach Korneck et al. 1996), BB = Brandenburg (nach Ristow et al. 2006).

Wissenschaftlicher Artname	**Deutscher Name**	**Rote Liste Kategorie**	
		D	**BB**
Adonis aestivalis	Sommer-Adonisröschen	3	1
Agrostemma githago	Kornrade	1	1
Anagallis foemina	Blauer Gauchheil		1
Arnoseris minima	Lämmersalat	2	2
Euphorbia exigua	Kleine Wolfsmilch		2
Galium spurium	Kleinfrüchtiges Labkraut	V	2
Nigella arvensis	Acker-Schwarzkümmel	2	2
Odontites vernus	Acker-Zahntrost	V	2
Sherardia arvensis	Ackerröte		2
Silene noctiflora	Acker-Leimkraut	V	2
Torilis arvensis	Feld-Klettenkerbel		1
Valerianella dentata	Gezähnter Feldsalat	V	2

Die Populationen von Acker-Schwarzkümmel, Feld-Klettenkerbel (*Torilis arvensis*) und Kornrade (*Agrostemma githago*) gehören zu den größten Populationen in Brandenburg. Für den Erhalt des Lämmersalates (*Arnoseris minima*) hat Nordostdeutschland eine globale Verantwortung (Ludwig et al. 2007).

2.2 Schonstreifen und Ackerrandstreifen

In den Jahren 2014 bis 2016 wurden im Biosphärenreservat Schorfheide-Chorin (BRSC) 19-35 ha Segetalschutzflächen im Rahmen von Vertragsnaturschutz gefördert. Die Fördersummen lagen insgesamt zwischen rund 5.500 und 9.000 Euro. Je nach Standort, Zielart, Kultur und Anbausystem waren verschiedene Maßnahmen festgelegt: kein Herbizideinsatz bzw. keine mechanische Beikrautregulierung (Striegeln), keine Düngung und Kalkung, reduzierte Aussaatstärke von Kulturen und später Stoppelsturz. Insgesamt wurden auf den Schonstreifen 16 in Brandenburg hochgradig gefährdete Arten der Roten Liste Kat. 1 und 2 in teilweise großen Beständen gefunden.

Ackerrandstreifen im konventionellen Landbau

Der Erfolg von herbizidfreien Ackerrandstreifen im konventionellen Landbau hängt entscheidend vom noch vorhandenen Samenpotenzial bzw. den am Ackerrand auftretenden Restbeständen von Zielarten sowie den Standortbedingungen ab (Eggers & Malkomes 2003, van Elsen 1989). Die Erfahrungen im BRSC zeigen, dass ohne gezielte Flächenauswahl vor allem häufige Arten der Wildkrautflora wie Weißer Gänsefuß (*Chenopodium album*) oder Beifuß (*Artemisia vulgaris*) auflaufen und aufgrund des hohen Nährstoffniveaus Dominanzbestände bilden. Eine Aushagerung ist meist nur über mehrere Jahre möglich und nicht aufgrund eines einmaligen Düngerverzichts zu erreichen. Magere Standorte wie Oberhänge trockener Kuppen oder sonnenexponierte Waldränder bieten hingegen ein hohes Potenzial für eine artenreiche Segetalflora und gefährdete Arten. Zielführend ist es, Ackerränder und wenig herbizidbehandelte Schlagwinkel zu kartieren und anschließend Randstreifen an Fundorten von Zielarten einzurichten.

Abb. 2: Ackerrandstreifen an nährstoffreichen Standorten konventioneller Betriebe sind häufig artenarm (l.), an Hängen trockener Kuppen besteht ein höheres Potenzial (r.) (Fotos: F. Gottwald).

Ackerrandstreifen im ökologischen Landbau

Aufbauend auf den Erfahrungen im BfN-Projekt „Naturschutzhof Brodowin" (Stein-Bachinger et al. 2010) wurden im Biosphärenreservat Schorfheide-Chorin auf Ökobetrieben mehrere Randstreifen zur Förderung seltener Arten mit besonderen Ansprüchen an die Bewirtschaftung angelegt. Im Fokus stand dabei vor allem der Acker-Schwarzkümmel, der an mehreren Standorten im Kontaktbereich der Äcker zu basischen Trockenrasen auftritt (Gottwald 2010). Seit nunmehr über zehn Jahren bewirtschaftet der Demeterbetrieb Ökodorf Brodowin auf drei Schlägen Randstreifen mit Vorkommen dieser Art im Rahmen von Vertragsnaturschutz (VNS) mit später Stoppelbearbeitung, ohne Striegeleinsatz und meist mit reduzierter Saatstärke. Einer dieser Standorte wurde 2007 mit einer Handvoll Diasporen des Acker-Schwarzkümmels beimpft. Die Populationsentwicklung zeigt Abbildung 3. Auch an den anderen Standorten haben sich die Bestände der Art seit Einführung der Schutzmaßnahmen vergrößert. Auf dem Randstreifen am Großen Rummelsberg wurden bis zu 10.000 Individuen gezählt.

Weitere Zielarten im BRSC, die eine späte Stoppelbearbeitung benötigen oder dadurch wesentlich gefördert werden, sind die Ackerröte (*Sherardia arvensis*), der Blaue Gauchheil (*Anagallis foemina*) und der Gelbe Günsel (*Ajuga chamaepytis*).

Die genannten Arten traten auch auf ökologisch bewirtschafteten Äckern fast ausschließlich an Schlagrändern auf. Hierfür sind vermutlich zwei Faktoren maßgebend: a) Vorkommen von Sonderstandorten z.B. am Rand von Trockenrasen und b) Überdauern der Arten in Überlebensnischen, die durch unsaubere Bearbeitung beim Stoppelsturz am Schlagrand bestehen bleiben.

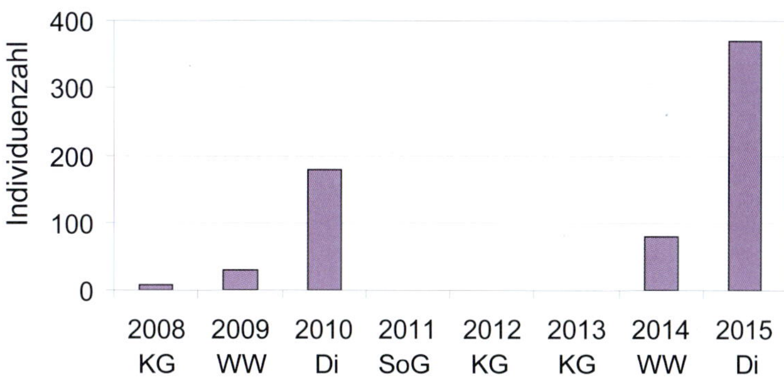

Abb. 3: Entwicklung von Acker-Schwarzkümmel (*Nigella arvensis*) auf einem Randstreifen (2000m^2) eines Ökobetriebes unter unterschiedlichen Fruchtarten (KG – Kleegras, WW – Winterweizen, Di – Dinkel, SoG – Sommergerste).

2.3 Ökologischer Landbau

Naturschutzhof Ökodorf Brodowin

Im Rahmen des Projektes „Naturschutzhof Brodowin" und nachfolgenden Kartierungen wurden 2001 bis 2010 auf den Äckern des Demeterhofes Ökodorf Brodowin insgesamt 21 gefährdete Segetalarten der Roten Liste Brandenburgs (Ristow et al. 2006) nachgewiesen, viele davon mit größeren Populationen (Gottwald 2010). Für einige Arten sind dies die aktuell einzigen (*Ajuga chamaepitys, Veronica opaca*) oder größten (*Adonis aestivalis*) bekannten Vorkommen in Nordbrandenburg. Der Acker-Schwarzkümmel ist mit drei individuenreichen Teilpopulationen vertreten.

Der Median der Artenzahl von Vegetationsaufnahmen im Schlaginnenbereich aus den Jahren 2002 bis 2004 lag in Untersuchungen von Gottwald (2010) mit 28 Arten (n = 140) signifikant höher als in historischen Vergleichsaufnahmen der 1950er/60er Jahre aus Mittel- und Norddeutschland (Meyer et al. 2014: 23 Taxa im Feldinneren, n = 392, p< 0,001; Mediantest). Auch wenn die Erfassungsmethoden einige Unterschiede hinsichtlich Flächengröße, Flächenauswahl und Begehungen aufwiesen, so zeigen diese Daten, dass der ökologische Landbau unter den in Brodowin gegebenen Bedingungen in der Lage ist, einen sehr hohen Teil der historischen Ackerwildkrautflora im Rahmen der betriebsüblichen Bewirtschaftung zu erhalten.

Biosphärenreservat Schorfheide-Chorin

Der ökologische Landbau hat derzeit (Stand 2016) einen Anteil von 33,6 % an der landwirtschaftlichen Nutzfläche im BRSC und bildet gegenwärtig die größte zusammenhängende Ökolandbau-Region in Deutschland (R. Vögel, Landesamt für Umwelt Brandenburg, pers. Mitt.). Rund 10.600 ha davon sind Ackerland, das entspricht einem Anteil von 31,6 % an der gesamten Ackerfläche im BRSC. Zusammen mit dem Grünland und weiteren Flächen konventioneller Betriebe, die im Rahmen von Agrarumweltprogrammen (KULAP, ÖVF) ohne Herbizide und andere Pestizide sowie ohne mineralische Stickstoffdüngemittel bewirtschaftet werden, ergibt sich eine Fläche von rund 20.500 ha mit pestizidfreier Bewirtschaftung (47 % der landwirtschaftlichen Nutzfläche im BRSC).

Aufgrund umfassender Kartierungen im Rahmen der FFH-Managementplanung und weiterer Projekte ist die Verbreitung von Ackerwildkräutern für die Region sehr gut dokumentiert. Insgesamt wurden 28 in Brandenburg stark gefährdete oder vom Aussterben bedrohte Arten der Roten Liste (Kat. 2 oder 1, Ristow et al. 2006) nachgewiesen. Einige dieser Arten sind auf den ökologisch bewirtschafteten Ackerflächen bei geeigneten Standortbedingungen regelmäßig anzutreffen und lokal häufig. Dazu gehören z.B. die in Brandenburg stark gefährdeten Arten Acker-Lichtnelke (*Silene noctiflora*), Kleine Wolfsmilch (*Euphorbia exigua*), Lämmersalat (*Arnoseris minima*) und Kahles Ferkelkraut (*Hypochaeris glabra*). Der Feld-Rittersporn (*Consolida regalis*, Kat. 3) ist in Winterkulturen nahezu allgegenwärtig. Die sehr hohe Artenvielfalt im BRSC geht vermutlich auf mehrere Faktoren zurück:

- Infolge der langjährigen ökologischen Bewirtschaftung seit Anfang der 1990er Jahre ist ein großes Artenpotenzial erhalten geblieben. Viele Arten haben vermutlich die Zeit der intensiven Landbewirtschaftung in der DDR auf Teilflächen überlebt, die nachlässig behandelt wurden, was aufgrund der damaligen großflächigen Betriebsstrukturen und Organisationsabläufe verbreitet vorkam (vgl. Voigtländer et al. 2001).
- Die großen zusammenhängenden Ökolandbauflächen ermöglichen große Populationen mit geringem Aussterberisiko.
- Das ausgeprägte Relief und die hohe standörtliche Vielfalt der Jungmoränenlandschaft verbunden mit niedrigen bis mittleren Bodengüten erfüllen die standörtlichen Ansprüche vieler Arten. Zudem ist eine intensive und optimale Bewirtschaftung aus landwirtschaftlicher Sicht erschwert, so dass

kleinräumige Nischen mit geringen Kulturdichten für anspruchsvolle und konkurrenzschwache Arten erhalten bleiben. Dies betrifft ganz besonders trockene Geländekuppen, Sandlinsen und zeitweise vernässte Ackersenken.

Abb. 4: Lichte Getreidebestände im ökologischen Landbau ermöglichen eine artenreiche Ackerwildkrautflora: Dinkel mit Feld-Rittersporn und Klatschmohn (*Papaver rhoeas*) (l.), Sandacker mit Lämmersalat (r.) (Fotos: F. Gottwald).

Die günstigen Ausgangsbedingungen führen jedoch nur bei ökologischer Bewirtschaftung zu einer hohen, flächig ausgebildeten Artenvielfalt: in Vergleichsaufnahmen von ökologisch und konventionell bewirtschafteten Ackerflächen nach dem HNV-Verfahren (High Nature Value Farmland Indicator, BfN 2016a) im Nordwesten des BRSC erreichten die ökologischen Flächen einen Anteil von über 90 % HNV-Flächen (n = 22), davon fast zwei Drittel mit sehr hohem bis äußerst hohem Naturwert (Wertstufe I und II), die konventionellen Flächen hingegen nur zu 3 % (n = 29) (siehe auch folgendes Kapitel).

Ergebnisse aus dem Projekt „Landwirtschaft für Artenvielfalt“

Im Rahmen der Evaluation von Kooperationsbetrieben wurden 158 Ackerflächen (89 ökologisch, 66 konventionell, 3 Schutzäcker) in fünf Regionen in Mecklenburg-Vorpommern und Brandenburg nach dem HNV-Verfahren kartiert (Gottwald & Stein-Bachinger 2017). Die Artenvielfalt schwankte zwischen den Regionen und im Vergleich zwischen konventioneller und ökologischer Bewirtschaftung: auf den Ökoflächen waren pro Transekt (30 m²) im Mittel 3-9mal so viele Kennarten (HNV-Liste, BfN 2016b) zu finden wie auf den konventionellen Flächen. Berücksichtigt man auch die Häufigkeit (Individuenanzahl) der Ackerwildkräuter, so waren auf den Ökoflächen 4-20mal mehr Kennarten-Individuen zu finden. Ökoflächen waren nach der HNV-Klassifizierung zu 87 % den Wertstufen I bis III zuzuordnen, davon 56 % der Wertstufe I und II (sehr hoher bis äußerst hoher Naturwert). Konventionell bewirtschaftete Flächen hatten zu 97 % einen geringen bis sehr geringen Naturwert (Wertstufe 0) (Abb. 5).

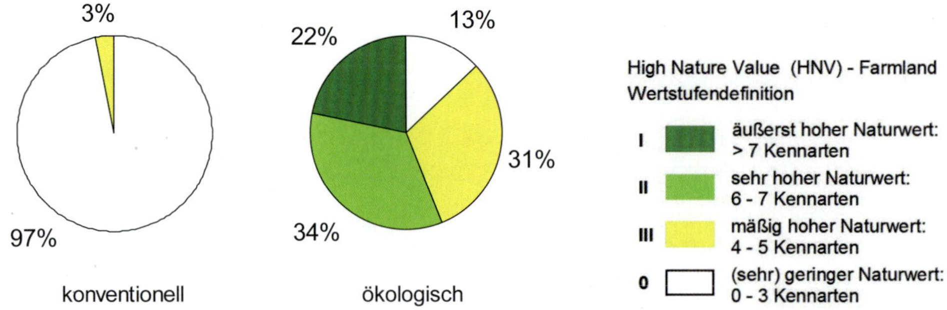

Abb. 5: Naturwertstufen konventionell (n = 66) und ökologisch (n = 89) bewirtschafteter Ackerflächen auf Betrieben in Mecklenburg-Vorpommern und Nordbrandenburg (Daten 2016).

3 Umsetzung: Naturschutzberatung und gesamtbetriebliche Naturschutzfachpläne

Wesentlich für den Erfolg aller Maßnahmen im Ackerwildkrautschutz ist eine zielgerichtete Umsetzung an Standorten mit (potenziellem) Vorkommen gefährdeter Arten. Floristische Raritäten sind zwar häufig bekannt, aber im Gegensatz zur Datenlage bei anderen Artengruppen wie Vögeln oder Wiesenpflanzen, sind Ackerwildkräuter selten großflächig kartiert. Im Folgenden werden zwei Ansätze aus Nordostdeutschland vorgestellt, bei denen Landwirte, Wissenschaftler und Naturschutzfachkräfte gemeinsam konkrete Schutzmaßnahmen entwickeln und umsetzen.

3.1 Naturschutzberatung im Projekt „Landwirtschaft für Artenvielfalt"

Das Projekt ist eine gemeinsame Initiative von WWF Deutschland, dem Anbauverband Biopark, dem Ministerium für Landwirtschaft, Umwelt und Verbraucherschutz des Landes Mecklenburg-Vorpommern und dem Vermarkter EDEKA, wissenschaftlich begleitet vom Leibniz-Zentrum für Agrarlandschaftsforschung (ZALF) e.V. (Gottwald & Stein-Bachinger 2016, www.landwirtschaft-artenvielfalt.de). Die aktuell rund 60 ökologisch bewirtschafteten Kooperationsbetriebe (Stand 2016) werden von Naturschutzberatern bezüglich ihrer Naturschutzleistungen nach einem Punktesystem bewertet. Gemeinsam mit den Landwirten erarbeiten die Naturschutzberater zusätzliche Maßnahmen. Für Ackerwildkräuter sind dies z.B. der lokale Verzicht auf mechanische Beikrautregulierung (Striegeln) oder reduzierte Düngung und Kalkung an Standorten von Lämmersalat. Die Landwirte erhalten nach einem erfolgreichen Zertifizierungsverfahren vom Handelspartner EDEKA einen Aufpreis für bestimmte

Produkte. Den Umsetzungsstand von Maßnahmen mit Bezug zum Ackerwildkrautschutz zeigt Tabelle 2.

Tab. 2: Umsetzung von Maßnahmen zum Ackerwildkrautschutz im Projekt „Landwirtschaft für Artenvielfalt" (Auswahl, 46 Betriebe, ca. 11.000 ha Ackerland, Stand 2015).

Maßnahme	**Betriebe [%]**	**Fläche [%]**
Keine mechanische Beikrautregulierung	39	30
Späte Stoppelbearbeitung	28	10
Überwinternde Stoppelbrache	17	2
Drilllücken	2	< 1
Schutzäcker	2	0,1
Kleinflächige Maßnahmen	11	0,2

3.2 Gesamtbetriebliche Naturschutzfachpläne im Biosphärenreservat Schorfheide-Chorin (BRSC)

Im Rahmen der Managementplanung Natura 2000 beauftragte das Land Brandenburg gesamtbetriebliche Naturschutzfachpläne im BRSC für 17 Betriebe mit einer Gesamtfläche von rund 12.000 ha (davon ca. 75 % Ackerland; 15 Ökobetriebe, 2 konventionelle Betriebe). Auf Grundlage der Erfahrungen im BfN-Projekt „Naturschutzhof Brodowin" (Stein-Bachinger et al. 2010) wurden in Zusammenarbeit mit den Betrieben konkrete Optimierungskonzepte für Konfliktbereiche zwischen Landwirtschaft und Naturschutz erarbeitet. Aufbauend auf der Analyse der betrieblichen und naturschutzfachlichen Ist-Situation (betriebliche Strukturen und Nutzungsverfahren, Bodengüte, Schlagstrukturen, Biotopausstattung, Vorkommen von gefährdeten Arten usw.) erfolgte die Darstellung von möglichen Maßnahmen bzw. modifizierten Nutzungsverfahren in Text und Karte sowie in verwaltungstechnisch nutzbaren GIS-Shapes (Gottwald et al. 2016). Die wesentlichen Grundgedanken dieses Konzeptes sind:

- Naturschutzmaßnahmen werden in Zusammenarbeit mit den Landwirten und unter Berücksichtigung der betrieblichen Voraussetzungen entwickelt.
- Durch Kooperation, Freiwilligkeit und Nähe zur landwirtschaftlichen Praxis kann eine hohe Umsetzungsrate der vorgeschlagenen Maßnahmen erreicht werden.
- Die Effizienz von Agrarumweltmaßnahmen wird wesentlich gesteigert: zielgerichtete Lenkung auf Standorte mit hohem Naturschutzpotenzial statt Gießkannen-Prinzip.
- Umfangreiche Daten aus der FFH-Managementplanung können genutzt werden. Auf diese Weise stehen Kartierdaten und Flächeninformationen zur Verfügung, die anderweitig nicht zu finanzieren sind.

Die Darstellung der abgeleiteten Maßnahmen erfolgte textlich und kartographisch in sogenannten Schlagportraits, die Umsetzung der mit dem Betrieb abgestimmten Maßnahmen erfolgt zur Zeit überwiegend im Rahmen von Vertragsnaturschutz (VNS). Dies betrifft z.B. späte Stoppelbearbeitung auf Teilschlägen bzw. Randstreifen (s.o.) sowie reduzierte Düngung auf Standorten des Lämmersalates.

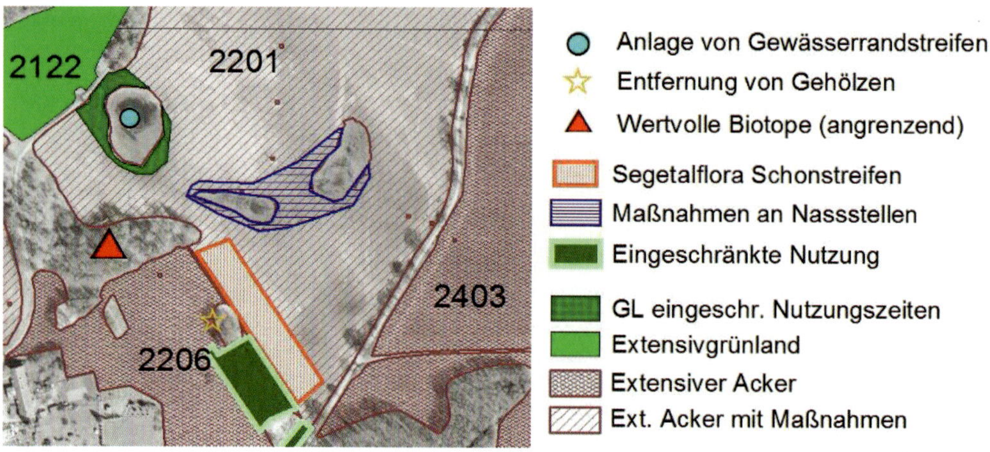

Abb. 6: Ausschnitt eines Schlagportraits im gesamtbetrieblichen Naturschutzfachplan für einen Kooperationsbetrieb im BRSC (Gottwald et al. 2016, verändert).

4 Diskussion und Folgerungen

4.1 Strategien für den Ackerwildkrautschutz

Vor dem Hintergrund des dramatischen Rückgangs und der hohen Gefährdung der Ackerwildkrautflora können die Schutzbemühungen in Nordostdeutschland einige Erfolge aufweisen. Wesentlich ist die Kombination verschiedener Schutzstrategien (siehe auch van Elsen et al. 2006):

Schutzäcker dienen der langfristigen Sicherung von Ackerflächen mit herausragendem Arteninventar. In der Regel erfolgt die Bewirtschaftung nicht mehr produktionsorientiert, sondern im Rahmen spezieller Bewirtschaftungsverträge gezielt zur Förderung der Ackerwildkrautpopulationen bzw. seltener Arten. Komplette Ackerschläge können dabei auch hinsichtlich der Fruchtfolge angepasst werden, was bei kleinräumigen Maßnahmen auf Randstreifen meist nicht möglich ist. Die Einrichtung von Schutzäckern erfordert in der Regel eine finanzielle Unterstützung des Bewirtschafters bzw. Pachterlass. Als Arche Noah für das im Naturraum vorkommende Artenspektrum können sich von hier in Zukunft die Arten wieder auf extensivierten Ackerflächen ausbreiten oder auf Ökoäckern und anderen Schutzflächen ausgebracht werden (Lang et al. 2016).

Randstreifen bzw. Schonstreifen sind sinnvoll, um Vorkommen von Zielarten von Äckerwildkräutern an kleinflächig ausgebildeten Standorten zu fördern. Dies gilt sowohl für den konventionellen Landbau als auch für bestimmte Arten mit besonderen Ansprüchen im ökologischen Landbau. Aufgrund der geringen Fläche ist eine Finanzierung über Agrarumweltmaßnahmen sinnvoll und praktikabel. Für Ackerwildkrautschutz im Rahmen des Greening bestehen bisher noch wenig Erfahrungen; die zur Zeit geltenden Regelungen für Feldrand- und Waldrandstreifen sind aber mit entsprechendem Konzept (jährliche Bodenbearbeitung zumindest auf Teilflächen) für den Ackerwildkrautschutz einsetzbar. Eine weitere Optimierung der Bestimmungen mit Bezug zum Ackerwildkrautschutz ist für die kommende EU-Agrarperiode ab 2021 dringend geboten (z.B. sogenannte Lichtäcker, extensiver Ackerbau, Vereinfachung der Randstreifen-Regeln).

Der **ökologische Landbau** gewährleistet eine großflächig ausgebildete Artenvielfalt und damit potenziell auch den Genfluss zwischen Teilpopulationen. Die hier vorgestellten Ergebnisse zeigen, dass in Nordostdeutschland die positive Wirkung des Ökolandbaus auf die Vielfalt der Ackerwildkräuter noch deutlich höher ist als in den bisher für Deutschland publizierten Studien (z.B. Frieben et al. 2012, Hotze & van Elsen 2006) und dass auch gefährdete und seltene Arten verbreitet sind. Zu einer ähnlich positiven Einschätzung kommt Sommer (2014) für den bayerischen Raum. Ein wesentlicher Faktor in Nordostdeutschland ist vermutlich, dass die Produktivität im ökologischen Landbau aufgrund des überwiegend trockenen Klimas und der geringen Bodenqualitäten eingeschränkt ist. Letzteres macht sich im konventionellen Landbau infolge der höheren Nährstoffzufuhr weniger bemerkbar. Für einige Arten mit speziellen Ansprüchen sind allerdings auch im ökologischen Landbau zusätzliche Maßnahmen nötig. Zukünftig ist zu klären, wie sich die weiterentwickelten Verfahren zur Beikrautregulierung (Wilhelm & Hensel 2011) und optimierte Fruchtfolgen mit verstärktem Anbau von Untersaaten auf die Ackerwildkrautflora auswirken.

4.2 Ausblick: Anforderungen an einen effizienten Ackerwildkrautschutz

Naturschutzberatung

Eine fundierte Naturschutzberatung für Landwirte und Verwaltung ist elementar für eine effiziente und zielgerichtete Umsetzung von Maßnahmen zum Ackerwildkrautschutz. Diese Beratung erfordert gut ausgebildete Fachkräfte, die sich nicht nur mit den angebotenen Förderprogrammen auskennen, sondern auch fundierte Artenkenntnis und ackerbauliches Grundwissen besitzen, um sinnvolle Vorschläge für Standorte und Maßnahmen ableiten zu können. Derzeit bestehen hier noch erhebliche Defizite in der universitären Ausbildung und der Ausbildung zum landwirtschaftlichen Berater. Erfolgversprechende

Ansätze für einen Ausbau der naturschutzorientierten Beratung in der Landwirtschaft sind die Förderung einer solchen Beratung durch Landesprogramme (z.B. in Mecklenburg-Vorpommern) und die Integration der Beratung in Projekte wie „Landwirtschaft für Artenvielfalt".

Ein wichtiger Nebenaspekt der Naturschutzberatung ist, dass die Landwirte mehr Kenntnisse z.B. über die Ackerflora auf ihren Flächen bekommen und auf diese Weise ein Wertebewusstsein ihrer ökologischen Leistungen ausbilden können.

Ackerwildkrautschutz und Natura 2000

Die Kulisse der Natura 2000-Schutzgebiete und die Zielvorgaben für Lebensräume und Arten der Anhänge I und II in der FFH-Richtlinie sind aktuell das wirksamste Instrument im europäischen Naturschutz. In dieser Kulisse sind allerdings keine Ackerlebensräume enthalten und bis auf die nur regional relevante Dicke Trespe (*Bromus grossus*) sind keine Gefäßpflanzenarten der Äcker im Anhang II der FFH-Richtlinie definiert. Die intensive Nutzung von Ackerflächen in FFH-Gebieten gefährdet nicht nur die floristische Artenvielfalt auf dem Acker, sondern auch FFH-Arten wie die Rotbauchunke sowie angrenzende FFH-Lebensräume durch Stoffeinträge, z.B. in Gewässer, Moore oder Trockenrasen. In diesem Kontext können Maßnahmen zum Ackerwildkrautschutz eine wichtige unterstützende Funktion in Natura 2000-Schutzgebieten haben, mit positiven Wirkungen auf angrenzende wertvolle Biotope, FFH-Arten und gefährdete Vogelarten, die auf Ackerflächen als Lebensraum angewiesen sind oder dort Nahrung suchen (z.B. Feldvögel, Rotmilan, Rohrweihe, Rotbauchunke). Von einer deutlichen Reduzierung bzw. einem Verzicht auf Pflanzenschutzmittel in Schutzgebieten, wie es eine Zielvorstellung im Nationalen Aktionsplan Pflanzenschutz (BMEL 2013) ist, könnten sowohl die Arten der Natura 2000-Richtlinie als auch die Ackerwildkräuter profitieren.

Im Rahmen der Managementplanung in FFH-Gebieten zur Umsetzung der Ziele von Natura 2000 werden sehr aufwändige Kartierungen durchgeführt und Handlungsempfehlungen für Verwaltung und Landnutzer formuliert. Die Ackerwildkrautflora spielt dabei jedoch in der Regel kaum eine Rolle. Um den Ackerwildkrautschutz in FFH-Gebieten trotzdem angemessen zu berücksichtigen, ist die Verankerung von gesamtbetrieblichen Naturschutzfachplänen im Rahmen der FFH-Managementplanungen ein sehr elegantes und effektives Mittel. Auf diese Weise können umfangreiche Datengrundlagen genutzt und konkrete Maßnahmenempfehlungen erarbeitet werden.

Ackerflächen müssen grundsätzlich im Rahmen der Managementplanung verstärkt berücksichtigt werden. Ihre intensive Bewirtschaftung hat häufig einen negativen Einfluss auf den Erhaltungszustand verschiedener Zielarten eines Natura 2000-Gebietes, was nach Art 6 FFH-RL (Verschlechterungsverbot) unterbunden werden müsste. Dabei ist der Acker als Lebensraum zu betrachten und nicht nur als potenzielle Umwandlungsfläche für Grünland.

Gesellschaftliche Wertschätzung – Ackerwildkräuter als ein Produkt der Landbewirtschaftung

Voraussetzung für eine nachhaltige Weiterentwicklung in der Landwirtschaft ist ein Bewusstsein, bei dem sich der Landwirt nicht nur als Produzent von Nahrungsmitteln, sondern auch als Landschaftsgestalter und Erzeuger von Biodiversität begreift und dafür auch entsprechend honoriert wird. Dieser schon lange formulierte Ansatz (z.B. van Elsen 2000) gewinnt zunehmend an Bedeutung als Hintergrund sowohl bei der Neuausrichtung der EU-Agrarpolitik als auch im Rahmen von Kompensationsmaßnahmen (Frieben et al. 2012, Druckenbrod et al. 2011) und Projekten wie „Landwirtschaft für Artenvielfalt“ (Gottwald & Stein-Bachinger 2016). Letzteres bietet für Ökobetriebe die Möglichkeit, eine zusätzliche Qualifikation für besondere ökologische Leistungen zu erhalten, die auch über einen höheren Verkaufspreis honoriert werden kann. Wesentlich in diesem Kontext ist das In-Wert-Setzen von ökologischen Leistungen. Im Projekt „Landwirtschaft für Artenvielfalt“ erfolgt dies über ein Punktesystem, mit dem sowohl bestimmte Maßnahmen als auch das Vorkommen von Zielarten bewertet werden (vgl. auch Birrer et al. 2014, Jenny et al. 2011).

Perspektiven im ökologischen Landbau

Das Potenzial des ökologischen Landbaus für einen großflächigen und effektiven Ackerwildkrautschutz ist nicht nur in Nordostdeutschland sehr groß (Sommer 2014, van Elsen 1996, 2000). Im Gegensatz zu den schon seit mehreren Jahrzehnten ökologisch bewirtschafteten Flächen sind neu umgestellte Äcker nach langjähriger intensiver, konventioneller Bewirtschaftung allerdings bezüglich ihres Samenpotenziales häufig sehr verarmt (Eggers & Malkomes 2003). Durch gezielte Wiederansiedlungen mit autochthonem Saatgut können diese aufgewertet werden (Lang et al. 2016, Wiesinger et al. 2015, Prestele et al. 2013). Dies ist vor allem auch vor dem Hintergrund wachsender ökologischer Anbaufläche relevant.

Zur Etablierung von großflächig ökologisch genutzten Regionen, in denen auch seltenere Arten größere Populationen ausbilden können, sollte der ökologische Landbau als bevorzugte Landnutzungsform vor allem in Biosphärenreservaten besonders unterstützt werden.

5 Fazit

Ackerwildkrautschutz als bisheriges Stiefkind des Naturschutzes rückt im Rahmen einer naturverträglichen Landbewirtschaftung und deren Evaluation wieder mehr in den Fokus. Ein entsprechendes Instrumentarium, vom Schutzacker über Ackerrandstreifen bis hin zum naturschutzoptimierten modernen Ökolandbau wurde in den vergangenen Jahren erarbeitet und erprobt. Es bedarf nun der gezielten Verbreitung, einer besseren und zielorientierten Verankerung in Greening- und Förderprogrammen (Pe'er et al. 2017) und schließlich der großflächigen Umsetzung.

Wesentliche Forderungen an die zukünftige Agrarpolitik aus Sicht des Ackerwildkrautschutzes sind die verstärkte Förderung des ökologischen Landbaus, eine fundierte Naturschutzberatung für Landwirte, eine Weiterentwicklung und Verbesserung des Greenings (Oppermann 2015) sowie eine generelle Neuorientierung von Förderinstrumenten an den ökologischen Leistungen der Landbewirtschaftung in Bezug auf die Artenvielfalt in der Agrarlandschaft. Die Evaluation dieser Leistungen darf sich nicht auf ausgewählte Maßnahmenflächen beschränken, sondern muss die gesamte Landnutzungsfläche beinhalten (vgl. Geiger et al. 2010). Dafür sind Ackerwildkräuter hervorragende Indikatoren, die sich gut für die Bewertung von Methoden der Landbewirtschaftung und von Agrarumweltmaßnahmen eignen.

6 Literaturverzeichnis

Albrecht, H. (2003): Suitability of arable weeds as indicator organisms to evaluate species conservation effects of management in agricultural ecosystems. – Agriculture, Ecosystems & Environment 98: 201-211.

BfN/Bundesamt für Naturschutz (2016a): Erfassungsanleitung für den HNV-Farmland-Indikator. Version 8, Stand 2017. – Bonn (Bundesamt für Naturschutz): 63 S. – URL: http://www.bfn.de/fileadmin/BfN/monitoring/Dokumente/Erfassungsanleitung_HNV_V8_2017_06.04_neu_barrfrei.pdf (gesehen am: 06.07.2017).

BfN/Bundesamt für Naturschutz (2016b): Acker- und Rebflächen-Erfassungsbogen HNV-Indikator. – URL: http://www.bfn.de/fileadmin/MDB/documents /themen/monitoring/ Kennarten_Acker_Weinberg_HNV_barrfrei.pdf (gesehen am: 06.07.2017).

Birrer, S., Zellweger-Fischer, J., Stoeckli, S. et al. (2014): Biodiversity at the farm scale: A novel credit point system. – Agriculture, Ecosystems & Environment 197: 195-203.

BMEL/Bundesministerium für Ernährung und Landwirtschaft (2013): Nationaler Aktionsplan zur nachhaltigen Anwendung von Pflanzenschutzmitteln. – URL: https://www.nap-pflanzenschutz.de//fileadmin/user_upload/_imported/file admin/SITE_MASTER/content/Dokumente/Startseite/NAP_2013-2__0 02 _.pdf (gesehen am: 06.7.2017)

BMEL/Bundesministerium für Ernährung und Landwirtschaft (2017): Zukunftsstrategie ökologischer Landbau – Impulse für mehr Nachhaltigkeit in Deutschland. – Bonn (Bundesministerium für Ernährung und Landwirtschaft). – URL: http://www.bmel.de/SharedDocs/Downloads/Broschueren/Zukunftsstrategie-%C3%B6kologischer-Landbau.htm (gesehen am: 08.10.2017)

Druckenbrod, C., van Elsen, T. & Hampicke, U. (2011): Produktionsintegrierte Kompensation: Umsetzungsbeispiele und Akzeptanz. Ackerwildkrautschutz mit Hilfe der Eingriffsregelung sowie Ergebnisse einer Befragung von Akteuren. – Naturschutz Landschaftsplanung 43 (4): 111-116.

Eggers, T. & Malcomes H.-P. (2003): Verunkrautung sowie mikrobielle Aktivitäten im Boden mehrjähriger geschützter Ackerrandstreifen in Wintergetreide. – Nachrichtenblatt des Deutschen Pflanzenschutzdienstes 55 (7): 145-149.

Frieben, B., Prolingheuer, U., Wildung, M. & Meyerhoff, E. (2012): Aufwertung der Agrarlandschaft durch ökologischen Landbau – Eine Möglichkeit der produktionsintegrierten Kompensation? (Teil 1). – Naturschutz und Landschaftsplanung 44 (4): 108-114.

Geiger, F. et al. (2010): Persistent negative effects of pesticides on biodiversity and biological control potential on European farmland. – Basic and Applied Ecology 11: 97-105.

Gottwald, F. (2010): Segetalflora. – In: Stein-Bachinger, K., Fuchs, S. & Gottwald, F. et al.: Naturschutzfachliche Optimierung des Ökologischen Landbaus, Naturschutzhof Brodowin. – Naturschutz und Biologische Vielfalt 90: 98-105.

Gottwald, F., Fuchs, S. & Stein-Bachinger, K. (2016): Managementplanung Natura 2000 – Naturschutzfachplan für den Landwirtschaftsbetrieb Gut Temmen GmbH. – Potsdam (Ministerium für Ländliche Entwicklung, Umwelt und Landwirtschaft und Landesamt für Umwelt Brandenburg/Hrsg): 168 S.

Gottwald, F. & Stein-Bachinger, K. (2016): Landwirtschaft für Artenvielfalt – Ein Naturschutzstandard für ökologisch bewirtschaftete Betriebe. 2. Auflage. – WWF Deutschland (Hrsg.) Müncheberg: 208 S. – URL: http://www.landwirtschaft-artenvielfalt.de/wp-content/uploads/2016/12WWF_LFA_Handbuch_ZweiteAuflage_web.pdf (gesehen am: 06.07.2017).

Gottwald, F. & Stein-Bachinger, K. (2017): Monitoring und Evaluation der Segetalflora. Berichte aus dem Projekt „Landwirtschaft für Artenvielfalt“, Zwischenergebnisse 2016. – WWF Deutschland (Hrsg.) Müncheberg: 13 S. – URL: https://www.landwirtschaft-artenvielfalt.de/wp-content/uploads/2017/06/Segetalflora_Max_08.06.17.pdf (gesehen am: 06.07.2017).

Heydemann, B. (1983): Aufbau von Ökosystemen im Agrarbereich und ihre langfristigen Veränderungen. – Daten und Dokumente zum Umweltschutz, Sonderreihe Umwelttagung 35: 53-83.

Hilbig, W. (2007): Die Arbeitsgruppe „Ackerwildpflanzenschutz“ in der Biologischen Gesellschaft der DDR. – Studienarchiv Umweltgeschichte 12: 3-15.

Hofmeister H. & Garve E. (2006): Lebensraum Acker. – Remagen (Verlag Kessel): 322 S.

Hole, D.G., Perkins, A.J., Wilson, J.D. et al. (2005): Does organic farming benefit biodiversity? – Biological Conservation 122: 113-130.

Holzschuh, A., Steffan-Dewenter, I., Kleijn, D. & Tscharntke, T. (2007): Diversity of flower-visiting bees in cereal fields: effects of farming system, landscape composition and regional context. – Journal of Applied Ecology 44: 41-49.

Hotze, C. & van Elsen, T. (2006): Ackerwildkräuter konventionell und biologisch bewirtschafteter Äcker im östlichen Meißnervorland – Entwicklung in den letzten 30 Jahren. – Zeitschrift Pflanzenkrankheiten Pflanzenschutz, Sonderheft 20: 547-555.

Illig, H. & Kläge, H.-C. (1994): 10 Jahre Feldflorareservat bei Luckau-Freesdorf. Naturschutz auf Agrarflächen. – Naturschutz und Landschaftspflege in Brandenburg 3, Sonderheft 1: 32-35.

Illig, H. & Kläge, H.-C. (1996): Das Konzept des Feldflorareservates Luckau – ein übertragbares Modell zur Erhaltung von Kulturpflanzen? – Schriften zu Genetischen Ressourcen 2: 90-103.

Jenny, M., Zellweger-Fischer, J., Pfiffner, L. et al. (2011): Leitfaden für die Anwendung des Punktesystems. Biodiversität auf Landwirtschaftsbetrieben im Projekt „Mit Vielfalt punkten“. – Sempach und Frick (Schweizerische Vogelwarte und Forschungsinstitut für biologischen Landbau): 35 S.

Kohler, P. (2015): Verbreitung und Zusammensetzung der Segetalflora im Naturpark Barnim – Standortanalyse, Vergleich von ackerbaulichen Kulturen in ökologischer und konventioneller Bewirtschaftung sowie abgeleitete Schutzansätze. – Eberswalde (Hochschule für nachhaltige Entwicklung (HNE), Bachelorarbeit): 96 S.

Korneck, D., Schnittler, M. & Vollmer, I. (1996): Rote Liste der Farn- und Blütenpflanzen (Pteridophyta et Spermatophyta) Deutschlands. – Schriftenreihe für Vegetationskunde 28: 21-187.

Lang, M., Prestele, J., Fischer, C. et al. (2016): Re-introduction of rare arable plants by seed transfer. What are the optimal sowing rates? – Ecology and Evolution 6 (15): 5506-5516.

Ludwig, G., May, R. & Otto, C. (2007): Verantwortlichkeit Deutschlands für die weltweite Erhaltung der Farn- und Blütenpflanzen – vorläufige Liste. – BfN-Skripten 220: 32 S. + Anhang.

Mayer, F., Weddige, A. & Wiesinger, K. (2012): Ackerwildkräuter – Auch im Biolandbau kein Selbstläufer. – Ökologie & Landbau 162: 52-54.

Markgraf, P. (2011): Zur Situation gefährdeter Segetalpflanzen in Mecklenburg-Vorpommern. – Botanischer Rundbrief für Mecklenburg-Vorpommern 48: 35-49.

Meyer, S. (2016): Naturschutz in der Agrarlandschaft – Status quo und Schutzstrategien zur Förderung der Phytodiversität auf Ackerflächen. – Treffpunkt Biologische Vielfalt XV. – BfN-Skripten 436: 17-22.

Meyer, S., Hilbig, W., van Elsen, T. et al. (2015): Die Herausbildung der Ackerwildkrautflora, ihre heutige Verarmung und Bestrebungen zum Schutz seltener und gefährdeter Ackerwildkräuter. –Meyer, S. & Leuschner, C. (Hrsg.) (2015): 100 Äcker für die Vielfalt – Initiativen zur Förderung der Ackerwildkrautflora in Deutschland. – Göttingen (Universitätsverlag): 8-38.

Meyer, S. & Leuschner, C. (Hrsg.) (2015): 100 Äcker für die Vielfalt – Initiativen zur Förderung der Ackerwildkrautflora in Deutschland. – Göttingen (Universitätsverlag): 351 S.

Meyer, S., Leuschner, C. & van Elsen, T. (2008): Schutzäcker für die Segetalflora in Deutschland – Bestandsanalyse und neue Impulse durch das Projekt „Biodiversität in der Agrarlandschaft“. – Journal of Plant Diseases and Protection, Special Issue 21: 363-368.

Meyer, S., Wesche, K., Krause, B., Brütting, C., Hensen, I. & Leuschner, C. (2014): Diversitätsverluste und floristischer Wandel im Ackerland seit 1950. – Natur und Landschaft 89 (9/10): 392-398.

Oppermann, R. (2015): Ökologische Vorrangflächen – Optionen der praktischen Umsetzung aus Sicht von Biodiversität und Landwirtschaft. – Natur und Landschaft 90 (6): 263-270.

Pe’er, G., Zinngrebe, Y., Hauck, J., Schindler, S., Dittrich, A., Zingg, S., Tscharntke, T., Oppermann, R., Sutcliffe, S., Sirami, C., Schmidt, J., Hoyer, C., Schleyer, C. & Lakner, S. (2016): Adding some green to the greening: improving the EU’s Ecological Focus Areas for biodiversity and farmers. – Conservation Letters 10 (5): 517-530.

Prestele, J., Kollmann J., Albrecht, H. & Wiesinger, K. (2013): Wiederansiedlung seltener und gefährdeter Ackerwildpflanzen auf Ökobetrieben. Teilprojekt Freising: Einfluss von Feldfrucht und Aussaatzeitpunkt. – Wissenschaftstagung Ökologischer Landbau 12: 390-393.

Rahmann, G. (2011): Biodiversity and Organic farming: What do we know? – Landbauforsch. – vTI Agriculture and Forestry Research 3: 189-208.

Ristow, M., Herrmann, A., Illig, H., Klemm, G., Kummer, V., Kläge, H.-C., Machatzi, B., Rätzel, S., Schwarz, R. & Zimmermann, F. (2006): Liste und Rote Liste der etablierten Gefäßpflanzen Brandenburgs. – Naturschutz und Landschaftspflege in Brandenburg 15 (4), Beilage: 2-163.

Romero, A., Chamorro, L. & Xavier Sans, F. (2008): Weed diversity in crop edges and inner fields of organic and conventional dryland winter cereal crops in NE Spain. – Agriculture, Ecosystems & Environment 124: 97-104.

Schumacher, W. (1984): Gefährdete Ackerwildkräuter können auf ungespritzten Feldrändern erhalten werden. Dreijährige Modelluntersuchung liefert Beweis. – Landesanstalt für Ökologie, Landschaftsentwicklung und Forstplanung (LÖLF), Mitteilung 9 (1): 14-21.

Sommer, M. (2014): Schutz der Ackerwildkrautflora in Bayern – Geschichte und Empfehlungen zum nachhaltigen Schutz auf Grundlage aktueller Erfassungen. – ANLiegen Natur 36 (2): 19-28.

Stein-Bachinger, K., Fuchs, S., Gottwald, F., Helmecke, A., Grimm, E., Zander, P., Schuler, J., Bachinger, J. & Gottschall, R. (2010): Naturschutzfachliche Optimierung des Ökologischen Landbaus Naturschutzhof Brodowin. Ergebnisse des E+E-Projektes „Naturschutzhof Brodowin“. – Naturschutz und Biologische Vielfalt 90: 409 S.

Thies, C., Schreiber, J., Flohre, A., Fischer, C. & Tscharntke, T. (2010): Diversität, Produktivität und landwirtschaftliche Intensivierung. In: Wolters, V. & Hotes, S. (Hrsg.): Fokus Biodiversität. Wie Biodiversität in der Kulturlandschaft erhalten und nachhaltig genutzt werden kann. – München (oekom Verlag): 171-175.

UBA/Umweltbundesamt (2016): Ökologischer Landbau – Anzahl und Nutzfläche der Öko-Betriebe in Deutschland. Stand: 06.12.2016. – URL: https://www.umweltbundesamt.de/daten/land-forstwirtschaft/landwirtschaft/oekologischer-landbau#textpart-1 (gesehen am: 06.07.2017).

van Elsen, T. (1989): Ackerwildkraut-Gesellschaften herbizidfreier Ackerränder und des herbizidbehandelten Bestandsinnern im Vergleich. – Tuexenia 9: 75-100.

van Elsen, T. (1996): Wirkungen des ökologischen Landbaus auf die Segetalflora – Ein Übersichtsbeitrag. – In: Diepenbrock, W. & Hülsbergen, K.-J. (Hrsg.): Langzeiteffekte des ökologischen Landbaus auf Fauna, Flora und Boden. – Halle/Saale (Universität Halle): 143-152.

van Elsen, T. (2000): Species diversity as a task for organic agriculture in Europe. – Agriculture, Ecosystems & Environment 77: 101-109.

van Elsen, T., Berg, M., Drenckhahn, D., Dunkel, F.-G., Eggers, T., Garve, E., Kaiser, B., Marquart, H., Pilotek, D., Rodi, D. & Wicke, G. (2006): Karlstadter Positionspapier zum Schutz der Ackerwildkräuter. – Zeitschrift für Pflanzenkrankheiten und Pflanzenschutz, Sonderheft XX: 527-533.

van Elsen, T. & Loritz, H. (2013): Vielfalt aus der Samentüte? Ein Positionspapier zur Integration des Ackerwildkrautschutzes in Ansaat-Blühstreifen-Programme. – Naturschutz und Landschaftsplanung 45 (5): 155-160.

Voigtländer, U., Scheller, W. & Martin, C. (2001): Ursachen für die Unterschiede im biologischen Inventar der Agrarlandschaft in Ost- und Westdeutschland. – Angewandte Landschaftsökologie 40: 408 S.

Wicke, G. (2007): Ergebnisse von 20 Jahren Ackerwildkrautschutz in Niedersachsen und Förderung im Kooperationsprogramm Naturschutz ab 2007. – Informationsdienst Naturschutz Niedersachsen 27 (2): 86-93.

Wiesinger, K., Lang, M., van Elsen, T. et al. (2015): Wiederansiedlung seltener und gefährdeter Ackerwildkräuter im Biobetrieb. – Praxisbroschüre: 23 S. – http://www.lfl.bayern.de/mam/cms07/schwerpunkte/dateien/praxisbrosch%C3%BCre_ackerwildkraut.pdf (gesehen am: 26.07.2017).

Wilhelm, B. & Hensel, O. (Hrsg.) (2011): Landtechnische Lösungen zur Beikrautregulierung im Ökolandbau. – Witzenhausen (DITSL): 288 S.

Adressen der Autorin und der Autoren:

Frank Gottwald und Dr. Karin Stein-Bachinger
Leibniz-Zentrum für Agrarlandschaftsforschung (ZALF e.V.)
Eberswalder Str. 84, 15374 Müncheberg
E-Mail: gottwald@naturschutzhof.de, kstein@zalf.de

Jörg Peil
Biosphärenreservat Schorfheide-Chorin
Hoher Steinweg 5-6, 16278 Angermünde
E-Mail: joerg-dieter.peil@LfU.brandenburg.de

Dr. Martin Flade
Landesamt für Umwelt Brandenburg
Abteilung Großschutzgebiete und Regionalentwicklung
Tramper Chaussee 2, 16225 Eberswalde
E-Mail: martin.flade@lfu.brandenburg.de

Dr. Stefan Meyer
Georg-August University Göttingen
Albrecht-von-Haller-Institut für Pflanzenwissenschaften
Abt. Ökologie und Ökosystemforschung
Untere Karspüle 2, 37075 Göttingen
E-Mail: stefan.meyer@biologie.uni-goettingen.de

Aktuelle Veröffentlichungen des Bundesamtes für Naturschutz

Ein Verzeichnis aller Veröffentlichungen ist im Internet einsehbar unter www.buchweltshop.de/bfn. Dort können auch alle lieferbaren Veröffentlichungen des BfN online bestellt werden.

BfN
Bundesamt für Naturschutz

Das gedruckte Veröffentlichungsverzeichnis kann beim Landwirtschaftsverlag GmbH, 48084 Münster Telefon 0 25 01/801-30 00 · Fax 0 25 01/801-35 10 kostenlos angefordert werden.

Weitere kostenlose Informationsbroschüren sind erhältlich beim:

Bundesamt für Naturschutz
Presse und Öffentlichkeitsarbeit
Konstantinstr. 110, 53179 Bonn
Telefon 02 28/84 91-44 44 · Fax 02 28/84 91-10 39
E-Mail: presse@bfn.de

2016. 199 Seiten,
ISBN 978-3-7843-4049-4

Heft 149:

Ssymank, A., Ellwanger, G., Vischer-Leopold, M. und Paulsch, C. (Hrsg.)

Handlungserfordernisse in der Folge des FFH-Berichtes 2013

2016. 370 Seiten,
ISBN 978-3-7843-4050-0

Heft 150:

Cyffka, B., Binder, F., Ewald, J., Geist, J., Gruppe, A., Hemmer, I., Kiehl, K., Mosandl, R., Schopf, R. und Zahner, V.

Neue dynamische Prozesse im Auenwald

Monitoring der Auenrenaturierung an der Donau zwischen Neuburg und Ingolstadt

2016. 156 Seiten,
ISBN 978-3-7843-4051-7

Heft 151:

Lehmann, B., Adam, B., Engler, O., Hecht, V. und Schneider, K.

Ethohydraulische Untersuchungen zur Verbesserung des Fischschutzes an Wasserkraftanlagen

2016. 200 Seiten,
ISBN 978-3-7843-4052-4

Heft 152:

Ellwanger, G., Müller, C., Ssymank, A., Vischer-Leopold, M. and Paulsch, C. (Eds.)

Management of Natura 2000 sites on military training areas

2016. 396 Seiten,
ISBN 978-3-7843-4053-1

Heft 153:

Hurst, J., Biedermann, M., Dietz, C., Dietz, M., Karst, I., Krannich, E., Petermann, R., Schorcht, W. und Brinkmann, R. (Hrsg.)

Fledermäuse und Windkraft im Wald

2016. 291 Seiten,
ISBN 978-3-7843-4054-8

Heft 154:

Aßmann, T., Boutaud, E., Finck, P., Härdtle, W., Matthies, D., Nolte, D., v. Oheimb, G., Riecken, U., Travers, E. und Ullrich, K.

Halboffene Verbundkorridore: Ökologische Funktion, Leitbilder und Praxis-Leitfaden

2016. 245 Seiten,
ISBN 978-3-7843-4055-5

Heft 155:

Forst, R. und Scherfose, V. (Hrsg.)

Naturparkmanagement in Deutschland – Qualitätsoffensive Naturparke

2017. 637 Seiten,
ISBN 978-3-7843-4056-2

Heft 156:

Finck, P., Heinze, S., Raths, U., Riecken, U. und Ssymank, A.

Rote Liste der gefährdeten Biotoptypen Deutschlands

dritte fortgeschriebene Fassung 2017

Heft 157:

Grüneberg, C., Dröschmeister, R., Fuchs, D., Frederking, W., Gerlach, B., Hauswirth, M., Karthäuser, J., Schuster, B., Sudfeldt, C., Trautmann, S. und Wahl, J.

Vogelschutzbericht 2013: Methoden, Organisation und Ergebnisse

2017. 230 Seiten,
ISBN 978-3-7843-4057-9

Heft 158:

Scherfose, V. (Hrsg.)

Flächen- und Schutzgebietsmanagement durch Stiftungen, Verbände und Vereine

2017. 388 Seiten,
ISBN 978-3-7843-4058-6

Heft 159:

Schepp, U., Kuich-van Endert, S., Martens, H. und Paulsch, C. (Hrsg.)

Der Handel mit exotischen Reptilien in Deutschland am Beispiel der Warane (Familie Varanidae)

2017. 182 Seiten,
ISBN 978-3-7843-4059-3

Heft 160:

Bernotat, D., Dierschke V. und Grunewald, R. (Hrsg.)

Bestimmung der Erheblichkeit und Beachtung von Kumulationswirkungen in der FFH-Verträglichkeitsprüfung

2017. 376 Seiten,
ISBN 978-3-7843-4060-9

Heft 161:

Bellebaum, J. und Tanneberger, F.

Schutz von Seggenrohrsänger, Wachtelkönig und Brenndoldenwiesen am Beispiel des Unteren Odertals

2017. 132 Seiten,
ISBN 978-3-7843-4061-6

Heft 162:

Godt, J., Schumacher, J., Stroh, H. G., Werk, K., Sachteleben, J., Hänel, K., Böttcher, M., Schumacher, A. und Rosenthal, G.

Kompensationsmaßnahmen in der Landwirtschaft nach § 15 BNatSchG

2017. 393 Seiten,
ISBN 978-3-7843-4062-3

Heft 163:

Schneider, E., Werling, M., Stammel, B., Januschke, K., Ledesma-Krist, G., Scholz, M., Hering, D., Gelhaus, M., Dister, E. und Egger, G. (Hrsg.)

Biodiversität der Flussauen Deutschlands

2017. 498 Seiten,
ISBN 978-3-7843-4063-0

Heft 164:

Vischer-Leopold, M., Ellwanger, G., Balzer, S., Ssymank, A., Brandt, K. und Meyer-Rath, A.

Natura 2000 und Artenschutz in der Agrarlandschaft

2017. 253 Seiten,
ISBN 978-3-7843-4064-7

ROTE LISTEN

2009. 388 Seiten,
ISBN 978-3-7843-5033-2

Heft 70/1:

Rote Liste gefährdeter Tiere, Pflanzen und Pilze Deutschlands

Band 1: Wirbeltiere

2013. 236 Seiten,
ISBN 978-3-7843-5330-2

Heft 70/2:

Rote Liste gefährdeter Tiere, Pflanzen und Pilze Deutschlands

Band 2: Meeresorganismen

2011. 716 Seiten,
ISBN 978-3-7843-5231-2

Heft 70/3:

Rote Liste gefährdeter Tiere, Pflanzen und Pilze Deutschlands

Band 3: Wirbellose Tiere (Teil 1)

2016. 598 Seiten,
ISBN 978-3-7843-5474-3

Heft 70/4:

Rote Liste gefährdeter Tiere, Pflanzen und Pilze Deutschlands

Band 4: Wirbellose Tiere (Teil 2)

2011. 240 Seiten,
ISBN 978-3-7843-5188-9

Heft 70/6:

Rote Liste gefährdeter Tiere, Pflanzen und Pilze Deutschlands

Band 6: Pilze (Teil 2) – Flechten und Myxomyzeten

2016. 440 Seiten,
ISBN 978-3-7843-5454-5

Heft 70/8:

Rote Liste gefährdeter Tiere, Pflanzen und Pilze Deutschlands

Band 8: Großpilze

Preisliste (Aus postalischen Gründen werden die Preise der Veröffentlichungen gesondert aufgeführt)

Naturschutz und Biologische Vielfalt

Heft 149	€ 22,-	Heft 154	€ 28,-	Heft 159	€ 22,-	Heft 164	€ 26,-
Heft 150	€ 36,-	Heft 155	€ 26,-	Heft 160	€ 36,-		
Heft 151	€ 22,-	Heft 156	€ 49,-	Heft 161	€ 18,-		
Heft 152	€ 22,-	Heft 157	€ 24,-	Heft 162	€ 36,-		
Heft 153	€ 36,-	Heft 158	€ 36,-	Heft 163	€ 42,-		

Rote Listen

Heft 70/1	€ 39,95
Heft 70/2	€ 39,95
Heft 70/3	€ 49,95
Heft 70/4	€ 49,95
Heft 70/6	€ 29,95
Heft 70/8	€ 39,95